移动开发人才培养系列丛书

Swift 开发 标准教程

Beginning Swift Development

张明 吴琼 陈瑶 主编

人民邮电出版社
北京

图书在版编目（CIP）数据

Swift开发标准教程 / 张明, 吴琼, 陈瑶主编. --
北京：人民邮电出版社, 2016.8
（移动开发人才培养系列丛书）
ISBN 978-7-115-42502-7

Ⅰ. ①S… Ⅱ. ①张… ②吴… ③陈… Ⅲ. ①程序语
言－程序设计－教材 Ⅳ. ①TP312

中国版本图书馆CIP数据核字(2016)第132403号

内 容 提 要

本书共分为15章，主要内容包括编写 Swift 开发环境配置、Swift 语言基础、语句和表达式、集合类型、程序控制结构、函数和闭包、类、继承、枚举和结构、构造器和析构器、扩展和协议、Swift 语言的其他主题、使用 Swift 开发 iOS 应用、测试和发布 App 以及综合实例打砖块游戏等内容。书中对 Swift 语言中的一些开发技巧进行了展示。

本书内容丰富、结构新颖、难度适中、实用性强，可作为普通高等院校 Swift 程序设计课程的教材，也可供 Swift 开发初学人员参考阅读。

◆ 主　编　张明 吴琼 陈瑶
　责任编辑　刘博
　责任印制　沈蓉　彭志环

◆ 人民邮电出版社出版发行　北京市丰台区成寿寺路11号
　邮编 100164　电子邮件 315@ptpress.com.cn
　网址 http://www.ptpress.com.cn
　北京隆昌伟业印刷有限公司印刷

◆ 开本：787×1092　1/16
　印张：24　　　　　　　　　2016年8月第1版
　字数：630千字　　　　　　2016年8月北京第1次印刷

定价：59.80元

读者服务热线：(010)81055256　印装质量热线：(010)81055316
反盗版热线：(010)81055315

前言

随着苹果官方大力推广全新的 iOS 开发语言 Swift，该语言将会成为 iOS 应用程序设计教学的主流。然而，目前市面上很多书籍对 Swift 语言都没有很系统地进行介绍，并且大多是基于 Swift 1.0 等老版本的讲解。因此，不仅需要使用 Swift 语言取代原来的 Objective-C 语言学习，还需要选取最新的 Swift 语言版本。

在学习本书之前，需要读者具备一些前提条件。第一，读者应该熟悉 Mac 以及 iOS 操作系统，了解苹果系统的特点和基本使用方法；第二，读者应该在计算机上安装合适的开发环境，本书使用的是 Xcode 7.1。

Xcode 是苹果公司开发的基于 Swift 的图形化集成开发工具。其开发出来的应用程序执行效率高，并且苹果公司提供了对 Xcode 的大力支持。苹果公司为用户提供了大量的标准类，从而缩短了软件的开发周期。因此用 Xcode 开发编写 Swift 的应用程序可谓得天独厚。

掌握一门语言最好的方式就是实践。因此，本书将着眼点放在理论知识讲解与实践操作相结合上，使读者快速掌握 Swift 编程技术。本书是编者多年教学和应用开发经验的总结。书中既介绍了 Swift 编程语言涉及的所有知识内容，又展示了开发过程中的开发经验和技巧，希望对读者有所助益。

本书的多数章节，将首先就相关的 Swift 基础知识进行介绍，然后讲解如何使用 Swift 编程语言去开发 iOS 应用，并布置了若干具有代表性的习题和上机练习题，使读者可以通过自己动手，在实践中掌握 Swift 程序设计的方法和技巧。

本书由张明、吴琼、陈瑶主编，其中张明编写第 1～8 章，吴琼编写第 9～12 章，陈瑶编写第 13～15 章。

编 者
2016 年 3 月

目 录

第 1 章　编写第一个 Swift 程序 ·········· 1

1.1　初识 Swift ································· 1
1.1.1　Swift 的发展 ······················· 1
1.1.2　Swift 的特点 ······················· 1
1.1.3　Swift 语言的转换 ················ 2
1.2　构建开发环境 ···························· 2
1.2.1　申请苹果账号 ····················· 3
1.2.2　安装 Xcode ························· 6
1.2.3　更新新组件和文档 ··············· 9
1.3　编写第一个程序 ······················ 11
1.3.1　创建项目 ·························· 11
1.3.2　Xcode 界面介绍 ················ 13
1.3.3　编译和运行 ······················· 14
1.3.4　编写代码 ·························· 15
1.4　Swift 代码分析 ························ 15
1.4.1　代码构成 ·························· 15
1.4.2　标识符 ····························· 16
1.4.3　关键字 ····························· 16
1.4.4　注释 ································ 17
1.5　调试 ······································· 18
1.6　使用帮助文档 ·························· 19
1.7　上机实践 ································ 20

第 2 章　Swift 语言基础 ····················· 21

2.1　常量变量 ································ 21
2.1.1　常量 ································ 21
2.1.2　变量 ································ 21
2.1.3　为声明的变量和常量指定数据类型 ····························· 22
2.2　简单数据类型 ·························· 22
2.2.1　整数 ································ 22
2.2.2　整型 ································ 23
2.2.3　浮点类型 ·························· 24
2.2.4　布尔类型 ·························· 25
2.2.5　可选类型 ·························· 25
2.3　字面值 ···································· 26
2.3.1　整型字面值 ······················· 26
2.3.2　浮点类型的字面值 ············· 26
2.3.3　布尔类型的字面值 ············· 28
2.4　高级数据类型——元组 ············ 28
2.5　类型别名 ································ 29
2.6　字符和字符串 ·························· 29
2.6.1　字符类型与字面值 ············· 29
2.6.2　字符串类型与字面值 ·········· 30
2.6.3　初始化空字符串 ················ 31
2.6.4　字符串连接 ······················· 31
2.6.5　字符计数 ·························· 32
2.6.6　判断字符串 ······················· 32
2.6.7　大小写转换 ······················· 34
2.6.8　插入和删除 ······················· 35
2.7　编码格式 Unicode ··················· 37
2.7.1　什么是 Unicode ················· 37
2.7.2　字符串的 Unicode 表示形式 ······· 38
2.8　综合案例 ································ 40
2.8.1　为圆周率 3.14159265359 指定数据类型 ··························· 40
2.8.2　组成字符串，并插入特殊符号 ······ 40
2.9　上机实践 ································ 41

第 3 章　语句和表达式 ······················· 42

3.1　语句 ······································· 42
3.2　运算符与表达式 ······················ 42
3.2.1　常用术语——元 ················ 42
3.2.2　赋值运算符和表达式 ·········· 43
3.2.3　算术运算符和表达式 ·········· 43
3.2.4　求余运算符和表达式 ·········· 46
3.2.5　自增自减运算符和表达式 ···· 47
3.2.6　一元负号运算符 ················ 49
3.2.7　一元正号运算符 ················ 50

3.2.8	位运算符	50
3.2.9	溢出运算符	55
3.2.10	比较运算符和表达式	57
3.2.11	三元条件运算符和表达式	58
3.2.12	逻辑运算符和表达式	58
3.2.13	范围运算符	61
3.2.14	复合赋值运算符和表达式	62
3.2.15	求字节运算符和表达式	63
3.2.16	强制解析	63
3.2.17	空合运算符	63
3.3	数值类型转换	64
3.3.1	整数的转换	64
3.2.2	整数和浮点数的转换	65
3.4	综合案例	66
3.4.1	水仙花数	66
3.4.2	将 7489 逆序输出	66
3.5	上机实践	67

第 4 章　集合类型　68

4.1	数组	68
4.1.1	数组字面量	68
4.1.2	数组的声明	68
4.1.3	数组的初始化	69
4.2	数组的操作	71
4.2.1	获取数组中元素个数	71
4.2.2	判断数组是否为空	71
4.2.3	在末尾添加一个元素	72
4.2.4	插入值	73
4.2.5	读取值	74
4.2.6	修改值	74
4.2.7	删除值	75
4.3	集合	76
4.3.1	集合的声明	76
4.3.2	集合的初始化	77
4.4	集合的操作	78
4.4.1	获取集合中元素个数	78
4.4.2	判断集合是否为空	78
4.4.3	判断集合中是否包含某一值	79
4.4.4	插入值	79
4.4.5	删除值	79

4.4.6	确定集合的顺序	81
4.5	集合的基本运算	81
4.5.1	a∩b	81
4.5.2	a∪b	82
4.5.3	a-b	83
4.5.4	a-b∪b-a	83
4.6	集合间关系	84
4.6.1	相等判断	84
4.6.2	子集的判断	85
4.6.3	父集合的判断	85
4.6.4	其他判断	86
4.7	字典	86
4.7.1	字典字面量	86
4.7.2	字典的声明	87
4.7.3	字典的初始化	87
4.8	字典的操作	88
4.8.1	获取字典中的元素个数	88
4.8.2	读取键的值	88
4.8.3	添加元素	89
4.8.4	修改键关联的值	89
4.8.5	删除值	90
4.9	综合案例	91
4.9.1	求 3 科成绩的平均值	91
4.9.2	获取奇数月	92
4.10	上机实践	94

第 5 章　程序控制结构　95

5.1	顺序结构	95
5.2	选择结构——if 语句	95
5.2.1	if 语句	96
5.2.2	if...else 语句	96
5.2.3	if...else if 语句	97
5.2.4	if 语句的嵌套	98
5.3	选择结构——switch 语句	99
5.3.1	switch 语句基本形式	99
5.3.2	switch 语句的使用规则	100
5.4	循环结构——for 语句	103
5.4.1	for...in 循环	103
5.4.2	for-condition-increment 条件循环	108
5.5	循环结构——while 语句	108

5.5.1	while 循环	109
5.5.2	repeat while 循环	110
5.6	跳转语句	110
5.6.1	continue 语句	110
5.6.2	break 语句	111
5.6.3	fallthrough	112
5.7	标签语句	112
5.7.1	标签语句的定义	113
5.7.2	标签语句的使用	113
5.8	综合案例	114
5.8.1	打印九九乘法表	114
5.8.2	使用 if else 比较 3 个数值大小	115
5.8.3	计算 1～100 的奇数和	116
5.9	上机实践	116

第 6 章 函数和闭包 … 117

6.1	函数介绍	117
6.1.1	函数的功能	117
6.1.2	函数的形式	118
6.2	使用无参函数	118
6.2.1	无参函数的声明定义	119
6.2.2	无参函数的调用	119
6.2.3	空函数	119
6.3	使用有参函数	120
6.3.1	有参函数的声明定义	120
6.3.2	有参函数的调用	120
6.3.3	参数的注意事项	121
6.4	函数参数的特殊情况	121
6.4.1	函数参数名	122
6.4.2	指定外部参数名	122
6.4.3	忽略外部参数名	122
6.4.4	为参数设置默认值	123
6.4.5	可变参数	123
6.4.6	常量参数和变量参数	124
6.4.7	输入-输出参数	124
6.5	函数的返回值	125
6.5.1	具有一个返回值的函数	125
6.5.2	具有多个返回值的函数	126
6.5.3	可选元组返回类型	127
6.5.4	无返回值	128

6.6	函数类型	128
6.6.1	使用函数类型	129
6.6.2	使用函数类型作为参数类型	129
6.6.3	使用函数类型作为返回值类型	130
6.7	标准函数	131
6.7.1	绝对值函数 abs()	131
6.7.2	最大值函数 max()/最小值函数 min()	132
6.7.3	序列排序函数 sortInPlace()	132
6.7.4	序列倒序函数 reverse()	133
6.8	函数的嵌套	133
6.8.1	嵌套调用	134
6.8.2	递归调用	135
6.9	闭包	135
6.9.1	闭包表达式	136
6.9.2	Trailing 闭包	138
6.9.3	捕获值	139
6.10	综合案例	140
6.10.1	打印金字塔	140
6.10.2	猴子吃桃	141
6.11	上机实践	142

第 7 章 类 … 143

7.1	类与对象	143
7.1.1	类的组成	143
7.1.2	创建类	143
7.1.3	实例化对象	144
7.2	属性	144
7.2.1	存储属性	144
7.2.2	计算属性	146
7.2.3	类型属性	148
7.2.4	属性监视器	150
7.3	方法	152
7.3.1	实例方法	152
7.3.2	类型方法	153
7.3.3	存储属性、局部变量和全局变量的区别	155
7.3.4	局部变量和存储属性同名的解决方法——self 属性	156
7.4	下标脚本	157

7.4.1 定义下标脚本·······················157
7.4.2 调用下标脚本·······················157
7.4.3 使用下标脚本·······················158
7.5 类的嵌套·································160
7.5.1 直接嵌套···························160
7.5.2 多次嵌套···························161
7.6 可选链接·································162
7.6.1 使用可选链接调用代替强制解析····163
7.6.2 通过可选链接调用属性、下标脚本、方法······················163
7.6.3 连接多个链接······················165
7.7 综合案例·································166
7.7.1 收支情况···························166
7.7.2 根据周长计算面积················167
7.8 上机实践·································168

第8章 继承··································170

8.1 为什么要使用继承·····················170
8.1.1 重用代码、简化代码·············170
8.1.2 扩展功能···························170
8.2 继承的实现·······························170
8.2.1 继承的定义·························170
8.2.2 属性的继承·························172
8.2.3 下标脚本的继承····················173
8.2.4 方法的继承·························174
8.3 继承的特点·······························174
8.3.1 多层继承···························174
8.3.2 不可删除···························175
8.4 重写··176
8.4.1 重写属性···························176
8.4.2 重写下标脚本······················178
8.4.3 重写方法···························179
8.4.4 访问父类成员······················180
8.4.5 阻止重写···························182
8.5 类型转换·································184
8.5.1 类型检查···························184
8.5.2 向下转型···························185
8.5.3 AnyObject 和 Any 的类型转换····185
8.6 综合案例·································187
8.7 上机实践·································188

第9章 枚举和结构·······················189

9.1 枚举的构成·······························189
9.2 定义枚举·································189
9.2.1 任意类型的枚举类型·············189
9.2.2 指定数据类型的枚举类型·······190
9.3 定义枚举的成员·························190
9.3.1 定义任意类型的枚举成员·······190
9.3.2 定义指定数据类型的枚举成员····191
9.3.3 定义枚举成员时的注意事项····192
9.4 实例化枚举的对象·····················192
9.5 枚举成员与 switch 匹配·············192
9.6 访问枚举类型中成员的原始值·····193
9.6.1 通过成员访问原始值·············193
9.6.2 通过原始值访问成员·············194
9.7 关联值····································195
9.8 定义枚举的其他内容··················195
9.8.1 定义属性···························195
9.8.2 定义方法···························197
9.8.3 定义下标脚本······················198
9.9 递归枚举·································199
9.10 结构的构成·····························200
9.11 结构的创建与实例化················200
9.11.1 结构的创建························200
9.11.2 结构体的实例化··················200
9.12 定义结构中的内容··················201
9.12.1 定义属性··························201
9.12.2 定义方法··························204
9.12.3 定义下标脚本····················205
9.13 类、枚举、结构的区别···········206
9.14 嵌套类型·································206
9.15 综合案例·································208
9.15.1 输出对应音符发音··············208
9.15.2 根据棱长计算正方体的表面积和体积·························208
9.16 上机实践·································209

第10章 构造器和析构器·············210

10.1 值类型的构造器·····················210
10.1.1 默认构造器······················210

10.1.2 自定义构造器⋯⋯⋯⋯⋯211	11.1.4 扩展方法⋯⋯⋯⋯⋯⋯244
10.1.3 构造器代理⋯⋯⋯⋯⋯⋯214	11.1.5 扩展下标脚本⋯⋯⋯⋯246
10.2 类的构造器⋯⋯⋯⋯⋯⋯⋯⋯216	11.1.6 扩展嵌套类型⋯⋯⋯⋯247
10.2.1 默认构造器⋯⋯⋯⋯⋯⋯217	11.2 协议⋯⋯⋯⋯⋯⋯⋯⋯⋯⋯⋯⋯248
10.2.2 自定义构造器⋯⋯⋯⋯⋯217	11.2.1 协议的定义⋯⋯⋯⋯⋯⋯248
10.2.3 构造器代理⋯⋯⋯⋯⋯⋯220	11.2.2 协议的实现⋯⋯⋯⋯⋯⋯248
10.2.4 类的两段式构造过程⋯⋯221	11.2.3 协议的成员声明——属性⋯⋯249
10.2.5 构造器的继承和重载⋯⋯222	11.2.4 协议的成员声明——方法⋯⋯251
10.2.6 必要构造器⋯⋯⋯⋯⋯⋯225	11.2.5 协议的成员声明——可变方法⋯252
10.3 可失败构造器⋯⋯⋯⋯⋯⋯⋯226	11.2.6 协议的成员声明——构造器⋯253
10.3.1 定义可失败构造器⋯⋯⋯226	11.3 可选协议⋯⋯⋯⋯⋯⋯⋯⋯⋯⋯254
10.3.2 枚举类型的可失败构造器⋯227	11.3.1 定义可选协议⋯⋯⋯⋯⋯254
10.3.3 类的可失败构造器⋯⋯⋯228	11.3.2 声明可选成员⋯⋯⋯⋯⋯254
10.3.4 构造失败的传递⋯⋯⋯⋯229	11.3.3 调用可选协议⋯⋯⋯⋯⋯255
10.3.5 重写一个可失败构造器⋯230	11.4 使用协议⋯⋯⋯⋯⋯⋯⋯⋯⋯⋯256
10.3.6 可失败构造器 init!⋯⋯⋯231	11.4.1 协议作为常量、变量等的数据类型⋯⋯⋯⋯⋯⋯⋯⋯⋯⋯⋯⋯256
10.4 构造器的特殊情况⋯⋯⋯⋯⋯232	11.4.2 协议作为返回值或参数类型⋯257
10.4.1 可选属性类型⋯⋯⋯⋯⋯232	11.4.3 协议作为集合的元素类型⋯258
10.4.2 修改常量属性⋯⋯⋯⋯⋯232	11.5 在扩展中使用协议⋯⋯⋯⋯⋯259
10.5 设置默认值⋯⋯⋯⋯⋯⋯⋯⋯233	11.5.1 在扩展中实现协议⋯⋯⋯259
10.5.1 在定义时直接赋值⋯⋯⋯233	11.5.2 定义协议成员⋯⋯⋯⋯⋯259
10.5.2 在构造器中赋值⋯⋯⋯⋯233	11.5.3 扩展协议声明⋯⋯⋯⋯⋯260
10.5.3 使用闭包设置属性的默认值⋯234	11.6 协议的继承⋯⋯⋯⋯⋯⋯⋯⋯260
10.5.4 使用函数设置默认值⋯⋯235	11.7 协议合成⋯⋯⋯⋯⋯⋯⋯⋯⋯⋯262
10.6 析构器⋯⋯⋯⋯⋯⋯⋯⋯⋯⋯⋯235	11.8 检查协议的一致性⋯⋯⋯⋯⋯263
10.6.1 理解析构器⋯⋯⋯⋯⋯⋯235	11.9 委托⋯⋯⋯⋯⋯⋯⋯⋯⋯⋯⋯⋯264
10.6.2 析构器的定义⋯⋯⋯⋯⋯236	11.10 综合案例⋯⋯⋯⋯⋯⋯⋯⋯⋯267
10.6.3 使用析构器⋯⋯⋯⋯⋯⋯236	11.11 上机实践⋯⋯⋯⋯⋯⋯⋯⋯⋯268
10.6.4 使用析构器的注意事项⋯237	**第 12 章 Swift 语言的其他主题**⋯⋯269
10.6.5 构造器和析构器的区别⋯239	12.1 自动引用计数⋯⋯⋯⋯⋯⋯⋯269
10.7 综合案例⋯⋯⋯⋯⋯⋯⋯⋯⋯⋯239	12.1.1 自动引用计数的工作机制⋯269
10.7.1 游戏属性⋯⋯⋯⋯⋯⋯⋯239	12.1.2 循环强引用的产生⋯⋯⋯270
10.7.2 模拟下线通知⋯⋯⋯⋯⋯240	12.1.3 循环强引用的解决方法⋯273
10.8 上机实践⋯⋯⋯⋯⋯⋯⋯⋯⋯⋯240	12.2 运算符重载⋯⋯⋯⋯⋯⋯⋯⋯278
第 11 章 扩展和协议⋯⋯⋯⋯⋯⋯241	12.2.1 为什么使用运算符重载⋯278
11.1 扩展⋯⋯⋯⋯⋯⋯⋯⋯⋯⋯⋯⋯241	12.2.2 算术运算符的重载⋯⋯⋯278
11.1.1 扩展的定义⋯⋯⋯⋯⋯⋯241	12.2.3 一元负号/正号运算符的重载⋯279
11.1.2 扩展属性⋯⋯⋯⋯⋯⋯⋯241	12.2.4 复合赋值运算符的重载⋯280
11.1.3 扩展构造器⋯⋯⋯⋯⋯⋯243	

12.2.5	自增自减运算符的重载	281	

- 12.2.5 自增自减运算符的重载 281
- 12.2.6 比较运算符的重载 285
- 12.2.7 自定义运算符的重载 286
- 12.3 泛型 289
  - 12.3.1 泛型函数 289
  - 12.3.2 泛型类型 290
  - 12.3.3 泛型类的层次结构 292
  - 12.3.4 扩展一个泛型类型 294
  - 12.3.5 具有多个类型参数的泛型 295
  - 12.3.6 类型约束 295
  - 12.3.7 关联类型 296
- 12.4 错误处理 300
  - 12.4.1 抛出错误 300
  - 12.4.2 捕获错误和处理错误 301
  - 12.4.3 清理动作 302
- 12.5 综合案例 302
- 12.6 上机实践 303

第 13 章 使用 Swift 开发 iOS 应用 304

- 13.1 创建项目 304
- 13.2 运行程序 306
- 13.3 模拟器的操作 307
  - 13.3.1 模拟器与真机的区别 307
  - 13.3.2 退出应用程序 307
  - 13.3.3 应用程序图标的设置 307
  - 13.3.4 语言设置 309
  - 13.3.5 旋转 312
  - 13.3.6 删除应用程序 312
- 13.4 编辑界面 313
  - 13.4.1 界面介绍 313
  - 13.4.2 设计界面 314
  - 13.4.3 视图对象库的介绍 316
  - 13.4.4 编写代码 317
- 13.5 上机实践 320

第 14 章 测试和发布 App 321

- 14.1 测试 App 概述 321
  - 14.1.1 测试驱动的软件开发流程 321
  - 14.1.2 iOS 单元测试框架 322
- 14.2 使用 XCTest 测试框架测试驱动的软件开发案例 322
  - 14.2.1 测试案例前期准备 322
  - 14.2.2 添加 XCTest 到项目中 326
  - 14.2.3 测试驱动的开发流程 328
- 14.3 发布前的准备工作 332
  - 14.3.1 申请付费的开发者账号 332
  - 14.3.2 申请 App ID 335
  - 14.3.3 申请证书 336
  - 14.3.4 添加图标 343
  - 14.3.5 调整 Application Target 属性 344
  - 14.3.6 为发布进行编译 345
  - 14.3.7 应用打包 347
- 14.4 进行发布 349
  - 14.4.1 创建应用及基本信息 349
  - 14.4.2 应用定价信息 352
  - 14.4.3 上传应用 353
- 14.5 常见审核不通过的原因 357
- 14.6 上机实践 358

第 15 章 综合案例：打砖块游戏 359

- 15.1 功能介绍 359
- 15.2 界面设计 360
  - 15.2.1 准备工作 360
  - 15.2.2 主界面设计 361
  - 15.2.3 游戏界面设计 362
  - 15.2.4 游戏介绍界面设计 363
- 15.3 功能实现 364
  - 15.3.1 界面之间的切换 364
  - 15.3.2 打砖块游戏功能 368
- 15.4 真机测试 374

第1章
编写第一个 Swift 程序

苹果的操作系统中各个丰富的功能都是由程序实现的。程序是为了实现特定目标或解决特定问题而用计算机语言编写的命令序列的集合。现在苹果操作系统的程序由原来的 Objective-C 编写改为了由 Swift 编写，并且 Swift 将取代 Objective-C 成为官方推荐语言。本章将讲解什么是 Swift 语言，构建编写 Swift 需要的开发环境以及编写第一个 Swift 程序。

1.1 初识 Swift

Swift 是 2014 年 6 月苹果公司在 WWDC 开发者大会上推出的语言。它是全新的编程语言，用于编写 iOS、WatchOS、OS X 应用。本节将讲解 Swift 的发展、特点以及语言转换。

1.1.1 Swift 的发展

从 2014 年 6 月苹果公司推出 Swift，到现在已经有 1 年多的时间了。表 1-1 中列出了 Swift 语言在这一年中的发展。

表 1-1　　　　　　　　　　　Swift 的发展史

时间	事件
2010 年 7 月	开始着手开发 Swift 编程语言的工作
2014 年 6 月 3 日	在开发者大会上发布 Swift 语言
2014 年 6 月 4 日	《Swift 中文版》翻译小组在 github 上进行翻译
2014 年 6 月 12 日	《Swift 中文版》第一版问世
2014 年 9 月 9 日	Swift 语言发布 1.1 版本
2015 年 2 月	Swift 语言发布 1.2 版本
2015 年 6 月 8 日	Swift 语言发布 2.0 版本
2015 年 9 月 23 日	Swift 语言发布 2.1 版本
2015 年 12 月 8 日	Swift 语言发布 2.1.1 版本
2016 年 3 月 21 日	Swift 语言发布 2.2 版本

1.1.2 Swift 的特点

Swift 采用安全的编程模式，并添加了很多新特性，这将使编程更简单，更灵活。以下是 Swift

添加的新特性。

1. 安全

Swift 是一种类型安全的语言，它使用类型推断机制，限制对象指针使用、自动管理内存来使程序更安全，让开发人员更容易开发出安全稳定的软件。

2. 流行

Swift 具有 optional、泛型、元组等现代语言的特性。它比 Objective-C 语言更灵活，更接近于自然语言，使代码可读性更好。

3. 强大

使用 Swift 中强大的模式匹配特性可以写出更简单，更直观表意的代码。通过变量插值的方式可以更方便地格式化字符串，同时也可以方便地使用 Foundation and UIKit。

4. 交互性

使用 playgrounds 来试验新技术，分析问题，做所见即所得的界面原型。

5. 高效

Swift 的编译器使用高级的代码分析功能来调优开发者的代码，让开发者更专注于开发应用，而不必在性能优化上投入大量的精力。

6. 兼容

Swift 完全与 Objective-C 语言相兼容。这样，传统的苹果开发人员可以很轻松的从 Objective-C 过渡到 Swift 上。同时，Objective-C 的代码也可以放到 Swift 上使用。

虽然 Swift 是很不错，但是它也有很多方面的缺点，这里总结了三点。

（1）Swift 支持的复杂数据结构比较有限。

（2）目前，它可以使用的第三方库也比较少。

（3）Swift 和 Objective-C 一样是基于 LLVM 编辑器，使它不可以在 Android、Windows Phone 上工作。

1.1.3　Swift 语言的转换

由于 Swift 是一种新的语言，所以现在还是不稳定的，这也是苹果公司一直升级 Swift 版本的原因。Swift 每升级一个版本会导致使用以前版本编写的 Swift 代码出现错误，这很可能让想要学习 Swift 语言的开发者对 Swift 语言失去信心。为了解决这一问题，苹果公司给出了对应的讲解办法。开发者只需要在 Xcode 的菜单栏中找到 Edit|Convert|To Latest Swift 命令，就可以将旧版本的 Swift 语言转换为新版本的 Swift 语言。

Xcode 是苹果公司推出的开发工具，可以用来进行 Swift 程序的编写。对于 Xcode 的安装，我们会在 1.2 节中介绍。

1.2　构建开发环境

软件开发环境（Software Development Environment）是为了支持系统软件和应用软件工程化开发和维护的一组软件，通常简称为 SDE。Swift 的开发环境就是苹果系统。它的开发工具分为两种：图形化开发工具和命令行开发工具。为了方便使用，本书的开发工具将使用图形化开发工具 Xcode。本节将讲解苹果账号的注册、下载和安装 Xcode 以及更新组件和文档等相关方面的内容。

1.2.1 申请苹果账号

苹果账号是苹果公司专门为 iOS、Mac、WatchOS 开发成员提供的账号，也称开发者账号。有了此账号，开发成员才可以在 App Store 中进行 SDK 以及一些常用软件的下载以及安装。在苹果公司注册苹果账号，就可以成为开发成员。开发成员一共可以分为四种，如表 1-2 所示。

表 1-2　　　　　　　　　　　　　苹果账号的成员

用 户 种 类	收 费
在线开发成员	免费
标准开发成员	$99/年
企业开发成员	$299/年
大学开发成员	免费

以下是申请免费苹果的具体操作步骤。

（1）在 Dock（Dock 一般指的是苹果操作系统中的停靠栏）中，找到浏览器 Safari，如图 1-1 所示。

图 1-1　浏览器 Safari

（2）单击"Safrai"图标，打开 Safrai 浏览器，如图 1-2 所示。

图 1-2　浏览器 Safari

（3）在地址栏中输入网址（http://developer.apple.com），按下回车，进入 Apple Developer 网页，如图 1-3 所示。

图 1-3　Apple Developer 网页

（4）单击"Member Center"选项，进入登录 Apple ID 的网页，如图 1-4 所示。

图 1-4　登录 Apple ID 的网页

（5）单击"Create Apple ID"按钮，进入 Apple-My Apple ID 网页，如图 1-5 所示。

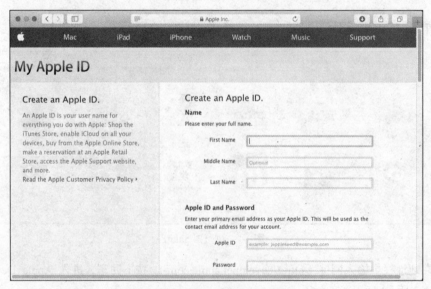

图 1-5　Apple-My Apple ID 网页

（6）在网页中按照要求输入内容后，单击网页最下方的"Create Apple ID"按钮，进入确认邮件地址的网页，如图 1-6 所示。

图 1-6　确认邮件地址的网页

（7）单击"Continue"按钮，进入到确定邮件地址的另一个网页。单击此网页中的"Send Verfication Email"按钮，苹果公司会向作为账号的邮箱发送一封确认邮件。

（8）进入账号所使用的邮箱，就会看到 Apple 发来的一封确定邮件地址的邮件。打开该邮件，如图 1-7 所示。

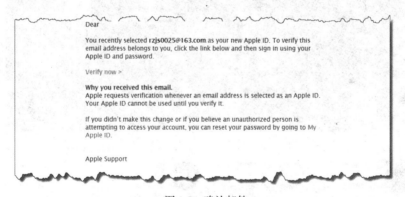

图 1-7　确认邮件

（9）单击"Verify now"链接，进入 Apple-My Apple ID-Email Verfication 网页，如图 1-8 所示。

图 1-8　Apple-My Apple ID-Email Verfication 网页

（10）输入需要验证的邮箱以及地址，单击"Verify Address"按钮，进入到下一个网页，此网页会提示开发者注册的 Apple ID 现在已经可以使用了。

1.2.2 安装 Xcode

本小节将讲解两种安装 Xcode 的方式：一种是在 App Store 上进行下载和安装；另一种是在其他的网站中进行下载，然后手动进行安装。

1. 在 App Store 上下载和安装 Xcode

App Store 中提供了很多的软件，而 Xcode 也在其中。以下就是在 App Store 中下载和安装 Xcode 的具体步骤。

（1）在 Dock 中找到 App Store，如图 1-9 所示。

图 1-9 App Store 图标

（2）单击 App Store 图标，打开 App Store 窗口，如图 1-10 所示。

图 1-10 App Store 窗口

（3）在搜索栏中输入要搜索的内容，即 Xcode，按下回车，进行搜索，如图 1-11 所示。

（4）单击 Xcode 右下方的"获取"按钮，此时"获取"按钮变为了"安装 App"按钮，如图 1-12 所示。

图 1-11 搜索结果

图 1-12 安装 App

（5）单击"安装 App"按钮，弹出"登录 App Store 来下载"对话框，如图 1-13 所示。

图 1-13 "登录 App Store 来下载"对话框

（6）输入 Apple ID 以及密码后，单击"登录"按钮。此时，"安装 App"按钮变为了"安装"按钮，如图 1-14 所示。并且 Xcode 会在 Launchpad 中进行下载和安装，如图 1-15 所示。

图 1-14 "安装"按钮

图 1-15 开始下载

（7）一般在 Launchpad 中下载的软件，都可以在应用程序中找到。选择"前往|应用程序"打开应用程序，如图 1-16 所示。

图 1-16 "应用程序"窗口

（8）双击"Xcode"图标，弹出"Xcode and iOS SDK License Agreement"对话框，如图1-17所示。

（9）单击"Agree"按钮，弹出""Xcode"想要进行更改。键入您的密码以允许执行此操作"对话框，如图1-18所示。

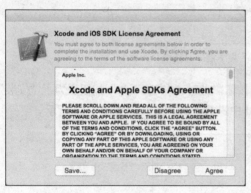

图1-17　Xcode and iOS SDK License Agreement 对话框

图1-18　""Xcode"想要进行更改。键入您的密码以允许执行此操作"对话框

（10）输入密码，单击"好"按钮，进行组件的安装。组件安装完成后，就会弹出"Welcome to Xcode"对话框，此时 Xcode 就被启动了。

2. 其他的网站上下载 Xcode

有时候，应用商店下载较慢，或者是没有苹果账号，导致一些用户选择从其他网站下载 Xcode 安装文件。下面讲解从其他网站下载 Xcode 的安装步骤。

（1）双击下载的 Xcode 软件，弹出正在打开此软件的对话框，如图1-19所示。

（2）打开该软件后，就会弹出"Xcode"对话框，如图1-20所示。

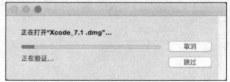

图1-19　正在打开此软件的对话框

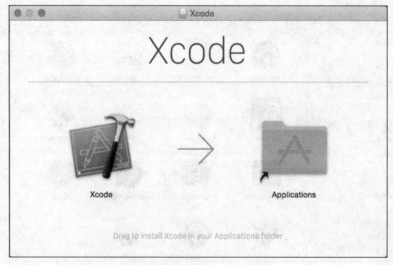

图1-20　"Xcode"对话框

（3）将 Xcode 应用软件拖动到 Applications 文件夹中。此时该软件就会复制到应用程序中。

（4）在菜单栏的"应用程序"窗口中找到安装的 Xcode 图标。双击该图标，弹出"Xcode and iOS SDK License Agreement"对话框，如图 1-21 所示。

图 1-21 "Xcode and iOS SDK License Agreement"对话框

（5）单击 Agree 按钮，弹出"键入您的密码以允许执行此操作"对话框，如图 1-22 所示。

图 1-22 "键入您的密码以允许执行此操作"对话框

（6）输入密码，单击"好"按钮，进行组件的安装。组件安装完成后，就会弹出"Welcome to Xcode"对话框，此时 Xcode 就被启动了，如图 1-23 所示。

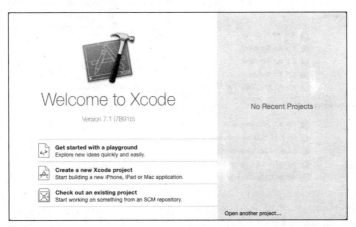

图 1-23 "Welcome to Xcode"对话框

1.2.3 更新新组件和文档

Xcode 中组件和文档都是经常更新的。为了获得最新的组件和文档，我们需要定时更新组件和文档。操作方式如下：

（1）选择 Xcode|Preferences…命令，弹出 Xcode 的偏好设置对话框，在此对话框中选择"Downloads"选项，进入"Downloads"面板中，如图 1-24 所示。

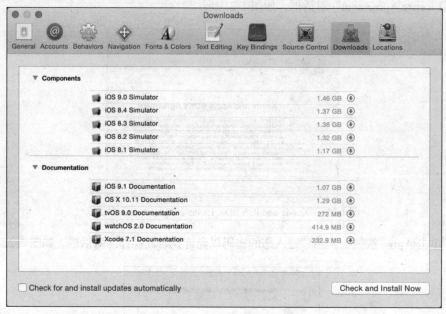

图 1-24 "Downloads"选项

（2）单击需要进行更新的文档及组件后面的下载安装按钮，进行组件和文档的下载安装，如图 1-25 所示。

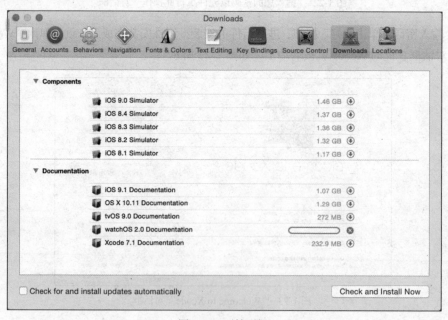

图 1-25 开始更新

 在更新组件和文档的操作时，Xcode 必须处于启动的状态。

1.3 编写第一个程序

本节将编写一个程序。通过此程序的编写,为读者讲解如何使用 Xcode 去创建项目,Xcode 的界面、编译运行以及编写代码等内容。

1.3.1 创建项目

在面向对象语言中,编写程序首先要做的事情就是创建项目。项目可以帮助开发者管理代码文件和资源文件,Swift 也不例外。以下就是使用 Xcode 来创建一个项目名称为 HelloWorld 的项目的具体操作步骤。

(1)双击 Xcode,弹出"Welcome to Xcode"对话框,如图 1-26 所示。

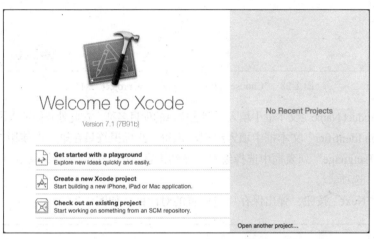

图 1-26 "Welcome to Xcode"对话框

(2)选择 Create a new Xcode project 选项,弹出"Choose a template for your new project"对话框,如图 1-27 所示。

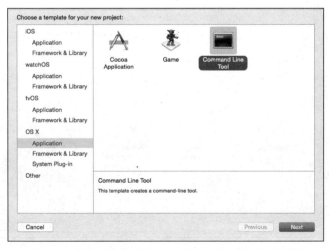

图 1-27 "Choose a template for your new project"对话框

（3）选择 OS X|Application 中的 Command Line Tool 模板，单击"Next"按钮，弹出"Choose options for your new project"对话框，如图 1-28 所示。

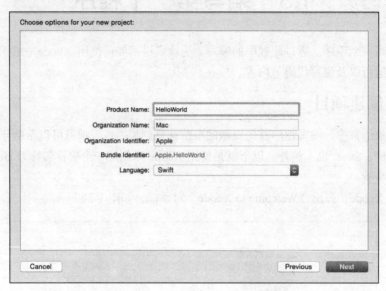

图 1-28　"Choose options for your new project"对话框

（4）在"Product Name"文本框中填入所创建项目的项目名称，在此处我们填入了"HelloWorld"。在"Organization Identifier"文本框中填入组织标识符（此标识符只在第一次使用 Xcode 创建项目时填入），在"Language"列表框中选择编写程序的语言。因为我们是要编写 Swift 程序，所以这里选择"Swift"选项。

（5）单击"Next"按钮，弹出保存项目位置的对话框，如图 1-29 所示。

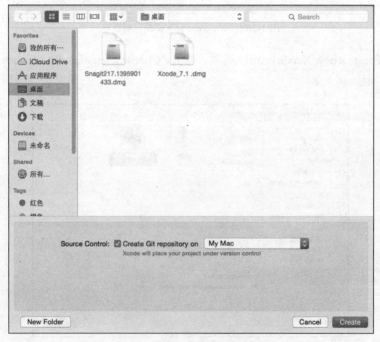

图 1-29　保存项目位置的对话框

（6）选择项目保存的位置后，单击"Create"按钮，此时就创建好一个名为"HelloWorld"的项目了，并且会将此项目打开，如图1-30所示。

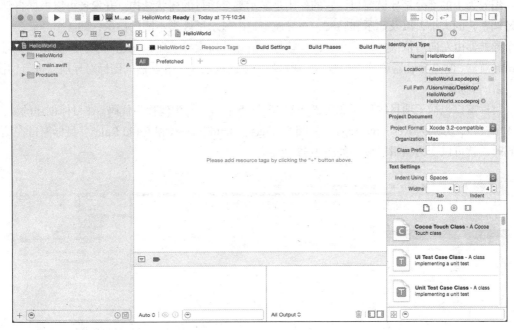

图 1-30　HelloWorld 项目

1.3.2　Xcode 界面介绍

图1-31看到的是Xcode的界面，Xcode的界面可以分为4部分，如图1-31所示。

图 1-31　HelloWorld 界面

这 4 个部分的说明如下：

1. 导航窗口

编号为 1 的部分是导航窗口，它的作用是显示整个项目的树状结构。开发者可以根据自己的喜好调整它的大小，以及显示和隐藏。在导航窗口中显示了 8 类不同的信息，即 8 个导航器。这 8 个导航器由左向右依次为项目导航器、符号导航器、搜索导航器、问题导航器、测试导航器、调试导航器、断点导航器和日志导航器。开发者可以通过这 8 个导航器的图标对导航器进行切换。

2. 目标窗口

目标窗口包括了项目的程序和配置，这些配置指定了如何构建程序代码。在目标创建的顶部，有 4 个按钮，分别为 Resource Tags、Build Settings、Build Phases 和 Build Rules。目标窗口在编写代码时，就可以变为编辑区域，如图 1-32 所示。

图 1-32　代码编辑区域

编辑区域可以用来编写代码。在其顶部，有左右两个箭头和整个项目的层次显示。

3. 调试信息窗口

此窗口中分为了左右两个部分，左边的部分用来查看一些属性值的变化，右边的部分用来显示程序执行的结果。

4. 工具窗口

工具窗口可以对项目的信息进行编辑。开发者同样可以随时对其进行显示和隐藏。工具窗口分为了上下两个部分，上半部分的内容取决于开发者在编辑器上正在编辑的文件类型。下半个工具窗口显示了文件模板库、代码片段库、对象库和媒体库。

1.3.3　编译和运行

程序的执行都是通过编译和运行来实现的。在 Xcode 的项目中，有一个运行按钮来实现程序的编译和运行。在项目中单击"Build and then run the current scheme"按钮，就进行编辑了。当我们的编译没有问题时，就会显示编译成功的提示，如图 1-33 所示；当编辑成功后，系统就会自动运行结果。当编译有问题时显示编辑失败的提示，如图 1-34 所示。

图 1-33　编译成功

图 1-34　编辑失败

　　　Xcode 7.1 自带了 Swift 编程，所以当编译成功后，在调试信息窗口的右边显示运行结果。当代码编写错误后，编译是失败的，这时会出现错误信息，此信息将会告诉开发者编写的程序究竟是哪里出现错误了。

1.3.4　编写代码

代码就是用来实现某一特定的功能，而用计算机语言编写的命令序列的集合。现在我们将在创建的 HelloWorld 项目中编写属于自己的代码。此代码实现的功能是输出字符串"Hello Swift"，代码如下。

```
01   import Foundation
02   let str="Hello Swift"
03   print(str)
```

此时运行程序，会看到如下的效果。

```
Hello Swift
```

1.4　Swift 代码分析

上一节编写的代码，相信对没有开发经验的人来说一定是很难看懂的。本节将以上一节中的代码为例，为读者进行代码分析，并着重讲解 Swift 的代码构成、什么是标识符、关键字以及注释等内容。

1.4.1　代码构成

一般 Swift 的代码由两部分组成，一部分为头文件；另一部分为执行部分，如图 1-35 所示。

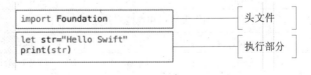

图 1-35　代码构成

其中，头文件其实是一个引用，在此文件中存放了特定函数以及方法等的定义。执行部分是开发者实现某一功能而编写的代码。

1.4.2 标识符

在图 1-35 中看到的 str 就是一个标识符，所谓标识符是用户编程时使用的名字。在计算机语言中，对于变量、常量、函数（对于变量、常量、函数等会在后面的章节中讲解）都有自己的名字，我们称这些名字为标识符。在 Swift 中，标识符分为两类：一类是用户标识符，另一类是关键字。首先，来看用户标识符。所谓用户标识符就是用户根据需要定义的标识符。一般来给变量、常量等进行命名。用户标识符命名是有一定的规则的，如图 1-36 所示。

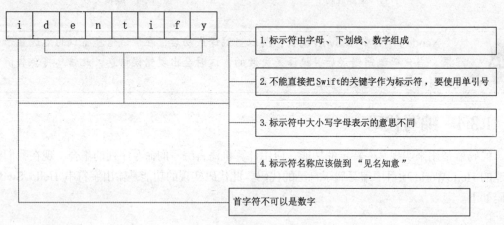

图 1-36　标识符的名称规则

1.4.3 关键字

关键字是对编译器具有特殊意义的预定义保留标识符。在 Swift 中保留关键字是因为使用它们可以使代码更容易理解，在图 1-35 中就出现了关键字 let。Swift 的关键字总结如表 1-3 所示。

表 1-3　关　键　字

用作声明的关键字				
class	deinit	enum	extension	func
import	init	let	protocol	static
struct	subscript	typealias	var	
用作语句的关键字				
break	case	continue	default	do
else	fallthrough	if	in	for
return	switch	where	while	
用作表达式和类型的关键字				
as	dynamicType	is	new	super
self	Self	Type	__COLUMN__	__FILE__
__FUNCTION__	__LINE__			

续表

特定上下文中被保留的关键字				
associativity	didSet	get	infix	inout
left	mutating	none	nonmutating	operator
override	postfix	precedence	prefix	right
set	unowned	unowned(safe)	unowned(unsafe)	weak
willSet				

1.4.4 注释

在图 1-32 中看到有 "//" 的部分，并且以//开头的就是注释。注释是对程序的一种说明，并不影响程序的运行。一个恰当的注释是优秀代码的一部分。在 Swift 中注释分为 3 种：单行注释、多行注释以及嵌套注释。以下就是对这 3 种注释的详细讲解。

1. 单行注释

单行注释是一次只有一行注释。单行注释以 "//" 开始，形式如下。

//xxxxxxxxx

2. 多行注释

多行注释就是一行或者更多行叙述文字插入在一些注释分隔符中。这些注释分隔符就是以注释标记 "/*" 开始，以 "*/" 结束。形式如下。

/*xxxxxxxxxx
xxxxxxxxxx
xxxxxxxxx*/

图 1-37 中就使用到了多行注释。

3. 嵌套注释

嵌套注释就是在注释中再嵌套一些注释。形式如下。

/*xxxxxxxxxx
/*xxxxxxxxxx*/
xxxxxxxxx*/

图 1-38 中就使用到了嵌套注释。

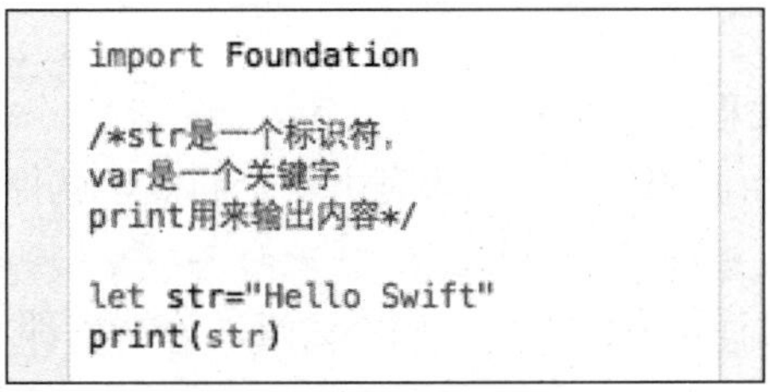

```
import Foundation

/*str是一个标识符,
var是一个关键字
print用来输出内容*/

let str="Hello Swift"
print(str)
```

图 1-37　多行注释

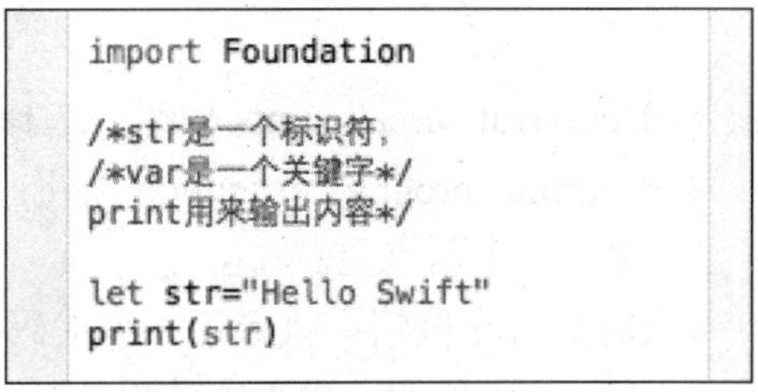

```
import Foundation

/*str是一个标识符,
/*var是一个关键字*/
print用来输出内容*/

let str="Hello Swift"
print(str)
```

图 1-38　嵌套注释

1.5 调 试

在编程中,调试是不可以缺少的。调试又被称为排错,是发现和减少程序错误的一个过程。在 Xcode 中进行调试需要实现以下几个步骤。

1. 添加断点

在进行程序调试之前,首先需要为程序添加断点。断点是调试器停止程序的运行并让开发者可以用来查看程序运行的地方。将光标移到到要添加断点的地方,按住 Command+\键或者选择菜单栏中的"Degbug|Breakpoints|Add Breakpoint at Current Line"命令进行断点的添加,之后会在添加断点代码的最左边看到一个蓝色箭头,这就是一个新断点,如图 1-39 所示。

2. 运行程序

单击"运行"按钮后,程序就会运行。这时,运行的程序会停留在断点所在的位置处,并且此代码行会出现绿色的箭头,表示现在程序运行到的位置,如图 1-40 所示。

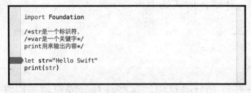
图 1-39 添加断点

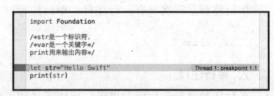
图 1-40 运行程序

3. 断点导航

在程序停留下来后,程序调试信息窗口就会出现,里面显示了一些调试信息。在程序调试信息窗口顶端,会出现断点导航,如图 1-41 所示。

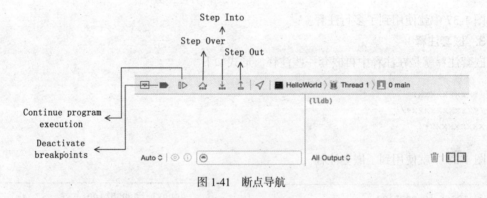
图 1-41 断点导航

- Deactivate breakpoints 按钮:选择要查看的线程。
- Continue program execution 按钮:继续执行当前的代码,如果有下一个断点,就停止在下一个断点上。
- Step Over 按钮:执行下一个代码。如果当前行是方法调用,则不会进入方法内部。
- Step Into 按钮:进入方法内部。
- Step Out 按钮:跳过当前方法,即执行到当前方法的末尾。

这时,单击断点导航中的"Continue program execution"按钮,继续执行当前的代码。如果这时程序出现错误就不会跳到下一断点处；如果程序没有问题就会继续向下执行。现在只有一个断点，单击此按钮，程序会输出最后的结果。

4. 删除或废弃断点

如果程序没有问题，那么就要将程序中设置的断点进行删除或者废弃。删除断点常用到的方法有 3 种：

- 右击设置的断点，在弹出的快捷菜单中选择"Delete Breakpoint"命令。
- 选中设置断点的行，在 Xcode 的菜单栏中选择"Debug|Breakpoints|Remove Breakpoint at Current Line"命令。
- 选择断点，将其拖动到别的地方。这时，此断点就被删除。

要废弃断点，就是要单击断点。这时，断点就由深蓝色变为了浅蓝色。浅蓝色的断点就说明该断点已被废弃，如图 1-42 所示。

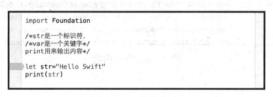

图 1-42　废弃断点

1.6　使用帮助文档

帮助文档可以帮助开发者解决一些问题以及查看语法的内容。以下是使用帮助文档的具体操作步骤。

（1）在打开 Xcode 的情况下，选择菜单栏中的"Help|Documentation and API Reference"命名，打开帮助文档，如图 1-43 所示。

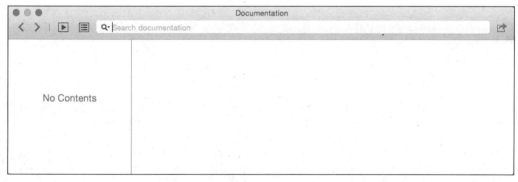

图 1-43　帮助文档

（2）在搜索栏中输入要查找的内容，按下回车键，就可以出现相应的搜索内容，如图 1-44 所示。

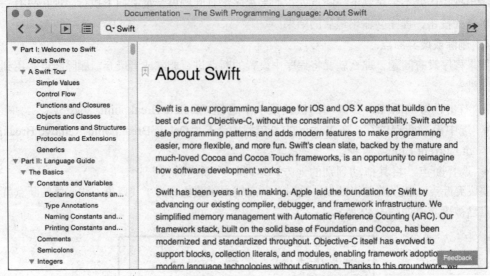

图 1-44 查找内容

1.7 上机实践

编写程序，输出一个"I Love Swift"。

分析：本题比较简单，首先在编写程序之前需要创建一个项目，在弹出的"Choose options for your new project"对话框中要将编程语言设置为 Swift。在编写程序中，需要使用 print()函数来实现输出。

第 2 章
Swift 语言基础

在每一种编程语言中都会存在一些比较基础的内容,如常量、变量、数据类型、字面值等等。Swift 编程语言也存在这些基础的内容。本章将讲解在 Swift 编程语言中存在的这些基础内容。

2.1 常量变量

在任何的编程语言中,常量和变量都是必不可少的,在 Swift 语言中也不例外。本节将讲解什么是常量、变量以及常量、变量的声明。

2.1.1 常量

在程序运行期间,不可以改变的量被称之为常量。常量的值不需要在编译时指定,但至少要赋值一次。常量在使用之前必须要对其进行声明。开发者可以使用 let 关键字声明常量。其语法形式如下。

```
let 常量名=值
```

其中,常量名是常量的名称,它必须符合标识符的命名规范。以上的语法形式可以被理解为声明一个常量名为***的常量,并给它一个值。

【程序 2-1】以下将使用 let 关键字声明一个值为 60 的常量,并输出。

```
01  import Foundation
02  let value=60                //声明一个名字为 value 的常量,并给它一个值 60
03  print(value)                //输出常量的值
```

此时运行程序,会看到如下的效果。

```
60
```

　　在此代码中有一个函数 print(),它可以用来输出一个或多个值,并将输出的值放到"console"面板上。"console"面板上就是第 1 章介绍的调试信息窗口的右边部分。

2.1.2 变量

在程序运行期间,值可以随意改变的量被称为变量。和常量一样,变量在使用之前也必须要对其进行声明。开发者可以使用 var 关键字声明变量。其语法形式如下：

```
var 变量名=值
```

其中，变量名为变量的名称，它必须符合标识符的命名规范。以上的语法形式可以被理解为声明一个变量名为***的变量，并给它一个值。

【程序 2-2】以下将使用 var 关键字声明一个值为 100 的变量，并输出。

```
01  import Foundation
02  var value=100                    //声明一个名字为 value 的变量，并给它一个值 100
03  print(value)
```

此时运行程序，会看到如下的效果。

```
100
```

开发者可以在一行中声明多个常量或者多个变量，用逗号隔开，代码如下。

```
var x = 0.0, y = 0.0, z = 0.0
```

2.1.3 为声明的变量和常量指定数据类型

在 Swift 中，常量以及变量在声明时，数据类型是可选择的。在以上的示例中，是没有为常量和变量指定数据类型的。但是 Swift 支持类型推断，即使在声明的变量或者常量中没有指定类型，编译器也可以通过所赋的值（即初始值）自动推算类型，例如以下代码。

```
var myVariable=60
```

由于变量所赋的值（即初始值）60 为整数，这时编译器会自动地推算出 myVariable 是一个整数。如果初始值没有提供足够的信息（或者没有初始值），就需要在常量或者变量声明时指定一个数据类型，并且要用冒号分割，其语法形式如下。

```
let/var 常量/变量名:数据类型=值
```

其中，数据类型有整型、字符型、浮点型等，我们会在下一节中为读者做一个详细的介绍。

2.2 简单数据类型

简单数据类型有整型、浮点型等等。这些数据类型不仅出现在 Swift 语言中，也出现在其他的编程语言中。本节就为各位读者详细地讲解一下简单的数据类型。

2.2.1 整数

整数是没有小数部分的数字，如 40、50。整数可以分为有符号整数（正、负、零）和无符号整数（正、零）。根据位数不同，整数又可以分为 8、16、32、64 位的有符号和无符号整数类型。这些整数遵守的命名约定与 C 类似。例如，一个 8 位无符号整数类型是 UInt8，一个 32 位有有符号整数类型是 Int32。

由于整数分为了 8、16、32、64 位的有符号和无符号整数类型。为了访问这些类型对应的最小值和最大值，Swift 提供了 min 和 max 属性。

【程序 2-3】下面使用 min 和 max 属性查看 UInt8 的最大值和最小值。

```
01  import Foundation
02  let minValue = UInt8.min              //最小值
03  let maxValue = UInt8.max              //最大值
04  print(minValue)
05  print(maxValue)
```

此时运行程序，会看到如下的效果。

```
0
255
```

各个不同整数类型范围，如表 2-1 所示。

表 2-1　　　　　　　　　　　　　　整数类型范围

整 数 类 型		范　　围
8 位形式	UInt8	0 ~ 255
	Int8	-128 ~ 127
16 位形式	UInt16	0 ~ 65535
	Int16	-32768 ~ 32767
32 位形式	UInt32	0 ~ 4294947295
	Int32	-2147483648 ~ 2147483647
64 位形式	UInt64	0 ~ 18446744073709551615
	Int64	-9223372036854775808 ~ 9223372036854775807

2.2.2　整型

一般来说，你不需要专门指定整数的长度。Swift 提供了一个特殊的整数类型 Int，长度与当前平台的原生字长相同。例如，在一个 32 位的平台中，Int 的尺寸和 Int32 是一样的；在一个 64 位的平台中，Int 的尺寸和 Int64 是一样的。在代码中使用 Int 类型的整数值，可以有助于提高代码一致性和可复用性。即使在 32 位的平台上，Int 也可以存储在-2147483648 到 2147483647 之间的任何值，并且对于很多的整数来说它的范围是足够大的。

Swift 除了提供 Int 整数类型（它是有符号的整数类型）外，还提供了无符号的整数类型 UInt，它的长度与当前平台的原生字长相同。例如，在一个 32 位的平台中，UInt 的尺寸和 UInt32 是一样的；在一个 64 位的平台中，UInt 的尺寸和 UInt64 是一样的。

在使用整型声明常量和变量时也是有两种类型的，即有符号整型以及无符号整型常量和变量。其声明两种整型常量的语法形式如下。

```
let 常量名:UInt=值
let 常量名:Int=值
```

声明两种整型变量的语法形式如下。

```
var 变量名:UInt=值
var 变量名:Int=值
```

【程序2-4】以下将声明一个无符号整型的常量和一个有符号整型的变量

```
01  import Foundation
02  let valueUInt:UInt=1000         //声明一个数据类型为无符号整型的常量
03  var valueInt:Int=5000           //声明一个数据类型为有符号整型的变量
04  print(valueUInt)
05  print(valueInt)
```

此时运行程序，会看到如下的效果。

```
1000
5000
```

2.2.3 浮点类型

浮点数是有小数部分的数字，比如3.14159、0.1和-273.15。浮点类型比整数类型表示的范围更大，可以存储比Int类型更大或者更小的数字。在Swift中提供了两种浮点数类型，如下：

- Double 表示 64 位浮点数。当你需要存储很大或者很高精度的浮点数时请使用此类型。
- Float 表示 32 位浮点数。精度要求不高的话可以使用此类型。

常量和变量也可以声明为一个浮点类型，这时需要使用到 Double 或者 Float。使用 Double 声明常量、变量时的语法形式如下。

```
let 常量名:Double=值
var 变量名:Double=值
```

使用 Float 声明常量、变量时的语法形式如下。

```
let 常量名:Float=值
var 变量名:Float=值
```

【程序2-5】以下将声明一个 Float 类型的常量和一个 Double 类型的变量。

```
01  import Foundation
02  let valueFloat:Float=1.1234567890           //声明 Float 类型的常量
03  var valueDouble:Double=1.1234567890         //声明 Double 类型的变量
04  print(valueFloat)
05  print(valueDouble)
```

此时运行程序，会看到如下的效果。

```
1.12346
1.123456789
```

> Float 的精确度低于6位十进制数字，而 Double 至少有15位十进制数字的精确度。在代码中，应该使用适当的浮点类型（它们都是取决于值的性质和范围的）。当使用 Float 声明的常量或者变量的值的小数点以后超出6位，那么 Float 类型的变量、常量值输出就不精确了。

2.2.4 布尔类型

布尔类型（Boolean）表示布尔逻辑量，布尔类型又被叫作布尔（Bool）。在 Swift 中提供了两种布尔常量值：true 和 false，如下。

```
let orangesAreOrange = true
let turnipsAreDelicious = false
```

在以上的代码中 orangesAreOrange、turnipsAreDelicious 已经被编译器推断为了布尔类型。在编程中布尔类型的常量、变量可以使用 Bool 进行声明，其语法形式如下：

```
let 常量名:Bool=值
var 变量名:Bool=值
```

其中，这里的值是布尔值，布尔值指代逻辑，因为它永远只有两个值 true 和 false。

【程序 2-6】以下将声明一个布尔类型的常量和一个布尔类型的变量。

```
01  import Foundation
02  let falseValue:Bool=false              //布尔类型的常量
03  var trueValue:Bool=true                //布尔类型的变量
04  print(falseValue)
05  print(trueValue)
```

此时运行程序，会看到如下的效果。

```
false
true
```

2.2.5 可选类型

可选类型用来判断值是否存在。如果值存在，就会输出；如果不存在，就会返回一个 nil（nil 是一个特定类型的空值。任何类型的可选变量都可以被设置为 nil），它是 Swift 专用的类型。可选类型常量和变量的声明是使用问号实现的，其语法形式如下：

```
let 常量名:数据类型?=值
var 变量名:数据类型?=值
```

其中，值可以是 nil。

 在使用可选类型声明变量的语法中，值可以有也可以没有（即没有 "=值" 这一部分）。

【程序 2-7】以下将声明一个可选类型的常量和两个可选类型的变量。

```
01  import Foundation
02  let nilValue1:Int?=nil                 //可选类型的常量
03  var nilValue2:Int?                     //可选类型的变量
04  var value:Int?=100                     //可选类型的变量
05  print(nilValue1)
```

```
06    print(nilValue2)
07    print(value)
```

此时运行程序，会看到如下的效果。

```
nil
nil
Optional(100)
```

2.3 字　面　值

字面值是以人们易于阅读的格式表示的固定值，它的用法一般都是非常直观的。在 Swift 中提供了整型字面值、浮点类型的字面值等。本节将讲解在 Swift 中最常使用到的字面值。

2.3.1 整型字面值

整型字面值可以写为以下 4 种形式。
- 一个十进制数，没有前缀；
- 一个二进制数，前缀是 0b；
- 一个八进制数，前缀是 0o；
- 一个十六进制数，前缀是 0x。

【程序 2-8】以下分别以十进制数、二进制数、八进制数、十六进制数显示 17。

```
01    import Foundation
02    let decimalInteger = 17
03    let binaryInteger = 0b10001              //二进制的 17
04    let octalInteger = 0o21                  //八进制的 17
05    let hexadecimalInteger = 0x11            //十六进制的 17
06    print(decimalInteger)
07    print(binaryInteger)
08    print(octalInteger)
09    print(hexadecimalInteger)
```

此时运行程序，会看到如下的效果。

```
17
17
17
17
```

2.3.2 浮点类型的字面值

浮点类型的字面值可以使用十进制数（不带前缀），或者十六进制数（带有前缀 0x）表示，并且它们必须在小数点的两侧。浮点类型的字面值也可以使用科学计数法表示，其中，使用大写或者小写的 e 表示十进制的浮点数，使用大写或者小写的 p 表示十六进制的浮点数，其语法形式如下。

```
n.ne+/-P                    //十进制的浮点数
n.np+/-p                    //十六进制的浮点数
```

其中，p 表示小数点移动的位数；+表示小数点向右移，-表示小数点向左移。例如：

```
//十进制的浮点数
1.25e2              //表示 1.25*10² 或者 125.0
1.25e-2             //表示 1.25*10⁻² 或者 0.0125
//十六进制的浮点数
0xFp2               //表示 15*2² 或者 60
0xFp-2              //表示 15*2⁻² 或者 3.75
```

【程序 2-9】以下将以 3 种形式显示 12.1875。

```
01  import Foundation
02  let decimalDouble = 12.1875
03  let exponentDouble = 1.21875e1                //十进制的浮点数
04  let hexadecimalDouble = 0xC.3p0               //十六进制的浮点数
05  print(decimalDouble)
06  print(exponentDouble)
07  print(hexadecimalDouble)
```

此时运行程序，会看到如下的效果。

```
12.1875
12.1875
12.1875
```

整数和浮点数都可以添加额外的零并且包含下划线，并不会影响字面值。

【程序 2-10】以下将为整型字面值、浮点类型的字面值添加额外的零、下划线。

```
01  import Foundation
02  let paddedDouble = 000123.456                 //添加额外的 0
03  let oneMillion = 1_000_000                    //添加额外的下划线
04  let justOverOneMillion = 1_000_000.000_000_1  //添加额外的下划线
05  print(paddedDouble)
06  print(oneMillion)
07  print(justOverOneMillion)
```

此时运行程序，会看到如下的效果。

```
123.456
1000000
1000000.0000001
```

整型字面值和浮点类型字面值都属于数值类型字面值（数值类型字面值表示数量、可以进行数值运算）。

2.3.3 布尔类型的字面值

布尔类型的字面值比较简单，只有 true 和 false。

2.4 高级数据类型——元组

Swift 提供了一个特殊的类型——元组类型。元组（tuples）就是把多个值组合成一个复合值。元组内的值可以是任意类型，并不要求是相同类型。元组类型的字面值需要使用括号括起来，其语法形式如下。

(值1,值2,值3,值4,……)

其中，值可以是任意的数据类型，例如

(404, "Not Found")

变量/常量的声明除了可以有简单类型外，还可以声明为元组类型，其声明具有元组类型的变量/常量的语法形式如下。

```
var 变量名=元组类型的字面值
let 常量名=元组类型的字面值
```

【程序 2-11】以下是一个描述 HTTP 状态码（HTTP status code）的元组。

```
01  import Foundation
02  let http404Error = (404, "Not Found")
03  print(http404Error)
```

此时运行程序，会看到如下的效果。

(404, "Not Found")

开发者可以将一个元组的内容分解成单独的常量和变量，然后再使用它们。其语法形式如下：

```
var(变量名1,变量名2,变量名3,……)=元组类型的字面值
let(常量名1,常量名2,常量名3,……)=元组类型的字面值
```

【程序 2-12】以下将元组中的内容进行分解。

```
01  import Foundation
02  let (statusCode, statusMessage) = (404, "Not Found")
03  print(statusCode)
04  print(statusMessage)
```

此时运行程序，会看到如下的效果。

```
404
Not Found
```

如果开发者只需要一部分元组值，分解的时候可以把要忽略的部分用下划线（_）标记，代码如下：

```
let (justTheStatusCode, _) = http404Error
```

2.5 类型别名

类型别名其实就是一个名字，这个名字就是为现有类型定义的替代名称。使用类型别名有很多好处，它让复杂的类型名字变得简单明了、易于理解和使用，还有助于开发者清楚地知道使用该类型的真实目的。对于类型别名的定义，可以使用 typealias 关键字实现。其语法形式如下。

```
typealias 类型别名=数据类型名称
```

【程序 2-13】以下将为 Int 定义一个类型别名。

```
01  import Foundation
02  typealias AudioSample = Int                    //定义类型别名
03  var minAudioSample=AudioSample.min
04  print(minAudioSample)
```

此时运行程序，会看到如下的效果。

-9223372036854775808

2.6 字符和字符串

在任何的编程语言中，字符和字符串都是必不可少的，它们都可以用于文本工作。本节将详细讲解字符以及字符串的一些内容。

2.6.1 字符类型与字面值

Swift 提供了一种用于文本工作的类型即字符类型（Character），如"A""B"等。字符类型可以声明具有字符类型的常量和变量。它的声明方式如下：

```
let 常量名:Character=字符字面值
var 变量名:Character=字符字面值
```

其中，字符型字面值通常使用双引号表示，如"A""B"等。

【程序 2-14】以下将声明一个字符类型的常量和一个字符类型的变量。

```
01  import Foundation
02  let characterLet:Character="A"                 //字符类型的常量
03  var charactrtVar="B"                           //字符类型的变量
04  print(characterLet)
05  print(charactrtVar)
```

在代码的第 3 行中,我们没有指定变量的数据类型,而是直接给了变量一个字符字面值,Swift 会推断该变量为字符类型。此时运行程序,会看到如下的效果。

```
A
B
```

2.6.2 字符串类型与字面值

与字符类型相关的类型还有字符串类型,如"Hello World""Swift"等。使用字符串类型 String 可以声明常量字符串(也称为字符串常量,字符串一般是不可以修改的字符串)和变长字符串(也称为字符串变量,字符串是可以修改的字符串)。它的声明方式如下。

```
let 常量名:String=字符串字面值          //常量字符串
var 变量名: String =字符串字面值         //变长字符串
```

其中,字符串字面值是由一对双引号包围的固定顺序的文本字符。

【程序 2-15】以下将声明一个常量字符串和一个变长字符串。

```
01  import Foundation
02  let strLet="Hello"
03  var strVar:String="Swift"
04  print(strLet)
05  print(strVar)
```

在代码的第 2 行中,我们没有为常量指定数据类型,而是通过字符串字面值为常量进行了初始化,Swift 会推断该常量为字符串类型。此时运行程序,会看到如下的效果。

```
Hello
Swift
```

使用字符串字面值对于大部分打印字符都是有效的。但是对于一些非打印字符就可以直接表示它们了,如空格、回车等,所以 Swift 提供了一些特殊的字符去表示它们——转义序列。其中,转义序列是由反斜杠和字符组合在一起的字符串。转义字符的种类以及功能如表 2-2 所示。

表 2-2　　　　　　　　　转 义 字 符

转 义 序 列	功　　能
\0	空
\\	反斜杠
\t	水平制表符
\n	换行
\r	回车
\"	双引号
\'	单引号

【程序 2-16】以下将使用\n 转义序列让字符串换行。程序代码如下:

```
01  import Foundation
02  let str="\nHello"
03  print(str)
```

此时运行程序，会看到如下的效果。

```
Hello
```

2.6.3 初始化空字符串

最简单的字符串就是一个空字符串。初始化空字符串有两种方法：一种是直接赋空值，另一种是使用 String()方法。下面依次讲解这两种方法。

1. 直接赋空值

在声明字符串时，可以直接给字符串赋一个空值，或者初始化一个空值，代码如下。

```
let emptystring=""
```

2. 使用 String()方法

在初始化时，也可以使用 String()方法将字符串初始化为空值，代码如下。

```
let emptystring=String()
```

2.6.4 字符串连接

字符串的连接是为了形成一个新的字符串。字符串连接方式通常包括两种形式：第一种是一个字符串和另一个字符连接形成一个新的字符串；第二种是字符串和字符串连接形成一个新的字符串。本小节将依次讲解这两种组合方式。

1. 字符串与字符连接

字符串与字符连接可以使用 3 种方式实现。

第 1 种方式是使用加法运算符（+）将字符串和字符连接到一起，形成一个新的字符串。

【程序 2-17】以下将实现字符串"Hello"与"!"连接。

```
01  import Foundation
02  let string = "Hello"
03  let character = "!"
04  var newString = string + character              //连接
05  print(newString)
```

此时运行程序，会看到如下的效果。

```
Hello!
```

第 2 种方式是使用加法赋值运算符（+=）将字符串和字符连接到一起，从而形成一个新的字符串。

【程序 2-18】以下将实现字符串"Hello"与"?"连接。

```
01  import Foundation
02  var string = "Hello"
03  string += "?"                                   //连接
04  print(string)
```

此时运行程序，会看到如下的效果。

```
Hello?
```

第 3 种方式是使用 append()方法将一个字符附加到一个变长字符串的尾部，从而形成一个新的字符串。

【程序 2-19】以下将实现字符串"Hello"与"!"连接。

```
01    import Foundation
02    var string = "Hello"
03    let exclamationMark: Character = "!"
04    string.append(exclamationMark)                    //在字符串的尾部添加字符
05    print(string)
```

此时运行程序，会看到如下的效果。

```
Hello!
```

2. 字符串与字符串连接

字符串与字符串连接可以使用 2 种方式实现：第 1 种方式是使用加法运算符（+）将字符串和字符串连接到一起，形成一个新的字符串。第 2 种方式是使用加法赋值运算符（+=）将字符串和字符串连接到一起，从而形成一个新的字符串。

【程序 2-20】以下将实现两个字符串的连接。

```
01    import Foundation
02    var helloString = " Hello"
03    var swiftString = " Swift"
04    var helloSwift = helloString + swiftString        //连接
05    print(helloSwift)                                 //连接
06    swiftString += helloString
07    print(swiftString)
```

此时运行程序，会看到如下的效果。

```
Hello Swift
Swift Hello
```

2.6.5 字符计数

如果想要计算字符串中字符的个数，可以使用 count 属性实现，其语法形式如下：

字符串名称.characters.count

【程序 2-21】以下将获取字符串"I Love Swift"中字符的个数。

```
01    import Foundation
02    let string="I Love Swift"
03    print(string.characters.count)                    //计算字符串中字符的个数
```

此时运行程序，会看到如下的效果。

```
12
```

2.6.6 判断字符串

在字符串操作中，避免不了对字符串进行各种判断。例如，判断字符串是否为空，判断使用的两个字符串是否相等。以下就是在字符串操作中常使用到的判断。

1. 判断字符串是否为空

如果想要判断一个字符串是否为空，需要使用 isEmpty 属性，其语法形式如下。

字符串名.isEmpty

其中，该属性获取的值是一个 Bool 布尔类型。当此值为 true 时，表示字符串为空；当此值为 false 时，表示字符串不为空。

【**程序 2-22**】以下将判断字符串是否为空。

```
01    import Foundation
02    let string=""
03    print(string.isEmpty)
```

此时运行程序，会看到如下的效果。

```
True
```

2. 判断字符串相等

如果想要判断两个字符串是否相等，可以使用运算符==。当两个字符串中包含完全相同的字符串时，就可以被判断为相等，此时会返回 true；否则，返回 false。其语法形式如下。

字符串 1 == 字符串 2

【**程序 2-23**】以下将判断给定的两个字符串是否相等。

```
01    import Foundation
02    let string1="Hello"
03    let string2="Hellow"
04    let string3="Hello"
05    print(string1==string2)
06    print(string1==string3)
```

此时运行程序，会看到如下的效果。

```
false
true
```

3. 判断前缀

使用 hasPrefix()方法可以判断字符串是否以某一字符串为前缀，其语法形式如下。

字符串名称.hasPrefix(_ aString: String!)

其中，aString 表示字符串。该方法的返回值类型为 Bool 布尔类型，其中该返回值为 true 时，表示字符串是以 aString 字符串为前缀；该返回值为 false 时，表示字符串不是以 aString 字符串为前缀。

【**程序 2-24**】以下将判断字符串"Hello"是否分别以字符串"H" "He" "Ho"开头。

```
01    import Foundation
02    let string="Hello"
03    //判断字符串是否以"H"开头
04    print(string.hasPrefix("H"))
```

```
05    //判断字符串是否以"He"开头
06    print(string.hasPrefix("He"))
07    //判断字符串是否以"Ho"开头
08    print(string.hasPrefix("Ho"))
```

此时运行程序，会看到如下的效果。

```
true
true
false
```

4. 判断后缀

使用 hasSuffix()方法可以判断字符串是否以某一字符串为后缀。即判断字符串是否以某一字符串结尾。其语法形式如下。

```
字符串名.hasSuffix(_suffix: String)
```

其中，suffix 表示字符串。该方法的返回值类型为 Bool 布尔类型，其中该返回值为 true 时，表示字符串是以 suffix 字符串为后缀；该返回值为 false 时，表示字符串不是以 suffix 字符串为后缀。

【程序 2-25】以下将判断字符串" Swift "是否分别以字符串"t" "ft" "aft"结尾。

```
import Foundation
let string="Swift"
//判断字符串是否以"t"结尾
print(string.hasSuffix("t"))
//判断字符串是否以"ft"结尾
print(string.hasSuffix("ft"))
//判断字符串是否以"aft"结尾
print(string.hasSuffix("aft"))
```

此时运行程序，会看到如下的效果。

```
true
true
false
```

2.6.7 大小写转换

在字符串的操作中，对字符串进行大小写转换也是很常见的。以下就是如何将字符串进行大小写转换的讲解。

1. 大写转换

将字符串中所有的小写字符转换为大写字符，需要使用 uppercaseString 属性。其语法形式如下：

```
字符串名.uppercaseString
```

【程序 2-26】以下将字符串"Good Luck"全部改为大写。

```
01    import Foundation
02    let string="Good Luck"
03    print(string)
04    let upperString=string.uppercaseString        //将字符串中的小写字符转换为大写
05    print(upperString)
```

此时运行程序，会看到如下的效果。

```
Good Luck
GOOD LUCK
```

2. 小写转换

将字符串中所有的大写字符转换为小写字符，需要使用 lowercaseString 属性。其语法形式如下。

字符串名.lowercaseString

【**程序 2-27**】以下将字符串"Good Boy "全部改为小写。

```
01    import Foundation
02    let string="GOOD Boy"
03    print(string)
04    let lowerString=string.lowercaseString         //将字符串中的大写字符转换为小写
05    print(lowerString)
```

此时运行程序，会看到如下的效果。

```
GOOD Boy
good boy
```

2.6.8 插入和删除

在字符串中开发者可以进行插入和删除操作。以下就是对这些操作的详细介绍。

1. 插入

开发者可以向字符串的指定位置中插入字符或者字符串。其中，插入字符需要使用 insert()方法，其语法形式如下。

字符串名.Insert(_ newElement: Character, atIndex i: Index)

其中，newElement 用来指定要插入的字符，i 用来指定一个索引。每一个 String 值都有一个关联的索引(index)类型，String.Index 对应着字符串中的每一个字符的位置。表 2-3 列出了几个在获取字符串中索引的常用属性、方法。

表 2-3   属性、方法

属　　性	
属　　性	功　　能
startIndex	获取字符串中第一个字符的索引
endIndex	获取字符串中最后一个字符的后一个位置的索引，它一般不可以作为字符串的有效下标
方　　法	
方　　法	功　　能
predecessor()	通过调用 String.Index 的 predecessor()方法，可以立即得到前面一个索引
successor()	通过调用 String.Index 的 successor()方法，可以立即得到后面一个索引
advancedBy()	获取指定的索引

【程序 2-28】以下将在字符串的指定索引位置处插入一个字符。

```
import Foundation
01   var swift = "swift"
02   swift.insert("!", atIndex: swift.startIndex)//在字符串的第一个字符的索引处插入字符
03   print(swift)
04   var hello = "Hello"
05   hello.insert("!", atIndex: hello.endIndex)//在最后一个字符的后一个位置的索引处插入字符
06   print(hello)
07   var iOS = "iOS9"
08   //在第3个字符的前一个位置的索引处插入字符
09   iOS.insert("-", atIndex: iOS.startIndex.advancedBy(3))
10   print(iOS)
```

此时运行程序，会看到如下的效果。

```
!swift
Hello!
iOS-9
```

当然，除了可以向字符串中插入字符外，还可以插入字符串，这时，需要使用 insertContentsOf() 方法，其语法形式如下。

字符串名.insertContentsOf (_ newElements: S, at i: Index)

其中，newElements 用来指定要插入的字符串，i 用来指定一个索引。

【程序 2-29】以下将在字符串"Hello"后面插入" World"字符串。

```
import Foundation
01   var hello = "Hello"
02   hello.insertContentsOf(" World".characters, at: hello.endIndex)
03   print(hello)
04   此时运行程序，会看到如下的效果。

Hello World
```

2. 删除

开发者除了可以向字符串中插入字符或者字符串外，还可以删除字符串中的字符或者字符串。这里我们讲解3种常用的删除方法。

第1种删除方法是使用 removeAtIndex() 方法。此方法可以删除字符串中指定索引位置处的字符，其语法形式如下。

字符串名.removeAtIndex(_ i: Index)

其中，i 用来指定索引。

【程序 2-30】以下将字符串"Hello!"中的"!"字符删除。

```
01   import Foundation
02   var hello = "Hello!"
03   hello.removeAtIndex(hello.endIndex.predecessor())           //删除
04   print(hello)
```

此时运行程序,会看到如下的效果。

```
Hello
```

第 2 种删除方法是使用 removeRange() 方法,此方法可以删除字符串中某一段索引位置处的字符,其语法形式如下:

```
字符串名.removeRange(_ subRange: Range<Index>)
```

其中,subRange 用来指定一段索引。

【程序 2-31】以下将字符串"Hello World"中的"World"删除。

```
01    import Foundation
02    var hello = "Hello World"
03    let range = hello.endIndex.advancedBy(-6)..<hello.endIndex
04    hello.removeRange(range)                                    //删除
05    print(hello)
```

此时运行程序,会看到如下的效果。

```
Hello
```

第 3 种删除方法是使用 removeAll() 方法。它可以删除字符串中所有字符,其语法形式如下。

```
字符串名.removeAll()
```

【程序 2-32】以下将字符串"Hello World"中的字符全部删除。

```
01    import Foundation
02    var hello = "Hello World"
03    hello.removeAll()
04    print("hello=\(hello)")
```

此时运行程序,会看到如下的效果。

```
hello=
```

在此代码的第 4 行中,我们使用了字符串的插值操作。字符串插值是一种构建新字符串的方式,可以在其中包含常量、变量、字面值和表达式。开发者插入的字符串字面值的每一项都在以反斜线为前缀的圆括号中。

2.7 编码格式 Unicode

Unicode 是一种针对编码和文本表示的国际标准。它几乎可以显示所有语言的所有字符的标准形式,并能够对文本文件或网页这样的外部资源中的字符进行读写操作。Swift 语言中的字符串和字符类型完全兼容 Unicode。

2.7.1 什么是 Unicode

在 Unicode 中,每一个字符都可以被表示为一个或者多个 Unicode scalars。一个 Unicode scalar 是一个唯一的 21 位数(或者名称)。例如,U+0061 表示小写的拉丁字母(LATIN SMALL LETTER

A）("a")。

【程序 2-33】以下将使用 Unicode 标准显示一个小鸡和一个小狗。

```
01  import Foundation
02  let chickenString="\u{0001F425}"
03  let dogString="\u{0001F436}"
04  print(chickenString)
05  print(dogString)
```

此时运行程序，会看到如图 2-1 所示的效果。

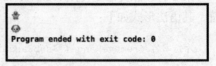

图 2-1　运行效果

2.7.2　字符串的 Unicode 表示形式

Swift 提供了几种不同的方式来访问字符串的 Unicode 表示形式。开发者可以利用 for-in 来对字符串进行遍历，从而以 Unicode 可扩展的字符群集的方式访问每一个 Character 值。该过程会在遍历字符串一节中进行描述。另外，开发者还可以以其他 3 种 Unicode 兼容的方式访问字符串的值，这 3 种方式如下。

- UTF-8 字符编码单元集合（使用 String 类型的 utf8 属性进行访问）。
- UTF-16 字符编码单元集合（使用 String 类型的 utf16 属性进行访问）。
- 21 位 Unicode 标量集合，也就是字符串的 UTF-32 编码格式（使用 String 类型的 unicodeScalars 属性进行访问）。

1. UTF-8 表示

开发者可以使用 String 类型的 utf8 属性遍历一个 UTF-8 编码的字符串。其语法形式如下：

字符串名.utf8

其中，这个属性是 UTF8View 类型。UTF8View 是一个 8 位无符号整型 UInt8 的集合，集合中的每一个字节都是 UTF-8 编码。

【程序 2-34】以下将使用 utf8 属性遍历字符串 dogString。

```
01  import Foundation
02  let dogString="Dog!\u{0001F436}"
03  for codeUnit in dogString.utf8 {
04      print(codeUnit)
05  }
```

此时运行程序，会看到如下的效果。

```
68
111
103
33
240
159
144
182
```

在上面的运行效果中，前 3 个十进制 codeUnit 值(68, 111, 103)代表了字符 D、o 和 g，它们的 UTF-8 表示与 ASCII 表示相同。后面 4 个 codeunit 的值（240,159,144,182）是 DOG FACE 字符的 4 字节 UTF-8 编码。

字符串的遍历需要使用 for in 语句来实现，对于 for in 语句的使用，我们会在后面的章节中进行讲解。

2. UTF-16 表示

开发者可以使用 String 类型的 utf16 属性遍历一个 UTF-16 编码的字符串。其语法形式如下。

字符串名.utf16

【程序 2-35】以下将使用 utf16 属性遍历字符串 dogString。

```
01  import Foundation
02  let dogString="Dog!\u{0001F436}"
03  for codeUnit in dogString.utf16 {
04      print(codeUnit)
05  }
```

此时运行程序，会看到如下的效果。

```
68
111
103
33
55357
56374
```

在上面的运行效果中，前 4 个十进制 codeunit 值（68,111,103,33）显示为字符串"Dog!"，它们的 UTF-16 的 codeunit 和它们 UTF-8 的编码值相同。后面 2 个 codeunit 的值（(55357 和 56374）是 DOG FACE 字符的 UTF-16 编码。它们的值是由值为 U+D83D（十进制 55357）的高位（lead surrogate）和值为 U+DC36（十进制 56374）的低位（trail surrogate）组成。

3. UTF 标量表示

开发者也可以使用 String 类型的 unicodeScalars 属性遍历一个 Unicode 标量编码的字符串。其语法形式如下。

字符串名.unicodeScalars

其中，这个属性是 UnicodeScalarsView 类型（UnicodeScalarsView 是一个 UnicodeScalar 类型的集合每一个 Unicode 标量都是一个任意 21 位 Unicode 码位，没有高位，也没有低位。）每一个 UnicodeScalar 使用 value 属性，返回标量的 21 位值，每一位都是 32 位无符号整型(UInt32)的值，其语法形式如下：

Unicode 标量.value

【程序 2-36】以下将使用的 unicodeScalars 属性遍历字符串 dogString。

```
01  import Foundation
02  let dogString="Dog!\u{0001F436}"
03  for scalar in dogString.unicodeScalars{
04      print(scalar.value)
05  }
```

此时运行程序，会看到如下的效果。

```
68
111
103
33
128054
```

2.8 综合案例

本节将结合以上所学，讲解两个综合案例：一个是为圆周率 3.14159265359 指定数据类型；另一个是组成字符串，并插入特殊符号。

2.8.1 为圆周率 3.14159265359 指定数据类型

要为圆周率指定数据类型，首先需要知道圆周率是有小数部分，所以它是浮点类型的数据。在浮点类型中又有两种类型：一种是 Float 型，另一种是 Double 型。这两种浮点类型的区别在于精确度，Float 的精确度低于 6 位十进制数字，而 Double 至少有 15 位十进制数字的精确度。由于圆周率的精确度大于 6，所以需要使用 Double 类型来指定。

【程序 2-37】在程序中要使用圆周率 3.14159265359，使用合适的方式指代该数据，并进行输出。

```
01  import Foundation
02  let pi:Double=3.14159265359
03  print(pi)
```

此时运行程序，会看到如下的效果。

```
3.14159265359
```

2.8.2 组成字符串，并插入特殊符号

组合字符串需要使用到 "+" 运算符或者是 "+=" 运算符，如果要在组合的字符串的特定位置处插入符号，需要使用到 insert()方法。

【程序 2-38】将 Swift、is、a、program、language 组合成一个字符串，并且在必要的位置插入空格和标点符号，并计算字符串的长度。

```
01  import Foundation
02  let str1="Swift"
03  let str2="is"
04  let str3="a"
05  let str4="program"
06  let str5="language"
07  var str6=str1+str2+str3+str4+str5
08  print("将字符串进行组合以后，输出如下：")
09  print(str6)
10  //插入空格
11  str6.insert(" ", atIndex: str6.startIndex.advancedBy(5))
```

```
12    str6.insert(" ", atIndex: str6.startIndex.advancedBy(8))
13    str6.insert(" ", atIndex: str6.startIndex.advancedBy(10))
14    str6.insert(" ", atIndex: str6.startIndex.advancedBy(18))
15    str6.insert("!", atIndex: str6.endIndex)                    //插入感叹号
16    print("在组合的字符串中添加空格,感叹号后输出如下:")
17    print(str6)
18    print("str6 字符串中字符的个数为:\(str6.characters.count)")    //计算字符串的长度
```

此时运行程序,会看到如下的效果。

将字符串进行组合以后,输出如下:
Swiftisaprogramlanguage

在组合的字符串中添加空格,感叹号后输出如下:
Swift is a program language!
str6 字符串中字符的个数为: 28

2.9 上 机 实 践

1. 编写程序,获取字符串"I'm a programmer"中字符的个数。

分析:

可以使用 count 属性完成该程序。首先,需要声明一个字符串常量或者字符串变量,然后使用 characters 属性的 count 属性来获取字符串中的字符个数。

2. 编写程序,在字符串"HelloSwift"中插入",",从而形成新的字符串"Hello,Swift"。

分析:

可以使用 insert()方法完成该程序。首先,需要声明一个字符串变量,然后需要获取"HelloSwift"字符串要求插入字符位置的索引,最后使用 insert()方法完成插入。

第 3 章 语句和表达式

程序由一个或者多个语句构成，而程序的最小执行单位也是语句。所以，语句在编程中占据了很重要的位置。在编程语言中，最常见到的语句是由表达式构成的，Swift 也不例外。本章将讲解什么是语句，以及常见运算符与表达式的使用。

3.1 语　　句

在 Swift 编程语言中，语句一般有两种形式，通用的形式如下。

表达式；

与其他大部分编程语言不同，Swift 并不强制要求开发者在每条语句的结尾处使用分号（;），所以 Swift 有自己的语句形式，如下。

表达式

一般建议使用第 2 种形式。在 Swift 编程语言中有两种语句：一种是简单语句；一种是控制流语句。简单语句最为常见，它由表达式或者声明组成。对于控制流语句我们会在后面进行介绍。下面将先讲解简单语句的重要构成部分——表达式。

3.2 运算符与表达式

运算符是检查、改变、合并值的特殊符号或短语。程序会针对一个或者多个运算符进行运算。而由这些运算符构成的式子被称为表达式。本节将为读者讲解 Swift 语言中常用的运算符以及运算符所对应的表达式。

3.2.1 常用术语——元

元表示运算符所使用的目标数值个数（即操作数，或者是操作对象）。根据数值的个数的不同，运算符分为一元运算符、二元运算符、三元运算符。对于它们的介绍如下。

- 一元运算符对一个操作对象进行操作。一元运算符分为一元前缀运算符和一元后缀运算符。其中，一元前缀运算符出现在目标的前面（如-b）；一元后缀运算符出现在目标的后面（例如 b-- ）。
- 二元运算符操作两个操作对象（如 2 +3），是中置的，因为它们出现在两个操作对象之间。
- 三元运算符操作三个操作对象，和 C 语言一样，Swift 只有一个三元运算符，就是三目运算符（a？b：c）。

3.2.2 赋值运算符和表达式

赋值运算符一般使用"="表示，由"="号连接起来的式子被称为赋值表达式。它的功能就是计算右边表达式的值，再赋予左边的变量。其语法形式如下：

变量=表达式

其中，表达式可以是一个变量、常量，也可以是一个表达式。在第 2 章中，所有的程序都使用到了赋值运算符。

【程序 3-1】以下将为变量赋值。

```
01    import Foundation
02    var value1=5                         //赋值
03    var value2=value1                    //赋值
04    print("value1=\(value1)")
05    print("value2=\(value2)")
```

在此代码中的第 2 行，使用 5 去初始化或者更新变量 value1 的值，第 3 行代码是使用 value1 的值去更新或者初始化 value2 的值。此时运行程序，会看到如下的效果。

```
value1=5
value2=5
```

如果右边分配的值是具有多个值的元组，其元组中的元素可以被分配给多个常量和变量。代码如下：

```
let (x, y) = (1, 2)
```

3.2.3 算术运算符和表达式

Swift 中所有数值类型都支持了基本的四则算术运算。算术运算需要使用到标准算术运算符。表 3-1 列出了标准算术运算符。

表 3-1　　　　　　　　　　　标准算术运算符

运算符名称	运 算 符	功　　能
加法运算符	+	将两个数相加
减法运算符	-	将两个数相减
乘法运算符	*	将两个数相乘
除法运算符	/	将两个数相除

不同于 C 和 Objective-C，默认情况下 Swift 的算术运算符不允许值溢出，并且算术运算符的结合性是从左到右的。

使用标准算术运算符连接起来的式子被称为算术表达式，其语法形式如下：

操作数　算术运算符　操作数

【程序 3-2】下面就使用 4 种算术运算符实现两个操作数的加、减、乘、除运算。

```
01  import Foundation
02  var operand1=500
03  var operand2=50
04  var sum=operand1+operand2                    //求和
05  var differ=operand1-operand2                 //求差
06  var product=operand1*operand2                //求乘积
07  var quotient=operand1/operand2               //求商
08  print("operand1+operand2=\(sum)")
09  print("operand1-operand2=\(differ)")
10  print("operand1*operand2=\(product)")
11  print("operand1/operand2=\(quotient)")
```

此时运行程序，会看到如下的效果。

```
operand1+operand2=550
operand1-operand2=450
operand1*operand2=25000
operand1/operand2=10
```

在算术运算中需要注意以下 7 条规则。

1. 规则 1

加法运算符对于字符串也一样适用，产生的作用为连接字符串。这一点我们在上一章中讲解过了。

2. 规则 2

在乘法中，当两个操作数都为正数时，所得的结果也为正数；当两个操作数都为负数时，所得的结果也为正数；当两个操作数其中有一个为正数，一个为负数时，所得的结果就为负数。

【程序 3-3】以下将实现两个操作数的乘法运算。

```
01  import Foundation
02  var product1 = 10 * 10                       //乘法运算
03  var product2 = 10 * -10
04  print("10 * 10 = \(product1).")
05  print("10 * -10 = \(product2)")
```

此时运行程序，会看到如下的效果。

```
10 * 10 = 100
10 * -10 = -100
```

3. 规则 3

在进行乘法运算时，当两个操作数都为整数时，所得的结果也为整数；当两个操作数有一个为浮点数时，所得的结果为浮点数。

【程序 3-4】 以下将实现两个操作数的乘法运算。

```
01   import Foundation
02   var product1 = 10 * 10
03   var product2 = 10 * 1.2
04   print("10 * 10 = \(product1)")
05   print("10 * -1.2 = \(product2)")
```

此时运行程序，会看到如下的效果。

```
10 * 10 = 100
10 * 1.2 = 12.0
```

4. 规则 4

在除法中，当两个操作数都为正数时，所得的结果也为正数；当两个操作数都为负数时，所得的结果也为正数；当两个操作数其中有一个为正数，另一个为负数时，所得的结果就为负数。

【程序 3-5】 以下将实现两个操作数的除法运算。

```
01   import Foundation
02   var quotient1 = 100 / 10                         //除法运算
03   var quotient2 = 100 / -10
04   print("100 / 10 = \(quotient1)")
05   print("100 / -10 = \(quotient2)")
```

此时运行程序，会看到如下的效果。

```
100 / 10 = 10
100 / -10 = -10
```

5. 规则 5

在进行除法运算时，当两个操作数都为整数时，所得的结果也为整数，即发生了整除运算；当两个操作数有一个为浮点数时，所得的结果为浮点数。

【程序 3-6】 以下将实现两个操作数的除法运算。

```
01   import Foundation
02   var quotient1 = 100 / 10
03   var quotient2 = 100 / -10.0                      //除法运算
04   print("100 / 10 = \(quotient1)")
05   print("100 / -10.0 = \(quotient2)")
```

此时运行程序，会看到如下的效果。

```
100 / 10 = 10
100 / -10.0 = -10.0
```

6. 规则 6

在进行除法运算时，除数不可以为 0，否则就会出现错误。

7. 规则7

可以将多个算术运算符组合起来使用。

【程序3-7】以下将计算 10+2*3/4%2 的结果。

```
01   import Foundation
02   let result=10+2*3/4%2                          //混合运算
03   print(result)
```

此时运行程序，会看到如下的效果。

11

当有多个算术运算符时，需要注意它的运算优先级别。其中，*、/的优先级最高，其次是%（它是求余运算符，我们会在后面进行讲解），最后是+、-。所以，在计算上面代码中的算术时，首先需要计算 2*3，结果为 6；其次计算 6/4，结果为 1；然后计算 1%2，结果为 1；最后计算 10+1，其结果为 11。

3.2.4 求余运算符和表达式

求余运算（a%b）是计算 b 的多少倍刚刚好可以容入 a，返回多出来的那部分（余数）。实现求余运算需要使用求余运算符。求余运算符（%）在其他语言中被称为模数运算符。使用求余运算符连接起来的式子被称为求余表达式，其语法形式如下：

操作数 % 操作数

【程序3-8】以下将计算 9%4 的余数。

```
01   import Foundation
02   let remainder = 9 % 4                          //求余运算符
03   print(remainder)
```

此时运行程序，会看到如下的效果。

1

在求余运算中需要注意以下 3 条规则。

1. 规则1

在进行求余操作时，当两个操作数为正数时，所得的结果也为正数；当两个操作数都为负数时，所得的结果也为负数；当被除数为负数，除数为正数时，所得的结果就为负数；当被除数为正数，除数为负数时，所得的结果就为正数。

【程序3-9】以下将实现求余运算。

```
01   import Foundation
02   let remainder1 = 9 % 4                         //求余运算符
03   let remainder2 = -9 % -4                       //求余运算符
04   let remainder3 = 9 % -4                        //求余运算符
05   let remainder4 = -9 % 4                        //求余运算符
06   print("9 % 4 = \(remainder1)")
```

```
07    print("-9 % -4 = \(remainder2)")
08    print("9 % -4 = \(remainder3)")
09    print("-9 % 4 = \(remainder4)")
```

此时运行程序,会看到如下的效果。

```
9 % 4 = 1
-9 % -4 = -1
9 % -4 = 1
-9 % 4 = -1
```

2. 规则 2

在进行求余操作时,两个操作数除了可以是整数外,还可以是浮点数,这一点是 Swift 特有的特性。

【程序 3-10】以下将实现求余运算。

```
01    import Foundation
02    let remainder1 = 9 % 4                              //求余运算符
03    let remainder2 = 9 % 4.2                            //求余运算符
04    print("9 % 4 = \(remainder1)")
05    print("9 % 4.2 = \(remainder2)")
```

此时运行程序,会看到如下的效果。

```
9 % 4 = 1
9 % 4.2 = 0.6
```

3. 规则 3

在进行求余运算时,除数不可以为 0,否则就会出现错误。

3.2.5 自增自减运算符和表达式

和 C 语言一样,Swift 也提供了自增自减运算符。它作为对变量本身加 1 或减 1 的快捷方式。使用自增自减运算符连接起来的式子被称为自增自减表达式。

1. 自增运算符与表达式

自增运算符(++)的作用是使变量的值自增 1。自增运算符可以分为两种:一种是前缀自增运算符,另一种是后缀自增运算符。使用自增运算符连接起来的式子被称为自增表达式。自增表达式也分为了两种:一种是前缀自增表达式,另一种是后缀自增表达式。

前缀自增表达式的语法形式如下。

++运算分量

【程序 3-11】以下将实现前缀自增 1 的功能。

```
01    import Foundation
02    var i = 0
03    print(i)
04    print(++i)                                          //前缀自增运算
05    print(i)
```

此时运行程序,会看到如下的效果。

0
1
1

在本代码中只输出 i 的结果，就为 0，如果要输出++i 的结果，需要考虑它的功能，即在返回其值以前自动加 1，所以结果就为 1，再一次输出 i 后，由于在执行++i 时已经自动加了 1，所以结果还是 1。实际上，++i 是 i＝i＋1 的简写。

后缀自增表达式的语法形式如下：

运算分量++

【程序 3-12】以下将实现后缀自增 1 的功能。

```
01   import Foundation
02   var i = 0
03   print(i)
04   print(i++)                                    //后缀自增运算
05   print(i)
```

此时运行程序，会看到如下的效果。

0
0
1

在此代码中只输出 i 的结果，就为 0，如果要输出 i++的结果，需要考虑它的功能，即在返回其值以后自动加 1，所以首先返回现在 i 的值，即执行 i++时输出 0，然后再为 i 自动加 1，所以再一次输出 i 时，结果就为 1。

前缀自增运算符与后缀自增运算符总结：
- 当++前置的时候，它在返回其值之前对变量值加 1。
- 当++后置的时候，它在返回其值之后对变量值加 1。

2. 自减运算符与表达式

自减运算符（--）的作用是使变量的值自减 1。自减运算符和自增运算符一样，也分为了两种：一种是前缀自减运算符，另一种是后缀自减运算符。使用自减运算符连接起来的式子被称为自减表达式。其中表达式也被分为了两种：一种是前缀自减表达式，另一种是后缀自减表达式。

前缀自减表达式的语法形式如下。

--运算分量

【程序 3-13】以下将实现前缀自减 1 的功能。

```
01   import Foundation
02   var i = 2
03   print(i)
04   print(--i)                                    //前缀自减运算
05   print(i)
```

此时运行程序，会看到如下的效果。

2
1
1

在此代码中只输出 i 的结果，就为 2，如果要输出--i 的结果，需要考虑它的功能，即在返回其值以前自动减 1，所以结果就为 1，再一次输出 i 后，由于在执行--i 时已经自动减了 1，所以结果还是 1。实际上，--i 是 i = i - 1 的简写。

后缀自减表达式的语法形式如下。

运算分量--

【程序 3-14】以下将实现后缀自减 1 的功能。

```
01    import Foundation
02    var i = 2
03    print(i)
04    print(i--)                                        //后缀自减运算
05    print(i)
```

此时运行程序，会看到如下的效果。

```
2
2
1
```

在此代码中只输出 i 的结果，就为 i，如果要输出 i-- 的结果，需要考虑它的功能，即在返回其值以后自动减 1。所以，首先返回现在 i 的值，即执行 i-- 时输出 2，然后再为 i 自减 1，所以再一次输出 i 时，结果就为 1。

前缀自减运算符与后缀自减运算符总结：
- 当--前置的时候，它在返回其值之前对变量值减 1。
- 当--后置的时候，它在返回其值之后对变量值减 1。

3.2.6　一元负号运算符

在一个操作数之前加一个"-"号，此"-"号就被叫作一元负号运算符。它的作用是将正数变为负数，将负数变为正数。由一元负号运算符连接起来的式子被称为一元负表达式。其语法形式如下。

-操作数；

【程序 3-15】以下将使用一元负号运算符将正数变为负数，再将负数变为正数。

```
01    import Foundation
02    let three = 3
03    let minusThree = -three                           //将正数变为负数
04    let plusThree = -minusThree                       //将负数变为正数
05    print(three)
06    print(minusThree)
07    print(plusThree)
```

此时运行程序，会看到如下的效果。

```
3
-3
3
```

3.2.7 一元正号运算符

在操作数前加一个"+"号,此"+"号就被叫作一元正号运算符,它基本上没有什么作用。只是为了对齐代码,尤其是使用一元负号运算符。由一元正号运算符连接起来的式子被称为一元正表达式。其语法形式如下。

+操作数;

【程序 3-16】以下将在负数的前面使用一元正号运算符。

```
01    import Foundation
02    let minusSix = -6
03    let alsoMinusSix = +minusSix                        //使用一元正号运算符
04    print(minusSix)
05    print(alsoMinusSix)
```

此时运行程序,会看到如下的效果。

-6
-6

3.2.8 位运算符

存储数据的基本单位为字节,一个字节由 8 位组合。在二进制系统中,每个 0 或者 1 就是一个位,也称为比特位。位运算就是对二进制数进行的运算。在 Swift 中有专门对位运算使用的运算符——位运算符。位运算符可以操作一个数据结构中每个独立的位。它们通常被用在底层开发中,比如图形编程和设备驱动。位运算符的总结如表 3-2 所示。

表 3-2 位 运 算 符

位运算符符号	位运算符名称	作　　用
&	按位与	两个相应的二进制位都为 1,则该位为 1,否则为 0。
|	按位或	两个相应的二进制位中只有一个为 1,则该位为 1。
^	按位异或	两个相应的二进制位值相同则为 0,否则为 1。
~	取反	将二进制数按位取反,即 0 变 1,1 变 0。
<<	左移	将一个数的各二进制位全部左移 N 位,右补 0。
>>	右移	将一个数的各二进制位全部右移 N 位,对于无符号位,高位补 0。

1. 按位与运算符

按位与运算符(&)可以对两个数的比特位进行合并。它返回一个新的数,只有当两个操作数的对应位都为 1 的时候,该数的对应位才为 1,如图 3-1 所示。

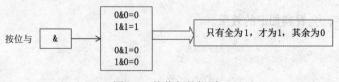

图 3-1 按位与的规则

【程序 3-17】以下将二进制数 0b11111100 和 0b00111111 进行按位与的操作。

```
01  import Foundation
02  var firstSixBits:UInt8=0b11111100
03  var lastSixBits:UInt8=0b00111111
04  var middleFourBits=firstSixBits&lastSixBits         //实现按位与操作
05  print(middleFourBits)
```

此时运行程序，会看到如下的效果。

60

它的工作方式如图 3-2 所示。

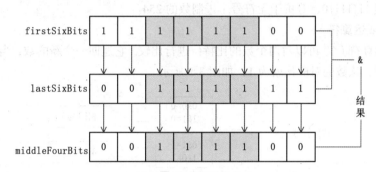

图 3-2　按位与工作方式

在图 3-2 中 firstSixBits 和 lastSixBits 中间 4 个位的值都为 1。按位与运算符对它们进行了运算，得到二进制数值 00111100，等价于无符号十进制数的 60。

2. 按位或运算符

按位或运算符（|）可以对两个数的比特位进行比较。它返回一个新的数，只要两个操作数的对应位中有任意一个为 1 时，该数的对应位就为 1，如图 3-3 所示。

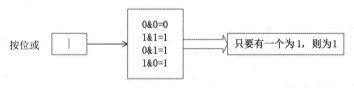

图 3-3　按位或的规则

【程序 3-18】以下将二进制数 0b10110010 和 0b01011110 进行按位或的操作。

```
01  import Foundation
02  let someBits: UInt8 = 0b10110010
03  let moreBits: UInt8 = 0b01011110
04  let combinedbits = someBits | moreBits              //实现按位或操作
05  print(combinedbits)
```

此时运行程序，会看到如下的效果。

254

它的工作方式如图 3-4 所示。

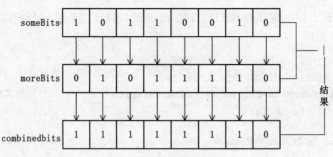

图 3-4 按位或工作方式

在图 3-4 中，someBits 和 moreBits 将不同的位设置为 1。按位或运算符对它们进行了运算，得到二进制数值 11111110，等价于无符号十进制数的 254。

3. 按位异或运算符

按位异或运算符（^）可以对两个数的比特位进行比较。它返回一个新的数，当两个操作数的对应位不相同时，该数的对应位就为 1，如图 3-5 所示。

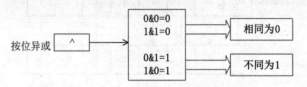

图 3-5 按位异或的规则

【程序 3-19】以下将二进制数 0b00010100 和 0b00000101 进行按位异或操作。

```
01    import Foundation
02    let firstBits: UInt8 = 0b00010100
03    let otherBits: UInt8 = 0b00000101
04    let outputBits = firstBits ^ otherBits              //按位异或操作
05    print(outputBits)
```

此时运行程序，会看到如下的效果。

17

它的工作方式如图 3-6 所示。

图 3-6 按位异或工作方式

在图 3-6 中，firstBits 和 otherBits 都有一个自己设置为 1 而对方设置为 0 的位。按位异或运算符将这两个位都设置为 1，同时将其他位都设置为 0，进而得到二进制数值 00010001，等价于无符号十进制数的 17。

4. 按位取反运算符

按位取反运算符(~)可以对一个数值的全部位进行取反，如图 3-7 所示。

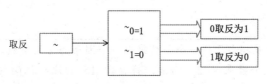

图 3-7 按位取反的规则

【程序 3-20】以下将二进制数 0b00001111 进行按位取反操作。

```
01    import Foundation
02    let initialBits: UInt8 = 0b00001111
03    let invertedBits = ~initialBits                //按位取反操作
04    print(invertedBits)
```

此时运行程序，会看到如下的效果。

240

它的工作方式如图 3-8 所示。

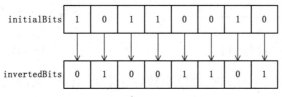

图 3-8 按位取反的工作方式

5. 左移运算符

左移运算符（<<）会将一个数字的各比特位按一定的位数向左移动。其中，左移分为了无符号整型左移和有符号整型的左移。下面就详解这两种左移方式。

无符号整型左移是将一个数字的比特位向左移动指定的位，其中左边被移出整型存储边界的位数直接抛弃，右边空白的位用 0 填补。图 3-9 就展示了无符号整型 00001111 左移 4 位的过程。

其中，第一行中的前 4 位被移出，第二行中的后四位是补的空位。对无符号整型进行左移位的规则如下：

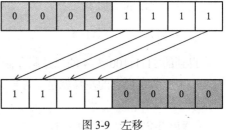

图 3-9 左移

- 已经存在的比特位按指定的位数进行左移。
- 任何移动超出整型存储边界的位都会被丢弃。
- 用 0 来填充移动后产生的空白位。

【程序 3-21】以下将 15 向左移 4 位。

```
01    import Foundation
02    let value=15
```

```
03     let leftValue=value<<4                                      //左移4位
04     print("\(value)向左移动4位后变为了\(leftValue)")
```

此时运行程序，会看到如下的效果。

15向左移动4位后变为了240

左移的效果相当于将一个整数乘以一个因子为2的整数。向左移动一个整数的比特位相当于将这个数乘以2。例如，将整数15的比特位向左移动4，那它的算术就为 2*2*2*2*15=240

有符号整型通过比特位的第一位来表示符号。如果第一位为0表示正数，如果为1表示负数。其余的比特位（称为数值位）用来存储实值。有符号正数和无符号正数在计算机里存储的结果是一样的，如图3-10是+4的二进制存储。

负数的存储（二进制存储）就有一些复杂了，这里需要有一个运算，即2的n次方减去负数的绝对值，其中n为数值位的位数。如-4，它在Int8中有7位数值位，所以它的二进制存储为：

$2^7-4=124$

然后再将124转为二进制数，就是-4的二进制存储，如图3-11所示。

图3-10 +4的存储   图3-11 -4的存储

开发者除了可以使用2的n次方减去负数的绝对值，计算负数的二进制存储外，还可以使用取反加1的方法（即补码）实现负数的二进制的存放，还是以-4为例，首先，获取-4的原码，即00000100，然后进行取反

00000100 取反 11111011

最后将取反的值加1，

11111011+1 为 11111100

得到的11111100为-4的二进制存储。了解了正数和负数的表示后，再来看有符号整型的左移：对于一个正数来说它的左移就是无符号整型的左移，对于负数来说，它也是一样的，即左移1位时乘以2。

【程序3-22】以下将-4左移一位。

```
01     import Foundation
02     var value=(-4)
03     var leftValue=value<<1                                      //左移1位
04     print("\(value)向左移动1位后变为了\(leftValue)")
```

此时运行程序，会看到如下的效果。

-4向左移动1位后变为了-8

6. 右移运算符

右移运算符（>>）会将一个数字的各比特位按一定的位数向右移动。其中，右移和左移一样也分为了无符号整型右移和有符号整型右移。以下就详细详解这两种右移方式。

无符号整型右移是将一个数字的比特位向右移动指定的位，其中右边被移出整型存储边界的位数直接抛弃，左边空白的位用 0 填补。如图 3-12 就展示了无符号整型 00001111 右移 2 位的过程。

其中，第一行的后 2 位是被移出的，第二行中的前 2 位是补的空位。对无符号整型进行右移位的规则如下：

- 已经存在的比特位按指定的位数进行右移。
- 任何移动超出整型存储边界的位都会被丢弃。
- 用 0 来填充移动后产生的空白位。

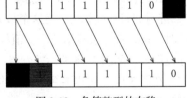

图 3-12 右移

【程序 3-23】以下将 15 向右移动 2 位。

```
01    import Foundation
02    let value=15
03    let rightValue=value>>2         //右移 2 位
04    print("\(value)向右移动 2 位后变为了\(rightValue)")
```

此时运行程序，会看到如下的效果。

15 向右移动 2 位后变为了 3

 右移的效果相当于将一个整数除以一个因子为 2 的整数。向右移动一个整数的比特位相当于将这个数除以 2。例如，将整数 15 的比特位向右移动 2 位，那么它的算术为 15/2/2=3

对于有符号整型右移来说，如果是正数的右移和无符号整型的右移是一样的，但是对于负数来说是有分别的，它需要使用符号位去填充空白位。如图 3-13 是将-4 向右移动 1 位的操作。

【程序 3-24】以下将-4 向右移动了 1 位。代码如下。

图 3-13 负符整型的右移

```
01    import Foundation
02    let value=(-4)
03    let rightValue=value>>1         //右移 1 位
04    print("\(value)向右移动 1 位后变为了\(rightValue)")
```

此时运行程序，会看到如下的效果。

-4 向右移动 1 位后变为了-2

3.2.9 溢出运算符

在默认情况下，当向一个整数赋超过它容量的值时，Swift 默认会报错，而不是生成一个无效的数。这个行为给我们操作过大或着过小的数的时候提供了额外的安全性。如以下的代码：

```
01  import Foundation
02  var value=Int8.max
03  value=value+1
04  print(value)
```

value 的值为 127，这是 Int8 的最大范围，再为 value 加 1 就超出了 Int8 所能承受的范围，所以就会出现错误（这一点在数据类型中提到过）。如果开发者有意进行溢出操作，可以使用溢出运算符。在 Swift 中提供了 3 种针对整型的溢出运算符，如表 3-3 所示。

表 3-3　　　　　　　　　　　　　溢出运算符

溢出运算符	说　　明
&+	溢出加法
&-	溢出减法
&*	溢出乘法

数值在溢出时，有可能出现上溢或者下溢。以下是对这两种溢出的讲解。

1. 数值上溢

上溢就是当一个值到达可以承载的最大值后，如果再一次进行加或者乘运算，就会导致新值的上溢出。

【程序 3-25】以下将使用溢出加来实现 UInt8 在获取最大值后，实现加 1 的运算。

```
01  import Foundation
02  var value = UInt8.max
03  value = value &+ 1                              //溢出加法运算
04  print(value)
```

此时运行程序，会看到如下的效果。

0

在此代码中，UInt8 所能承载的最大值为 255（二进制 11111111），然后为这个最大值使用&+加1，此时 UInt8 就无法表达这个新值的二进制了，就会导致溢出，如图 3-14 所示。

在图 3.14 中可以看到，新值的承载范围内的那部分为 00000000，也就是 0。

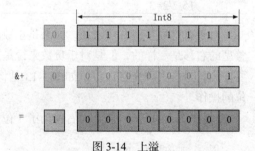

图 3-14　上溢

2. 数值下溢

下溢因为数值太小而越界，当一个值到达可以承载的最小值后，如果再一次进行减运算，就会导致新值的下溢出。

【程序 3-26】以下使用溢出减来实现 UInt8 在获取最小值后，实现减 1 的运算。

```
01  import Foundation
02  var value = UInt8.min
03  value = value &- 1                              //溢出减法运算
04  print(value)
```

此时运行程序，会看到如下的效果。

255

UInt8 所能承载的最小值为 0（二进制 00000000），然后为这个最小值使用&-减 1，此时得到的二进制数为 11111111（即 255），如图 3-15 所示。

在图中可以看到，新值的承载范围内的那部分为 11111111，也就是 255。

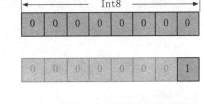
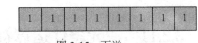

图 3-15 下溢

3.2.10 比较运算符和表达式

比较运算符是用来对两个操作数进行大小比较的。所有标准 C 语言中的比较运算符都可以在 Swift 中使用，C 语言中提供了 6 种比较运算符，这 6 种运算符的总结如表 3-4 所示。

表 3-4　　　　　　　　　　　比较运算符

运算符	运算符名称	功　　能	实　　例	结　　果
<	小于	若 a<b，结果为 true，否则为 false	2<3	true
<=	小于等于	若 a<=b，结果为 true，否则为 false	7<=3	false
>	大于	若 a>b，结果为 true，否则为 false	7>3	true
>=	大于等于	若 a>=b，结果为 true，否则为 false	3>=3	true
==	等于	若 a==b，结果为 true，否则为 false	7==3	false
!=	不等于	若 a!=b，结果为 true，否则为 false	7!=3	true

比较运算符也是有优先级别的，其中最高的是>、>=、<、<=，其次是==、!=。

比较运算符通常用在条件语句中（对于条件语句会在后面的章节中做讲解）。使用比较运算符连接起来的式子被称为比较表达式。其语法形式如下：

表达式　比较运算符　表达式

其中，比较表达式返回的类型为 Bool（布尔类型）。

【程序 3-27】以下将使用比较运算符对 10 和 5 进行比较。

```
01  import Foundation
02  let result1 = 10 > 5                    //比较 10 是否大于 5
03  print(result1)
04  let result2 = 10 < 5                    //比较 10 是否小于 5
05  print(result2)
06  let result3 = 10 != 5                   //比较 10 是否不等于 5
07  print(result3)
08  let result4 = 10 == 5                   //比较 10 是否等于 5
09  print(result4)
10  let result5 = 10 <= 5                   //比较 10 是否小于等于 5
11  print(result5)
12  let result6 = 10 >= 5                   //比较 10 是否大于等于 5
13  print(result6)
```

此时运行程序，会看到如下的效果。

```
true
false
true
false
false
true
```

3.2.11　三元条件运算符和表达式

三元条件运算符（?:）是一种特殊的运算符，主要由 3 部分组成，它一般用于对条件的求值。使用三元条件运算符连接起来的式子被称为三元条件表达式。其语法形式以及执行流程如图 3-16 所示。

在图 3-16 中当表达式 1 的值为真时，结果为表达式 2 的结果；当表达式 1 的值为假时，结果为表达式 3 的结果。三元条件运算符其实是下面代码（if else，关于 if else 语句会在后面的章节中做一个详细的讲解）的简化：

图 3-16　语言形式以及执行流程

```
if 表达式 1 {
    表达式 2
} else {
    表达式 3
}
```

【程序 3-28】以下将获取两个数的最大值。

```
01    import Foundation
02    let maxValue=5>3 ?5 : 3                        //比较 5 和 3 的最大值
03    print(maxValue)
```

此时运行程序，会看到如下的效果。

```
5
```

3.2.12　逻辑运算符和表达式

在一些编程中，一个语句往往需要满足多个条件才可以执行。这时就需要将这多个语句进行组合。逻辑运算符的功能就可以把这多个语句进行组合，从而实现更复杂的语句。逻辑运算的操作对象是逻辑布尔值。Swift 支持基于 3 个标准逻辑运算，如表 3-5 所示。

表 3-5　　　　　　　　　　　　　　逻辑运算符

逻辑运算符	名　　称
&&	逻辑与
||	逻辑或
!	逻辑非

使用逻辑运算符连接起来的式子被称为逻辑表达式。其语法形式如下。

条件表达式·逻辑运算符　条件表达式

其中，逻辑表达式返回的值也是 Bool（布尔值）。下面就针对这 3 个逻辑运算符逐一讲解。

1. 逻辑与

逻辑与运算符使用&&表示。使用逻辑与运算符关联起来的式子被称为逻辑与表达式，其语法形式如下：

条件表达式 1　&&　条件表达式 2

其中，只有当条件表达式 1 和条件表达式 2 都为 true 时，逻辑与表达式的值才为 true；如果条件表达式 1 或者条件表达式 2 中有一个为 false 时，逻辑与表达式的值就为 false。

【程序 3-29】以下将使用逻辑与对表达式进行操作。

```
01  import Foundation
02  let result1 = 1<5 && 8>5                    //逻辑与运算
03  print(result1)
04  let result2 = 1>10 && 8>5                   //逻辑与运算
05  print(result2)
```

此时运行程序，会看到如下的效果。

```
true
false
```

在此代码中，result1 输出了 true，是由于逻辑与关联的两个条件表达式都为真；result2 输出 false，是由于逻辑与关联的两个条件表达式，其中有一个（1>10）为假。

2. 逻辑或

逻辑或运算符使用||表示。使用逻辑或运算符关联起来的式子被称为逻辑或表达式，其语法形式如下：

条件表达式 1　||　条件表达式 2

其中，只有当条件表达式 1 或者条件表达式 2 其中一个为 true 时，逻辑或表达式的值才为 true。只有当条件表达式 1 和 2 都为 false 时，逻辑或表达式的值才为 false。

【程序 3-30】以下将使用逻辑或对表达式进行操作。

```
01  import Foundation
02  let result1 = 7<10 || 8>5                   //逻辑或运算
03  print(result1)
04  let result2 = 7>10 || 8>5                   //逻辑或运算
05  print(result2)
06  let result3 = 7>10 || 8<5                   //逻辑或运算
07  print(result3)
```

此时运行程序，会看到如下的效果。

```
true
true
false
```

在此代码中，result1 输出了 true，是由于逻辑或关联的两个条件表达式都为真；result2 输出 true，是由于逻辑或关联的两个条件表达式，其中有一个（8>5）为真；result3 输出了 false，是由于逻辑或关联的两个条件表达式都为假。

3. 逻辑非

逻辑非运算符使用!表示，它对一个布尔值取反，使得 true 变 false，false 变 true。使用逻辑非运算符关联起来的式子被称为逻辑非表达式，其语法形式如下：

!条件表达式

其中，当条件表达式为 true 时，逻辑非表达式的值就为 false。当条件表达式为 false 时，逻辑非表达式的值就为 true。

【程序 3-31】以下将使用逻辑非对表达式进行操作。

```
01    import Foundation
02    let result1 = !(6<10)                    //逻辑非运算
03    print(result1)
04    let result2 = !(6>10)                    //逻辑非运算
05    print(result2)
```

此时运行程序，会看到如下的效果。

```
false
true
```

这里总结一下逻辑运算符的运算规则，如表 3-6 所示。

表 3-6　　　　　　　　　　运算规则表

a	b	!a	!b	a&&b	a||b
真（true）	真（true）	假（false）	假（false）	真（true）	真（true）
真（true）	假（false）	假（false）	真（true）	假（false）	真（true）
假（false）	真（true）	真（true）	假（false）	假（false）	真（true）
假（false）	假（false）	真（true）	真（true）	假（false）	假（false）

有时，我们可以组合多个逻辑运算符来表达一个复合逻辑。

【程序 3-32】以下将使用复合逻辑运算。

```
01    import Foundation
02    let result1=7<10
03    let result2=8<5
04    let result3=8<9
05    let result = result1 && result2 || result3    //复合逻辑运算
06    print(result)
```

此时运行程序，会看到如下的效果。

```
True
```

在此代码中，使用到了多个逻辑运算符，此时需要考虑到逻辑运算符的运算优先级别。其中

优先级最高的是!，其次是&&，最后是||。根据优先级的高低，首先计算 result1 && result2，其返回的结果为假，再使用返回的值与 result3 做逻辑或的操作，由于 result3 的值为真，所以最后的结果就为真。

3.2.13 范围运算符

在 Swift 中提供了两种方便表达一个范围的值的运算符：一种是封闭范围运算符，另一种是半封闭范围运算符。以下就是对这两种运算符的介绍。

1. 封闭范围运算符

封闭范围运算符（a...b）定义一个包含从 a 到 b(包括 a 和 b)的所有值的区间，b 必须大于等于 a。封闭范围运算符在迭代一个区间的所有值时是非常有用的，如在 for-in 循环中。

【程序 3-33】以下将使用封闭范围运算符实现 1 到 5 乘以 5 的运算。

```
01  import Foundation
02  //遍历1到5这5个数字，让它们都乘以5
03  for index in 1...5 {
04      print("\(index) * 5 = \(index * 5)")
05  }
```

此时运行程序，会看到如下的效果。

```
1 * 5 = 5
2 * 5 = 10
3 * 5 = 15
4 * 5 = 20
5 * 5 = 25
```

2. 半封闭范围运算符

半封闭的范围运算符（a..<b）也是定义了一个范围。但是它包含第一个值 a，而不包含最终值 b。与半封闭范围运算符连接起来的式子被称为半封闭范围表达式。半封闭范围的实用性在于当你使用一个从 0 开始的列表(如数组)时，非常方便从 0 数到列表的长度。

【程序 3-34】以下就使用半封闭范围运算符实现对数组元素（对于数组我们会在后面进行介绍）的输出。

```
01  import Foundation
02  let names = ["Anna", "Alex", "Brian", "Jack"]
03  let count = names.count
04  //遍历数组中的元素
05  for i in 0..<count {
06      print("第 \(i + 1) 个人叫 \(names[i])")
07  }
```

此时运行程序，会看到如下的效果。

```
第 1 个人叫 Anna
第 2 个人叫 Alex
第 3 个人叫 Brian
第 4 个人叫 Jack
```

3.2.14 复合赋值运算符和表达式

在多数语言中，都有复合赋值运算符，在 Swift 语言中也不例外。它是由赋值运算符和其他的一些运算符组合起来的。其中，复合赋值运算符的类型、使用方法以及功能如表 3-7 所示。

表 3-7　　　　　　　　　　　　　复合赋值运算符

符　　号	使 用 方 法	等 效 形 式	功　　能
*=	a*=b	a=a*b	乘后赋值
/=	a/=b	a=a/b	除后赋值
%=	a%=b	a=a%b	取余后赋值
+=	a+=b	a=a+b	加后赋值
-=	a-=b	a=a-b	减后赋值
<<=	a<<=b	a=a<<b	左移后赋值
>>=	a>>=b	a=a>>b	右移后赋值
&=	a&=b	a=a&b	按位与后赋值
^=	a^=b	a=a^b	按位异或后赋值
|=	a|=b	a=a|b	按位或后赋值

由这些复合赋值运算符接起来的式子被称为复合赋值表达式。其语法形式如下。

变量　复合赋值运算符　表达式

【程序 3-35】以下将使用+=、-=、*=、/=复合赋值运算符实现运算。

```
01    import Foundation
02    var value=100
03    value+=10              //value+10 赋值给 value 即 100+10 赋值给 value
04    print(value)           //输出 110
05    value-=10              //value-10 赋值给 value 即 110-10 赋值给 value
06    print(value)           //输出此时 value 的值 100
07    value*=10              //value*10 赋值给 value 即 100*10 赋值给 value
08    print(value)           //输出此时 value 的值 1000
09    value/=2               //value/2 赋值给 value 即 1000/2 赋值给 value
10    print(value)           //输出此时 value 的值 500
11    value%=3               //value%3 赋值给 value 即 500%3 赋值给 value
12    print(value)           //输出此时的值 2
```

此时运行程序，会看到如下的效果。

110
100
1000
500
2

3.2.15 求字节运算符和表达式

由于不同的计算机所支持的数据类型长度也是不一样的,所以就提供了一个用来计算数据类型所占的字节数的运算符——sizeof。由 sizeof 运算符连接起来的式子被称为求字节表达式。其语法形式如下。

```
sizeof(数据类型)
```

【程序 3-36】以下将使用 sizeof 运算符求取整型和浮点类型的字节。

```
01  import Foundation
02  let intSize=sizeof(Int)                //获取整型的字节
03  print(intSize)
04  let floatSize=sizeof(Float)            //获取浮点类型的字节
05  print(floatSize)
```

此时运行程序,会看到如下的效果。

```
8
4
```

3.2.16 强制解析

在将某一个变量或者常量的类型定义为可选类型后,它们所代表的值是不可以直接运行运算的,否则就会出现错误。为了解决这一问题,Swift 提供了强制解析,强制解析就是一个"!"感叹号运算符。它的使用形式如下。

```
可选类型的变量名/常量名!
```

【程序 3-37】以下将实现可选类型变量的加法运算。

```
01  import Foundation
02  var value1:Int? = 10
03  var value2 = value1! + 10              //强制解析后实现加法运算
04  print(value2)
```

此时运行程序,会看到如下的效果。

```
20
```

3.2.17 空合运算符

空合运算符(??),由空合运算符接起来的式子被称为空合表达式。其语法形式如下。

```
操作数 1??操作数 2
```

以下代码就是空合表达式:

```
a??b
```

将对可选类型 a 进行空判断,如果 a 包含一个值就进行解析,否则就返回一个默认值 b。这个运算符有两个条件。

- 表达式 a 必须是可选类型。
- 默认值 b 的类型必须要和 a 存储值的类型保持一致。

a??b 是以下代码的简单表达方式。

```
a != nil ? a! : b
```

上述代码使用了三目运算符。当可选类型 a 的值不为空时，进行强制解析(a!)访问 a 中值，反之当 a 中值为空时，返回默认值 b。无疑空合运算符（??）提供了一种更为优雅的方式去封装条件判断和解封两种行为，显得简洁以及更具可读性。

【程序 3-38】使用空合运算符实现在默认颜色名和可选自定义颜色名之间抉择。

```
01    import Foundation
02    let defaultColorName = "red"
03    var userDefinedColorName: String?
04    var colorNameToUse = userDefinedColorName ?? defaultColorName
05    print(colorNameToUse)
```

此时运行程序，会看到如下的效果。

```
Red
```

3.3 数值类型转换

在进行赋值运算时，会遇到左边的数据类型和右边的数据类型不一致的问题，或者在一个表达式中有两个操作数，它们的数据类型不一致的问题。为了解决这些问题，Swift 提供了数据类型转换功能，它们都是显示转换，不存在 C 语言提供的隐式转换。本节将讲解关于数值类型转换的知识。

3.3.1 整数的转换

在整数中类型分为了 8 种，分别为 UInt8、UInt16、UInt32、UInt64、Int8、Int16、Int32、Int64。当它们中的两种或者两种以上出现在一个表达式中时，就需要进行类型转换。其转换的语法形式如下：

整数的数据类型 (整数类型的变量/常量)

【程序 3-39】以下将实现 UInt8 类型的数据转换为 UInt16 类型的数据。

```
01    import Foundation
02    let value1:UInt8=200
03    let value2:UInt16=2000
04    let sum=UInt16(value1)+value2                                    //转换
05    print(sum)
```

此时运行程序，会看到如下的效果。

```
2200
```

在此代码中，value1 是一个 UInt8 类型，value2 是一个 UInt16 类型，所以它们之间是不可以直接进行加法运算的。如果直接进行运算，会出现错误。这时需要对 UInt8 进行类型转换，将其转换为 UInt16 类型，才可以进行加法运算。

注意　　转换的时候必须是将范围小的向范围大的类型上转换。

3.2.2　整数和浮点数的转换

整数除了可以在整数类型之间进行转换外，还可以和浮点数进行转换。

1. 整数转换为浮点数

整数可以转换为浮点数，其语法形式如下。

浮点数类型(整数的变量/常量)

其中，浮点数类型有两种：一种是 Float；另一种是 Double。

【程序 3-40】以下将整数转换为浮点数类型的数据。

```
01   import Foundation
02   let value1=3
03   let value2=10.555555
04   let sum1=Double(value1)+value2          //将整数转换为 Double 类型的数据
05   print(sum1)
06   let value3:Float=10.22
07   let sum2=Float(value1)+value3           //将整数转为 Float 类型的数据
08   print(sum2)
```

此时运行程序，会看到如下的效果。

```
13.555555
13.22
```

2. 浮点数转为为整数

整数和浮点数之间的转换是相互的，整数可以转为为浮点数，同样浮点数也可以转为整数，其语法形式如下。

整数的数据类型(浮点数类型的变量/常量)

【程序 3-41】以下将浮点数类型的数据转换为整型。

```
01   import Foundation
02   let pi = 3.145926
03   let integerPi = Int(pi)                 //将浮点数转换为整数
04   print(integerPi)
```

此时运行程序，会看到如下的效果。

```
3
```

3.4 综合案例

本节将以上述讲解的内容为基础，为开发者讲解两个综合案例：一个是水仙花数，另一个是将 7489 逆序输出。

3.4.1 水仙花数

英国大数学家哈代（G.H.Hardy）曾经发现过一种有趣的现象，有下面列出的这样一些数：

$153=1^3+5^3+3^3$
$371=3^3+7^3+1^3$
$370=3^3+7^3+0^3$
$407=4^3+0^3+7^3$

这些是 3 位数，并且数值等于各位数字的 3 次幂之和。这种数就称为"水仙花数"。要判断一个 3 位数是否为水仙花数，首先需要从一个 3 位数中分离百位数、十位数、个位数，而分离这些数的方法需要使用到除法以及求余运算，然后使用比较运算符中的"=="进行判断。

【程序 3-42】以下判断 153 是否为水仙花数。

```
01    import Foundation
02    var value=153
03    var hundredsDigit = value / 100
04    var tens = (value - hundredsDigit*100) / 10
05    var digits = value % 10
06    let arithmeticResult=hundredsDigit*hundredsDigit*hundredsDigit+
07        tens*tens*tens+digits*digits*digits
08    let result = arithmeticResult == value          //判断
09    print(result)
```

此时运行程序，会看到如下的效果。

```
True
```

括号的优先级比任何运算符的优先级都高，它的结合性属于左至右。

3.4.2 将 7489 逆序输出

逆序输出就是将一个多位数字从高位到低位进行输出，如 10086，逆序输出后就变为了 68001。如果开发者要逆序输出一个 3 位数字，首先需要将百、十、个位数分离出来，然后按照个位数、十位数、百位数这样的顺序进行输出。

【程序 3-43】以下将 7489 逆序输出。

```
01    import Foundation
02    var value=7489
03    var thousandDigit = value / 1000
04    var hundredsDigit = (value - thousandDigit*1000) / 100
```

```
05    var tens = (value - (thousandDigit*1000 + hundredsDigit*100)) / 10
06    var digits = value % 10
07    print(digits)
08    print(tens)
09    print(hundredsDigit)
10    print(thousandDigit)
```

此时运行程序，会看到如下的效果。

9
8
4
7

3.5 上机实践

1. 编写程序，验证 3、4、5 是否为勾股数。

分析：

本题可以通过算术运算符实现。勾股数的验证可以使用以下的公式：

a*a+b*b=c*c

首先，需要计算出 3*3、4*4 和 5*5 的结果，然后再将 3*3 和 4*4 的结果加起来与 5*5 的结果进行判断，如果两个结果相等，说明这 3 个数字是勾股数，如果不相等说明这 3 个数字不是勾股数。

2. 编写程序，3 个数值 5、100、20 找出最大值。

分析：

本题可以通过三目运算符实现。首先需要使用三目运算符求出前两个数值的最大值，然后再一次使用三目运算符求出最大值和剩余一个数值的最大值，最后求取的结果就是最大值。

第4章 集合类型

集合类型可以用来存放多个数据。在 Swift 中提供了 3 种集合类型：数组、集合和字典。其中，数组是一个同类型的序列化列表集合；集合是无序无重复数据的集合；字典是一个非序列化集合，它能够使用类似于键的唯一标识符来获取值。本章将主要讲解 Swift 提供的这 3 种集合类型。

4.1 数　　组

数组是用来存储相同类型，但是值不同的序列化列表。相同的值可以在数组的不同位置出现多次。在 Swift 编程语言中，数组自身存储的数据类型是确定的。本节将讲解数组字面量、数组的创建以及初始化。

4.1.1 数组字面量

数组字面量（也称数组字面值）使用值、","和"[]"组成的，其语法形式如下：

```
[value1,value2,value3,……]
```

例如以下就是一个数组字面值：

```
[1,2,3,4]
```

这个数组包含 1、2、3、4 这 4 个值。这 4 个值都是同一个类型。它们作为一个整体存在。当然，只有一个[]也可以构成数组字面量，只不过它是一个空的数组字面量。

4.1.2 数组的声明

数组的写法形式如下。

```
Array<Element>
```

或者是

```
[Element]
```

其中，Element 是这个数组中唯一允许存在的数据类型。尽管两种形式在功能上是一样的，但是推荐较短的那种，而且在本书中都会使用这种形式来使用数组。数组也是一种变量或者常量，只是它所指代的值比较特殊而已。所以，在使用数组之前，必须对其进行声明。其语法形式如下：

```
let 常量数组名：[Element]=内容
var 变量数组名：[Element]=内容                    //内容可写可不写
```

其中，内容就是将数组进行初始化的（会在下一小节中详细地讲解数组初始化）。[Element]是可以省略不写的，Swift会自动推断其类型。

 数组根据声明时的关键字可以分为可变数组和不可变数组两种。其中，常量数组是不可变的；变量数组是可变的。根据数组内容的元素有无，又可以分为空数组和非空数组。其中，空数组中没有数组元素，而非空数组包含一个或者多个元素。

4.1.3 数组的初始化

数组初始化就是为声明的数组进行赋值。本小节将讲解5种初始化数组的方式，分别为：使用字面量初始化数组、初始化一个空数组、初始化一个带有默认值的数组、使用一个数组初始化数组以及通过两个数组相加创建一个数组。

1. 使用字面量初始化数组

使用字面量初始化数组是数组进行初始化时最为简单的方式。

【程序4-1】以下将使用数组字面量[1,2,3]为数组进行初始化。

```
01  import Foundation
02  let array:[Int]=[1,2,3]                     //使用[1,2,3]为数组进行初始化
03  print(array)
```

此时运行程序，会看到如下的效果。

```
[1, 2, 3]
```

当然，开发者也可以不指定数据类型。因为Swift语言可以进行类型推断，在默认值中推断出数组的类型。所以可以将上面的代码：

```
let array:[Int]=[1,2,3]
```

改写为：

```
let array=[1,2,3]
```

2. 初始化一个空数组

空数组是数组中最为简单的方式，它的初始化方式有两种：一种是直接赋空数组字面值，另一种是使用初始化语法。

（1）直接赋空数组字面值

在声明数组后，可以给数组赋一个空的数组字面量。

【程序4-2】以下将初始化一个空数组。

```
01  import Foundation
02  let array:[Int]=[]                          //使用空的数组字面量为数组初始化
03  print(array)
```

此时运行程序,会看到如下的效果。

[]

(2)使用初始化语法

使用初始化的语法可以初始化一个空的数组,例如以下的代码:

```
let a=[Int]()
```

在此代码中,[Int]()表示初始化一个整型的数组。

[Int]()只能初始化为整型的空数组。Swift 还提供了[String]()、[Character]()、[Float]()、[Double]()等来分别初始化不同类型的空数组。

3. 初始化一个带有默认值的数组

初始化的语法不仅可以初始化空数组,而且还可以初始化非空数组,此时可以指定数组的大小,以及数组的默认值。

【程序 4-3】以下将初始化一个长度为 3,值为 6.0 的数组。

```
01   import Foundation
02   //初始化一个长度为3,值为6.0的数组
03   var threeDoubles = [Double](count: 3, repeatedValue:6.0)
04   print(threeDoubles)
```

此时运行程序,会看到如下的效果。

```
[6.0, 6.0, 6.0]
```

4. 使用一个数组初始化数组

我们可以通过一个已知的数组去初始化一个新的数组。

【程序 4-4】以下将使用数组 threeDoubles 来初始化数组 anotherThreeDoubles。

```
01   import Foundation
02   var threeDoubles = [1,2,3]
03   var anotherThreeDoubles = threeDoubles                    //初始化
04   print(anotherThreeDoubles)
```

此时运行程序,会看到如下的效果。

```
[1, 2, 3]
```

5. 通过两个数组相加初始化一个数组

我们可以使用加法运算符(+)来组合两种已存在的相同类型的数组放入一个数组。新数组的数据类型会被从两个数组的数据类型中推断出来。

【程序 4-5】以下将通过两个数组相加来初始化一个数组。

```
01   import Foundation
02   var threeDoubles = [Double](count: 3, repeatedValue:6.0)
03   var anotherThreeDoubles = Array(count: 3, repeatedValue: 2.5)
04   var sixDoubles = threeDoubles + anotherThreeDoubles       //初始化数组
05   print(sixDoubles)
```

此时运行程序，会看到如下的效果。

```
[6.0, 6.0, 6.0, 2.5, 2.5, 2.5]
```

4.2 数组的操作

数组中的每一个元素都是可以进行操作的，如判断、插入、删除等。本节将讲解在数组中最为常用的一些操作。

4.2.1 获取数组中元素个数

数组所包含元素的个数也被称为数组的长度。数组提供了一个只读属性 count 用于读取数组的长度。其语法形式如下。

数组名.count

【程序 4-6】以下将获取数组 threeDoubles 中元素的个数。

```
01  import Foundation
02  var threeDoubles = [1,2,3]
03  print("threeDoubles 数组中元素的个数为：\(threeDoubles.count)")    //获取元素的个数
```

此时运行程序，会看到如下的效果。

threeDoubles 数组中元素的个数为：3

4.2.2 判断数组是否为空

判断数组是否为空的方法有两种，一种是使用 count 属性，另一种是使用 isEmpty 属性。以下就是对这两种方法的讲解。

1. 使用 count 属性

count 属性可以获取数组的长度，开发者可以根据获取长度的值来判断数组是否为空。

【程序 4-7】以下将判断数组 zeroInts 和 threeInts 是否为空。

```
01  import Foundation
02  var zeroInts = [Int]()
03  let result1 = zeroInts.count==0 ? "zeroInts 数组为空" : "zeroInts 数组不为空"
04  print(result1)
05  var threeInts = [Int](count: 3, repeatedValue: 6)
06  let result2 = threeInts.count==0 ? "threeInts 数组为空" : "threeInts 数组不为空"
07  print(result2)
```

此时运行程序，会看到如下的效果。

zeroInts 数组为空
threeInts 数组不为空

2. 使用 isEmpty 属性

判断数组是否为空，除了可以通过数组的长度进行判断外，还可以使用 isEmpty 属性进行判断，其语法形式如下：

数组名.isEmpty

其中，该属性返回值为布尔类型。当读取的值为 true 时，表示数组为空；当读取的值为 false 时，表示数组不为空。

【程序 4-8】以下将使用 isEmpty 属性分别判断数组 zeroInts 和 threeInts 是否为空。

```
01    import Foundation
02    var zeroInts = [Int]()
03    let result1 = zeroInts.isEmpty ? "zeroInts 数组为空" : "zeroInts 数组不为空"
04    print(result1)
05    var threeInts = [Int](count: 3, repeatedValue: 6)
06    let result2 = threeInts.isEmpty ? "threeInts 数组为空" : "threeInts 数组不为空"
07    print(result2)
```

此时运行程序，会看到如下的效果。

```
zeroInts 数组为空
threeInts 数组不为空
```

4.2.3　在末尾添加一个元素

在 Swift 中，可变数组的元素个数是可以改变的。开发者给一个声明好的数组在末尾添加元素，实现的方法有两种：一种方式是使用+=操作符，另一种方式是使用 append()方法。以下是对这两种方法的具体介绍。

1. 使用+=

+=操作符可以将一个元素添加到数组的末尾，其语法形式如下。

数组名+=[元素]

【程序 4-9】以下将在数组 arrayStrings 尾部添加一个元素"D"。

```
01    import Foundation
02    var arrayStrings:[String]=["A","B","C"]
03    print("添加前\(arrayStrings)")
04    arrayStrings+=["D"]                                    //在末尾添加一个元素
05    print("添加后\(arrayStrings)")
```

此时运行程序，会看到如下的效果。

```
添加前["A", "B", "C"]
添加后["A", "B", "C", "D"]
```

注意　　添加元素的数组必须是可变数组。

+=操作符不仅可以在数组的末尾添加一个元素，还可以将一个数组添加到另一个数组尾部。

【**程序 4-10**】以下将在数组 arrayStrings 尾部添加一个数组。

```
01   import Foundation
02   var arrayStrings:[String]=["A","B","C"]
03   print("添加前\(arrayStrings)")
04   arrayStrings+=["D","E","F"]                              //在末尾添加数组
05   print("添加后\(arrayStrings)")
```

此时运行程序，会看到如下的效果。

添加前["A", "B", "C"]
添加后["A", "B", "C", "D", "E", "F"]

2. 使用 append()

开发者除了使用+=操作符外，还可以使用 append()方法添加元素。其语法形式如下：

数组名.append(元素)

【**程序 4-11**】以下将使用 append()方法在数组 arrayStrings 尾部添加一个元素"D"。

```
01   import Foundation
02   var arrayStrings:[String]=["A","B","C"]
03   print("添加前\(arrayStrings)")
04   arrayStrings.append("D")                                //在末尾添加一个元素
05   print("添加后\(arrayStrings)")
```

此时运行程序，会看到如下的效果。

添加前["A", "B", "C"]
添加后["A", "B", "C", "D"]

4.2.4 插入值

在数组等集合类型中会为每一个元素所在位置进行编号，这个编号被称为索引，其中，第一个元素的索引值为 0 而不是 1。开发者可以使用 insert()方法在特定索引值位置处插入一个值（元素）。其语法形式如下。

数组名.insert(_ newElement: Element, atIndex i: Int)

其中，newElement 用来表示一个新的数组值；atIndex 参数为 Int，表示索引值。

【**程序 4-12**】以下将在数组 arrayStrings 中插入一个元素。

```
01   import Foundation
02   var arrayStrings:[String]=["A","C","D"]
03   print("插入前:\(arrayStrings)")
04   arrayStrings.insert("B", atIndex: 1)                    //插入值
05   print("插入后:\(arrayStrings)")
```

此时运行程序，会看到如下的效果。

插入前:["A", "C", "D"]
插入后:["A", "B", "C", "D"]

4.2.5 读取值

开发者可以直接用下标语法来获取数组中的数据项（即读取数组中的元素），下标语法就是把我们需要的数据项的索引值直接放在数组名称的方括号中即可，其语法形式如下：

数组名[索引值]

【**程序 4-13**】以下将读取数组中的单个元素。

```
01   import Foundation
02   var arrayStrings:[String]=["One","Two","Three"]
03   var element1=arrayStrings[0]                            //获取索引值为 0 的元素
04   print("数组中得第 0 的元素：\(element1)")
05   var element2=arrayStrings[1]                            //获取索引值为 1 的元素
06   print("数组中得第 1 的元素：\(element2)")
07   var element3=arrayStrings[2]                            //获取索引值为 2 的元素
08   print("数组中得第 2 的元素：\(element3)")
```

此时运行程序，会看到如下的效果。

数组中得第 0 的元素：One
数组中得第 1 的元素：Two
数组中得第 2 的元素：Three

4.2.6 修改值

数组中的元素（值）是可以进行修改的。本小节将讲解两种修改数组中元素的方法：一种是修改单个值，另一种是修改一系列的值。

1. 修改单个值

修改单个值同样需要借助下标语法，其语法形式如下。

数组名[索引值]=修改的值

【**程序 4-14**】以下将实现对数组中下标为 1 的元素进行修改。

```
01   import Foundation
02   var arrayStrings:[String]=["Hello","World","Oh"]
03   print("修改前数组中的元素：\(arrayStrings)")
04   arrayStrings[1]="Swift"                                              //修改值
05   print("修改后数组中的元素：\(arrayStrings)")
```

此时运行程序，会看到如下的效果。

修改前数组中的元素：["Hello", "World", "Oh"]
修改后数组中的元素：["Hello", "Swift", "Oh"]

2. 修改一系列的值

使用下标语法不仅可以对单个元素进行修改，还可以一次性修改多个元素。

【程序 4-15】以下将一次性修改数组下标值为 2 到 5 的元素。

```
01    import Foundation
02    var array:[String]=["A","B","C","D","E","F"]
03    print("修改前数组中的元素：\(array)")
04    array[2...5]=["1","2","3","4"]                    //修改值
05    print("修改后数组中的元素：\(array)")
```

此时运行程序，会看到如下的效果。

```
修改前数组中的元素：["A", "B", "C", "D", "E", "F"]
修改后数组中的元素：["A", "B", "1", "2", "3", "4"]
```

4.2.7 删除值

在数组中有值的插入就会对应地存在值的删除，本小节将讲解 3 种在数组中删除值的方法，分别为：删除尾部元素、删除指定位置元素和删除所有元素。

1. 删除尾部元素

removeLast()方法可以删除数组中最后一个值（元素），其语法形式如下。

数组名.removeLast()

其中，该方法返回删除的元素。

在执行删除操作时，数组中元素的个数必须大于 0。

【程序 4-16】以下将删除数组中的最后一个元素。

```
01    import Foundation
02    var array:[String]=["A","B","C","D","E","F"]
03    print("删除前数组中的元素：\(array)")
04    print("删除的元素为：\(array.removeLast())")          //删除元素
05    print("删除后数组中的元素：\(array)")
```

此时运行程序，会看到如下的效果。

```
删除前数组中的元素：["A", "B", "C", "D", "E", "F"]
删除的元素为：F
删除后数组中的元素：["A", "B", "C", "D", "E"]
```

2. 删除指定位置元素

removeAtIndex()方法可以通过索引值将数组中任意位置的元素进行删除，其语法形式如下：

数组名.removeAtIndex(index: Int)

其中，index 参数表示索引值。该方法会返回这个被移除的元素。

【程序 4-17】以下将删除数组中下标值为 1 的元素。

```
01    import Foundation
02    var array:[String]=["A","B","C","D","E","F"]
03    print("删除前数组中的元素：\(array)")
04    print("删除的元素为：\(array.removeAtIndex(1))")        //删除元素
05    print("删除后数组中的元素：\(array)")
```

此时运行程序，会看到如下的效果。

删除前数组中的元素：["A", "B", "C", "D", "E", "F"]
删除的元素为：B
删除后数组中的元素：["A", "C", "D", "E", "F"]

3. 删除所有元素

removeAll()方法可以将数组的所有元素都删除，其语法形式如下。

数组名.removeAll()

【程序 4-18】以下将删除数组中所有的元素。

```
01    import Foundation
02    var array:[String]=["A","B","C","D","E","F"]
03    print("删除前数组中的元素：\(array)")
04    array.removeAll()                                      //删除元素
05    print("删除数组中的元素：\(array)")
```

此时运行程序，会看到如下的效果。

删除前数组中的元素：["A", "B", "C", "D", "E", "F"]
删除数组中的元素：[]

4.3 集　　合

集合（Set）用来存储相同类型并且没有确定顺序的值。当集合元素顺序不重要时或者希望确保每个元素只出现一次时可以使用集合而不是数组。本节将讲解集合的声明以及集合的初始化。

4.3.1 集合的声明

集合的写法形式如下。

Set<Element>

其中，Element 表示 Set 中允许存储的类型，和数组不同的是，集合没有等价的简化形式。集合和数组一样，在使用之前，必须要对其进行声明。其语法形式如下。

let 常量集合名：Set<Element>=内容
var 变量集合名：Set<Element>=内容

其中，内容就是将集合进行初始化（会在下一小节中详细地讲解集合的初始化）。Set[Element] 是可以省略不写的，Swift 会自动推断其类型。

4.3.2　集合的初始化

以下将讲解两种初始化集合的方法：第一种是使用数组字面量初始化集合，第二种是初始化一个空集合。

1. 用数组字面量初始化集合

使用数组字面量初始化集合是一般比较直接的方法。

【程序 4-19】以下将使用数组["A","B","C"]对集合进行初始化。

```
01  import Foundation
02  var letters:Set<Character> = ["A","B","C"]
03  print(letters)
```

此时运行程序，会看到如下的效果。

["C", "B", "A"]

因为 Swift 语言可以进行类型推断，在默认值中推断出集合的类型。所以可以将上面的代码：

```
var letters:Set<Character> = ["A","B","C"]
```

改为：

```
var letters:Set = ["A","B","C"]
```

2. 初始化一个空集合

空集合就是集合中没有任何的元素。初始化空集合有两种方式：第一种是直接赋空数组字面值，第二种是使用初始化方法。

（1）直接赋空数组字面值

在声明集合后，可以给集合赋一个空的数组字面量。

【程序 4-20】以下将初始化一个空集合。

```
01  import Foundation
02  var letters:Set<Character> = []
03  print(letters)
```

此时运行程序，会看到如下的效果。

[]

（2）使用初始化语法

使用初始化的语法可以初始化一个空的集合，例如以下的代码：

```
var letters:Set<Character> = Set<Character>()
```

在此代码中，Set<Character>()表示初始化一个字符类型的集合。当然，开发者也可以不为集合指定数据类型。因为 Swift 语言可以进行类型推断，在默认值中推断出集合的类型。所以可以上面的代码：

```
var letters:Set<Character> = Set<Character>()
```

改写为:

```
var letters = Set<Character>()
```

4.4 集合的操作

和数组一样,集合中的元素也是可以进行操作的。本节将讲解在集合中最为常用的一些操作,如获取集合中元素个数、判断集合是否为空、判断集合中是否包含某一值等内容。

4.4.1 获取集合中元素个数

获取集合中元素的个数可以使用 count,其语法形式如下。

集合名.count

【程序 4-21】以下将获取集合中元素的个数。

```
01  import Foundation
02  var letters:Set<Character> = ["A","B","C"]
03  print("letters 中元素的个数为: \(letters.count)")      //获取集合中元素的个数
```

此时运行程序,会看到如下的效果。

letters 中元素的个数为: 3

4.4.2 判断集合是否为空

和判断数组数组为空一样,判断集合是否为空也有两种方式:一种是使用 count 属性,另一种是使用 isEmpty 属性。以下就是对这两种方法的讲解。

1. 使用 count 属性

count 属性可以获取数组的长度,开发者可以根据获取长度的值来判断数组是否为空。

2. 使用 isEmpty 属性

判断集合是否为空,除了可以通过 count 属性外,还可以使用 isEmpty 属性进行判断,其语法形式如下:

集合名.isEmpty

其中,该属性返回值为布尔类型。当读取的值为 true 时,表示集合为空;当读取的值为 false 时,表示集合不为空。

【程序 4-22】以下将判断集合 letters 是否为空。

```
01  import Foundation
02  var letters:Set<Character> = ["A","B","C"]
03  let result = letters.isEmpty ? "letters 为空" : "letters 不为空"
04  print(result)
```

此时运行程序，会看到如下的效果。

```
letters 不为空
```

4.4.3 判断集合中是否包含某一值

使用 contains()方法可以判断集合中是否包含某一特定的值，其语法形式如下。

集合名.contains(_ member: Element)

其中，member 用来指定一个值。

【程序 4-23】以下将分别判断在集合 letters 中是否包含值 A 和值 B。

```
01   import Foundation
02   var letters:Set = ["A","B","C"]
03   let result1 = letters.contains("A") ? "在 letters 集合中包含值 A" : "在 letters 集合中不包含 04    值 A"
05   print(result1)
06   let result2 = letters.contains("Hello") ? "在 letters 集合中包含值 Hello" : "在 letters 集合中 07  不包含值 Hello"
     print(result2)
```

此时运行程序，会看到如下的效果。

```
在 letters 集合中包含值 A
在 letters 集合中不包含值 Hello
```

4.4.4 插入值

开发者可以为创建的集合插入值，这时最常使用到的方法为 insert()方法，其语法形式如下：

集合名.insert(_ member: Element)

其中，member 用来指定插入的元素。

【程序 4-24】以下将在 letters 集合中插入一个"D"元素。

```
01   import Foundation
02   var letters:Set = ["A","B","C"]
03   print("插入前: \(letters)")
04   letters.insert("D")                                    //插入值
05   print("插入后: \(letters)")
```

此时运行程序，会看到如下的效果。

```
插入前: ["C", "B", "A"]
插入后: ["B", "A", "C", "D"]
```

4.4.5 删除值

有集合元素的插入，对应的就会有集合元素的删除。以下将讲解常用的 3 种删除集合中元素的方法。

1. 删除第一个值

删除集合中第一个元素，需要使用到removeFirst()方法，其语法形式如下。

集合名.removeFirst()

在执行删除操作时，集合中元素的个数必须大于0。

【**程序 4-25**】以下将删除集合中第一个值。

```
01    import Foundation
02    var letters:Set = ["A","B","C"]
03    print("插入前：\(letters)")
04    print("需要删除的元素为：\(letters.removeFirst())")                //删除
05    print("插入后：\(letters)")
```

此时运行程序，会看到如下的效果。

插入前：["C", "B", "A"]
需要删除的元素为：C
插入后：["B", "A"]

使用removeFirst()方法删除的是在"console"面板上输出的集合的第一个元素。

2. 删除指定的值

删除指定的值需要使用到remove()方法，其语法形式如下：

集合名.remove(_ member: Element)

其中，该方法返回删除的元素。

【**程序 4-26**】以下将删除集合中"A"值。

```
01    import Foundation
02    var letters:Set = ["A","B","C"]
03    print("插入前：\(letters)")
04    letters.remove("A")                                              //删除值
05    print("插入后：\(letters)")
```

此时运行程序，会看到如下的效果。

插入前：["C", "B", "A"]
插入后：["C", "B"]

3. 删除所有的值

如果开发者不再使用某一集合中所有的值，可以将此集合中的值全部删除，此时需要使用removeAll()方法，其语法形式如下：

集合名.removeAll()

【程序 4-27】以下将删除集合中所有的值。

```
01  import Foundation
02  var letters:Set = ["A","B","C"]
03  print("插入前: \(letters)")
04  letters.removeAll()                              //删除所有值
05  print("插入后: \(letters)")
```

此时运行程序，会看到如下的效果。

插入前: ["C", "B", "A"]
插入后: []

4.4.6 确定集合的顺序

在以上这些程序的输出结果中可以看到，Swift 的 Set 类型没有确定的顺序，为了让集合按照特定顺序输出，可以使用 sort() 方法，它将根据提供的序列返回一个有序集合。其语法形式如下：

集合名.sort()

【程序 4-28】以下将集合按照升序输出。

```
01  import Foundation
02  var letters:Set = ["A","B","C","D"]
03  print("无序输出: \(letters)")
04  print("升序输出: \(letters.sort())")             //升序输出
```

此时运行程序，会看到如下的效果。

无序输出: ["B", "A", "C", "D"]
升序输出: ["A", "B", "C", "D"]

4.5 集合的基本运算

开发者可以在集合中实现数学的集合运算，如实现两个集合的交集、并集等。本节将讲解在集合中实现的基本运算。

4.5.1 a∩b

a∩b 称为集合 a 与 b 的交集，即由属于集合 a 且属于集合 b 的元素所组成的集合，如图 4-1 所示。

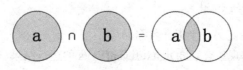

图 4-1 a∩b

两个集合求交集，结果还是一个集合，是由集合 a 与 b 的公共元素组成的集合。

在 Swift 编程语言中要实现集合 a∩b 的功能，需要使用到 intersect()方法，该方法根据两个集合中都包含的值创建的一个新的集合。其语言形式如下：

集合名.intersect(_ sequence: S)

其中，sequence 用来指定另一个集合名称。

【程序 4-29】以下将实现集合 oddDigits∩evenDigits 的运行结果。

```
01   import Foundation
02   let oddDigits: Set = [1, 3, 5, 7, 9]
03   let evenDigits: Set = [0, 2, 4, 5, 6, 7, 8]
04   print("oddDigits = \(oddDigits.sort())")
05   print("evenDigits = \(evenDigits.sort())")
06   print("oddDigits ∩ evenDigits = \(oddDigits.intersect(evenDigits).sort())")
                                                                          //获取交集
```

此时运行程序，会看到如下的效果。

```
oddDigits = [1, 3, 5, 7, 9]
evenDigits = [0, 2, 4, 5, 6, 7, 8]
oddDigits ∩ evenDigits = [5, 7]
```

4.5.2　a∪b

a∪b 称为集合 a 与 b 的并集，即由所有属于集合 A 或属于集合 B 的元素所组成的集合，如图 4-2 所示。

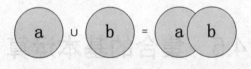

图 4-2　a∪b

 两个集合求并集，结果还是一个集合，是由集合 a 与 b 的所有元素组成的集合（重复元素只看成一个元素）。

在 Swift 编程语言中要实现集合 a∪b 的功能，需要使用到 union()方法，该方法根据两个集合的值创建一个新的集合。其语言形式如下：

集合名.union(_ sequence: S)

其中，sequence 用来指定另一个集合名称。

【程序 4-30】以下将实现集合 oddDigits∪evenDigits 的运行结果。

```
01   import Foundation
```

```
02    let oddDigits: Set = [1, 3, 5, 7, 9]
03    let evenDigits: Set = [0, 2, 4, 5, 6, 7, 8]
04    print("oddDigits = \(oddDigits.sort())")
05    print("evenDigits = \(evenDigits.sort())")
06    print("oddDigits ∪ evenDigits = \(oddDigits.union(evenDigits).sort())")      //获取并集
```

此时运行程序，会看到如下的效果。

```
oddDigits = [1, 3, 5, 7, 9]
evenDigits = [0, 2, 4, 5, 6, 7, 8]
oddDigits ∪ evenDigits = [0, 1, 2, 3, 4, 5, 6, 7, 8, 9]
```

4.5.3 a-b

a-b 就是集合 a 和 b 的相对差集，只包含在集合 a 中，但不在集合 b 中的所有元素，如图 4-3 所示。

在 Swift 编程语言中要实现集合 a-b 的功能，需要使用到 subtract()方法，该方法根据不在该集合中的值创建一个新的集合。其语言形式如下：

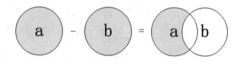

图 4-3 a-b

集合名.subtract (_ sequence: S)

其中，sequence 用来指定另一个集合名称。

【程序 4-31】以下将实现集合 oddDigits-evenDigits 的运行结果。

```
01    import Foundation
02    let oddDigits: Set = [1, 3, 5, 7, 9]
03    let evenDigits: Set = [0, 2, 4, 5, 6, 7, 8]
04    print("oddDigits = \(oddDigits.sort())")
05    print("evenDigits = \(evenDigits.sort())")
06    print("oddDigits - evenDigits = \(oddDigits.subtract(evenDigits).sort())") //求相对差集
```

此时运行程序，会看到如下的效果。

```
oddDigits = [1, 3, 5, 7, 9]
evenDigits = [0, 2, 4, 5, 6, 7, 8]
oddDigits - evenDigits = [1, 3, 9]
```

4.5.4 a-b∪b-a

a-b∪b-a 可以用符号 a△b 表示，被称为集合 a 和 b 的对称差，它是指是只在集合 A 及 B 中的其中一个出现，没有在其交集中出现的元素，如图 4-4 所示。

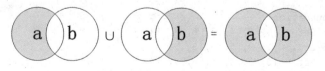

图 4-4 a-b∪b-a

在 Swift 编程语言中要实现集合 a-b∪b-a 的功能，需要使用到 exclusiveOr()方法，该方法根据

在一个集合中但不在两个集合的交集中的值创建一个新的集合。其语法形式如下:

集合名.exclusiveOr(_ sequence: S)

其中,sequence 用来指定另一个集合名称。

【程序 4-32】以下将实现集合 a-b∪b-a 的运行结果。

```
01    import Foundation
02    let a: Set = [1, 3, 5, 7, 9]
03    let b: Set = [0, 2, 4, 5, 6, 7, 8]
04    print("a = \(a.sort())")
05    print("b = \(b.sort())")
06    print("(a - b) ∪ (b - a) = \(a.exclusiveOr(b).sort())")      //求对称差
```

此时运行程序,会看到如下的效果。

```
a = [1, 3, 5, 7, 9]
b = [0, 2, 4, 5, 6, 7, 8]
(a - b) ∪ (b - a) = [0, 1, 2, 3, 4, 6, 8, 9]
```

4.6 集合间关系

在集合与集合之间,存在着很多复杂的关系,如图 4-5 所示。在此图中描述了 3 个集合 a、b 和 c 以及通过重叠区域表述集合间共享的元素。

从图中可以看到集合 a 是集合 b 的父集合,因为 a 包含了 b 中所有的元素,相反,集合 b 是集合 a 的子集合,因为属于 b 的元素也被 a 包含。集合 b 和集合 c 彼此不关联,因为它们之间没有共同的元素。本节将讲解对这些关系的判断。

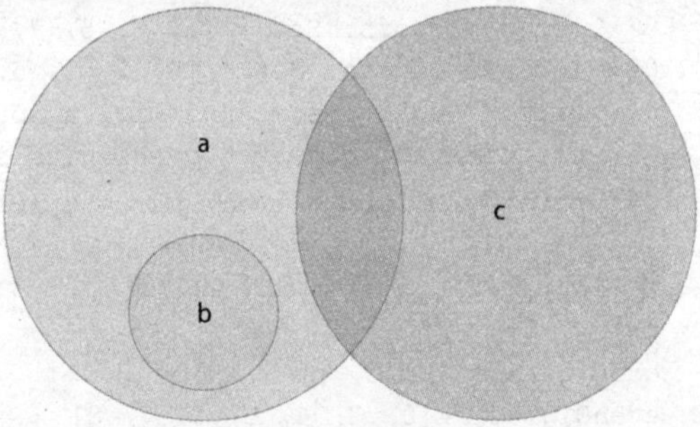

图 4-5 集成员合关系

4.6.1 相等判断

判断两个集合中是中的值是等,可以使用"=="进行判断,其语法形式如下:

集合1==集合2

【程序 4-33】以下将判断 fSet 和 sSet 集合中值是否相等;判断 fSet 和 tSet 集合中值是否相等。

```
01    import Foundation
02    let fSet: Set = [0, 2, 4, 5, 6, 7, 8]
03    let sSet: Set = [1, 3, 5, 7, 9]
04    let tSet :Set = [0, 2, 4, 5, 6, 7, 8]
05    //判断集合 fSet 和 sSet 是否相等
06    let result1 = fSet == sSet ? "fSet 和 sSet 相等" : "fSet 和 sSet 不相等"
07    print(result1)
```

```
08    //判断集合 fSet 和 tSet 是否相等
09    let result2 = fSet==tSet ? "fSet 和 tSet 相等" : "fSet 和 tSet 不相等"
10    print(result2)
```

此时运行程序,会看到如下的效果。

fSet 和 sSet 不相等
fSet 和 tSet 相等

4.6.2 子集的判断

isStrictSubsetOf()方法可以对子集进行判断,其语法形式如下:

集合名.isStrictSubsetOf(_ sequence: S)

其中,参数 sequence 用来指定另一个集合名称。

【程序 4-34】以下将对子集进行判断。

```
01    import Foundation
02    let fSet: Set = [0, 2, 4, 5, 6, 7, 8]
03    let sSet: Set = [0, 2, 4]
04    let tSet :Set = [10, 11, 12]
05    //判断 sSet 是否为 fSet 的子集
06    let result1 = sSet.isStrictSubsetOf(fSet) ? "sSet 是 fSet 的子集" : "sSet 不是 fSet 的子集"
07    print(result1)
08    //判断 tSet 是否为 fSet 的子集
09    let result2 = tSet.isStrictSubsetOf(fSet) ? "tSet 是 fSet 的子集" : "tSet 不是 fSet 的子集"
10    print(result2)
```

此时运行程序,会看到如下的效果。

sSet 是 fSet 的子集
tSet 不是 fSet 的子集

4.6.3 父集合的判断

isStrictSupersetOf()可以对父集合进行判断,其语法形式如下:

集合名.isStrictSupersetOf(_ sequence: S)

其中,sequence 用来指定另一个集合名称。

【程序 4-35】以下将对父集合进行判断。

```
01    import Foundation
02    let fSet: Set = [0, 2, 4, 5, 6, 7, 8]
03    let sSet: Set = [0, 2, 4]
04    let tSet :Set = [10, 11, 12]
05    //判断 fSet 是否为 sSet 的父集合
```

```
06    let result1 = fSet.isStrictSupersetOf(sSet) ? "fSet 是 sSet 的父集合" : "fSet 不是
sSet 的父集合"
07    print(result1)
08    //判断 fSet 是否为 tSet 的父集合
09    let result2 = fSet.isStrictSupersetOf(tSet) ? "fSet 是 tSet 的父集合" : "fSet 不是
tSet 的父集合"
10    print(result2)
```

此时运行程序，会看到如下的效果。

fSet 是 sSet 的父集合
fSet 不是 tSet 的父集合

4.6.4 其他判断

除了以上提供的对关系的判断外，还有 3 种，如表 4-1 所示。

表 4-1　　　　　　　　　　　　　其他判断方法

方　　法	功　　能
isDisjointWith()	判断两个集合是否不含有相同的值
isSubsetOf()	判断一个集合中的值是否也被包含在另外一个集合中
isSupersetOf()	判断一个集合中包含另一个集合中所有的值

4.7　字　　典

字典是一种存储多个相同类型的值的容器。它存储的每个元素都包含一个键（Key）和一个值，其中的值都和键相对应。在 Swift 中，对于一个特定的字典，它所能存储的键和值都是确定的，无论是明确声明的类型还是隐式推断的类型。本节将会讲解字典的字面量、声明、初始化。

4.7.1 字典字面量

字典字面量就是直接书写的包含一个或者多个键值对的字典数值。一个键值对是一个键和值的组合。键和值使用冒号分隔，而多个键值对使用逗号分隔。其键值对语法形式如下：

```
key:value
```

其中，参数 key 表示键，value 表示值。字典字面量就是有键值对和一对"[]"组合。字典字面量中可以只有一个键值对。这时的字典字面量语法形式如下：

```
[key:value]
```

当字典字面量中有多个键值对，其语法形式如下。

```
[key1:value1,key2:value2,key3:value3……]
```

例如以下就是一个字典字面量：

```
[1:"a",2:"b",3:"c"]
```

这个字典字面量中包含了 3 个键值对。其中，键 1 对应的值为 a，键 2 对应的值为 b，键 3 对应的值为 c。

4.7.2 字典的声明

字典的形式有两种，第一种是完整写法，其语法形式如下。

```
Dictionary<KeyType,ValueType>
```

第二种是

```
[KeyType: ValueType]
```

其中，KeyType 表示键的数据类型；ValueType 表示值的数据类型。

> KeyType 必须是可哈希的（hashable）——就是提供一个形式让它们自身是独立识别的。Swift 的所有基础类型（例如字符串（String）、整型（Int）、双精度（Double）和布尔（Bool））默认都是可哈希的（hashable）。

根据字典是否可以修改，字典可以分为两类，一种是不可变字典（不可变字典是不可以修改的），一种是可变字典（可变字典是可以修改的）。和其他集合类型一样，字典在使用前，需要对象声明。声明不可变字典的语法形式如下。

```
let 常量字典名: Dictionary<KeyType,ValueType>=内容
let 常量字典名: [KeyType: ValueType]=内容
```

声明可变字典的语法形式如下：

```
var 常量字典名: Dictionary<KeyType,ValueType>=内容
var 常量字典名: [KeyType: ValueType]=内容
```

其中，内容就是将字典进行初始化的（会在下一小节中详细的讲解字典的初始化）。Dictionary<KeyType,ValueType 或者是[KeyType: ValueType]是可以省略不写的，Swift 会自动推断其类型。

4.7.3 字典的初始化

以下将讲解两种初始化集合的方法：第一种是使用字典字面量初始化集合，第二种是初始化一个空集合。

1. 用字典字面量初始化字典

使用字典字面量初始化集合是一般比较直接的方法。

【程序 4-36】以下将初始化一个字典。

```
01  import Foundation
02  var airports: Dictionary<Int,String> = [1:"Toronto Pearson", 2:"Dublin"]
03  print(airports)
```

```
04    var name: [Int:String] = [1:"Tom", 2:"LiLy"]
05    print(name)
```

此时运行程序,会看到如下的效果。

```
[2: "Dublin", 1: "Toronto Pearson"]
[2: "LiLy", 1: "Tom"]
```

2. 初始化一个空字典

初始化空字典可以使用初始化语法。

【程序 4-37】以下将初始化一个空字典。

```
01    import Foundation
02    var namesOfIntegers = [Int: String]()
03    print(namesOfIntegers)
```

此时运行程序,会看到如下的效果。

```
[:]
```

4.8 字典的操作

在 Swift 中,字典支持多种操作方式,如插入、删除、访问等。本节将详细讲解字典相关的常用操作。

4.8.1 获取字典中的元素个数

获取字典中的元素个数(即键值对个数)需要使用到 count 属性,其语法形式如下。

字典名.count

【程序 4-38】以下将获取 namesOfIntegers 字典中元素的个数。

```
01    import Foundation
02    var namesOfIntegers = [1:"Tom",2:"Lily",3:"Mark"]
03    //获取字典的元素个数
04    print("namesOfIntegers 中字典的元素个数为: \(namesOfIntegers.count)")
```

此时运行程序,会看到如下的效果。

```
namesOfIntegers 中字典的元素个数为: 3
```

4.8.2 读取键的值

和很多语言一样,字典中的键所对应的值可以单独读取。在 Swift 语言中,使用下标语法进行读取。字典中通过下标语法键读取值的语法形式如下。

字典名[键]

【程序 4-39】以下将读取 name 字典中键为 2 的值。

```
01  import Foundation
02  var name = [1:"Tom",2:"Lily",3:"Mark"]
03  print("name 字典的键为 2 的值是：\(name[2]!)")              //获取键的值
```

此时运行程序，会看到如下的效果。

name 字典的键为 2 的值是：Lily

4.8.3 添加元素

下标语法除了可以对键的值进行读取外，还可以向字典中添加元素。

【程序 4-40】以下将在字典中添加一个元素。

```
01  import Foundation
02  var name = [1:"Tom",2:"Lily",3:"Mark"]
03  print("添加元素前：\(name)")
04  name[4]="Abel"                                            //添加元素
05  print("添加元素后：\(name)")
```

此时运行程序，会看到如下的效果。

添加元素前：[2: "Lily", 3: "Mark", 1: "Tom"]
添加元素后：[2: "Lily", 3: "Mark", 1: "Tom", 4: "Abel"]

4.8.4 修改键关联的值

在字典中，每个键都对应一个值。开发者也可以修改键值的对应关系。修改的方式有两种：一种是使用下标语法，另一种是使用 updateValue() 方法。

1. 下标语法

下标语法可以对字典中的键关联的值进行修改。

【程序 4-41】以下将修改字典中键 2 对应的值。

```
01  import Foundation
02  var name = [1:"Tom",2:"Lily",3:"Mark",4:"Abel"]
03  print("修改前：\(name)")
04  name[2]="Joyce"                                           //修改值
05  print("修改后：\(name)")
```

此时运行程序，会看到如下的效果。

修改前：[2: "Lily", 3: "Mark", 1: "Tom", 4: "Abel"]
修改后：[2: "Joyce", 3: "Mark", 1: "Tom", 4: "Abel"]

2. 使用 updateValue() 方法

除了下标语法可以对字典中键关联的值进行修改外，还可以通过使用 updateValue() 方法进行修改，其语法形式如下：

字典名.updateValue(value: ValueType, forKey key: KeyType)

其中，value 参数表示修改后的值，key 参数表示一个键。

【程序 4-42】以下将使用 updateValue()方法对字典中键 3 关联的值进行修改。

```
01    import Foundation
02    var name = [1:"Tom",2:"Lily",3:"Mark",4:"Abel"]
03    print("修改前: \(name)")
04    name.updateValue("Joyce", forKey: 3)                    //修改值
05    print("修改后: \(name)")
```

此时运行程序，会看到如下的效果。

修改前: [2: "Lily", 3: "Mark", 1: "Tom", 4: "Abel"]
修改后: [2: "Lily", 3: "Joyce", 1: "Tom", 4: "Abel"]

4.8.5 删除值

删除字典中的值可以使用 3 种方法实现，这 3 种方法分别为：使用 removeAll()方法、使用 removeValueForKey()方法、使用 nil。在本小节中将讲解 3 种删除值的方法。

1. 使用 removeAll()方法

如果字典中的所有元素都不使用了，可以使用 removeAll()方法将字典中的所有元素（键值对）删除，其语法形式如下。

字典名.removeAll()

【程序 4-43】以下将删除字典中所有的元素。

```
01    import Foundation
02    var name = [1:"Tom",2:"Lily",3:"Mark",4:"Abel"]
03    print("删除前: \(name)")
04    name.removeAll()                                        //删除所有元素
05    print("删除后: \(name)")
```

此时运行程序，会看到如下的效果。

删除前: [2: "Lily", 3: "Mark", 1: "Tom", 4: "Abel"]
删除后: [:]

2. 使用 removeValueForKey()方法

removeValueForKey()方法可以将字典中指定键关联的值删除，其语法形式如下。

字典名.removeValueForKey(_key: KeyType)

其中，key 参数表示要删除的键。如果该键存在，则移除该键值对，并返回被移除的值。否则，返回 nil。

【程序 4-44】以下将删除字典中键为 1 的值。

```
01    import Foundation
02    var name = [1:"Tom",2:"Lily",3:"Mark",4:"Abel"]
```

```
03    print("删除前：\(name)")
04    print("要删除的值为：\(name.removeValueForKey(1)!)")         //删除值
05    print("删除后：\(name)")
```

此时运行程序，会看到如下的效果。

删除前：[2: "Lily", 3: "Mark", 1: "Tom", 4: "Abel"]
要删除的值为：Tom
删除后：[2: "Lily", 3: "Mark", 4: "Abel"]

3. 使用 nil

使用 nil 进行删除，需要使用到下标语法。删除时，需要使用下标语法将值分配为 nil，从而删除这个键值对。其语法形式如下。

字典名[关键字]=nil

【**程序 4-45**】以下将删除字典中键为 2 的值。

```
01    import Foundation
02    var name = [1:"Tom",2:"Lily",3:"Mark",4:"Abel"]
03    print("删除前：\(name)")
04    name[2]=nil                                                //删除值
05    print("删除后：\(name)")
```

此时运行程序，会看到如下的效果。

删除前：[2: "Lily", 3: "Mark", 1: "Tom", 4: "Abel"]
删除后：[3: "Mark", 1: "Tom", 4: "Abel"]

4.9 综合案例

本节将结合以上所学，讲解两个综合案例：一个是求 3 科成绩的平均值，另一个是获取奇数月。

4.9.1 求 3 科成绩的平均值

要求取 3 科成绩的平均值，首先需要声明一个字典，因为字典有键和值，所以可以很清楚地看到 3 科分别对应的成绩，然后使用字典字面量初始化声明的字典，在字典字面量中我们需要将键写为课程名称，将值写为对应的成绩，其次使用加法运算符求出 3 科成绩的总和，最后再使用除法运算符求出平均值。

【**程序 4-46**】以下将求语数外 3 科成绩的平均分数，其中，语文成绩为 89，数学成绩为 99，英语成绩为 74。

```
import Foundation
let score=["语文":89,"数学":99,"英语":74]
let totalScore = score["语文"]! + score["数学"]! + score["英语"]!    //求总成绩
```

```
let averageScore = totalScore/score.count                          //求平均值
print("3科的平均成绩为: \(averageScore)")
```

此时运行程序，会看到如下的效果。

3科的平均成绩为: 87

4.9.2 获取奇数月

要获取奇数月，首先，需要声明 12 个数组，用来保存 12 个月的天数。然后使用数组字面量初始化这 12 个数组，在字面量中写入对于月的天数。最后使用 count 属性获取 12 个数组中元素个数，让获取的元素个数进行求余运算。

【程序 4-47】以下将输出 2016 年的奇数月的天数。

```
01    import Foundation
02    //声明数组，并初始化
03    let January:[Int]=[1, 2, 3, 4, 5, 6, 7, 8, 9, 10, 11, 12, 13, 14, 15, 16, 17, 18,
04    19, 20, 21, 22, 23, 24, 25, 26, 27, 28, 29, 30, 31]
05    let February=[1, 2, 3, 4, 5, 6, 7, 8, 9, 10, 11, 12, 13, 14, 15, 16, 17, 18, 19,
06    20, 21, 22, 23, 24, 25, 26, 27, 28, 29]
07    let  March=[1, 2, 3, 4, 5, 6, 7, 8, 9, 10, 11, 12, 13, 14, 15, 16, 17, 18, 19, 20,
08    21, 22, 23, 24, 25, 26, 27, 28, 29, 30, 31]
09    let April=[1, 2, 3, 4, 5, 6, 7, 8, 9, 10, 11, 12, 13, 14, 15, 16, 17, 18, 19, 20,
10    21, 22, 23, 24, 25, 26, 27, 28, 29, 30]
11    let May=[1, 2, 3, 4, 5, 6, 7, 8, 9, 10, 11, 12, 13, 14, 15, 16, 17, 18, 19, 20,
12    21, 22, 23, 24, 25, 26, 27, 28, 29, 30, 31]
13    let June=[1, 2, 3, 4, 5, 6, 7, 8, 9, 10, 11, 12, 13, 14, 15, 16, 17, 18, 19, 20,
14    21, 22, 23, 24, 25, 26, 27, 28, 29, 30]
15    let July=[1, 2, 3, 4, 5, 6, 7, 8, 9, 10, 11, 12, 13, 14, 15, 16, 17, 18, 19, 20,
16    21, 22, 23, 24, 25, 26, 27, 28, 29, 30, 31]
17    let August=[1, 2, 3, 4, 5, 6, 7, 8, 9, 10, 11, 12, 13, 14, 15, 16, 17, 18, 19, 20,
18    21, 22, 23, 24, 25, 26, 27, 28, 29, 30, 31]
19    let September=[1, 2, 3, 4, 5, 6, 7, 8, 9, 10, 11, 12, 13, 14, 15, 16, 17, 18, 19,
20    20, 21, 22, 23, 24, 25, 26, 27, 28, 29, 30]
21    let October=[1, 2, 3, 4, 5, 6, 7, 8, 9, 10, 11, 12, 13, 14, 15, 16, 17, 18, 19,
22    20, 21, 22, 23, 24, 25, 26, 27, 28, 29, 30, 31]
23    let November=[1, 2, 3, 4, 5, 6, 7, 8, 9, 10, 11, 12, 13, 14, 15, 16, 17, 18, 19,
24    20, 21, 22, 23, 24, 25, 26, 27, 28, 29, 30]
25    let December=[1, 2, 3, 4, 5, 6, 7, 8, 9, 10, 11, 12, 13, 14, 15, 16, 17, 18, 19,
26    20, 21, 22, 23, 24, 25, 26, 27, 28, 29, 30, 31]
27    //获取数组的元素个数
28    let JanuaryNumberOfDays=January.count
29    let FebruaryNumberOfDays=February.count
30    let  MarchNumberOfDays=March.count
31    let AprilNumberOfDays=April.count
32    let MayNumberOfDays=May.count
33    let JuneNumberOfDays=June.count
34    let JulyNumberOfDays=July.count
35    let AugustNumberOfDays=August.count
36    let SeptemberNumberOfDays=September.count
37    let OctoberNumberOfDays=October.count
38    let NovemberNumberOfDays=November.count
39    let DecemberNumberOfDays=December.count
```

```
40    //进行判断是否为奇数月
41    let oddNumberJanuary = JanuaryNumberOfDays%2 == 0 ? [] : January
42    print("一月：\(oddNumberJanuary)")
43    let oddNumberFebruary = FebruaryNumberOfDays%2 == 0 ? [] : February
44    print("二月：\(oddNumberFebruary)")
45    let oddNumberMarch = MarchNumberOfDays%2 == 0 ? [] : March
46    print("三月：\(oddNumberMarch)")
47    let oddNumberApril = AprilNumberOfDays%2 == 0 ? [] : April
48    print("四月：\(oddNumberApril)")
49    let oddNumberMay = MayNumberOfDays%2 == 0 ? [] : May
50    print("五月：\(oddNumberMay)")
51    let oddNumberJune = JuneNumberOfDays%2 == 0 ? [] : June
52    print("六月：\(oddNumberJune)")
53    let oddNumberJuly = JulyNumberOfDays%2 == 0 ? [] : July
54    print("七月：\(oddNumberJuly)")
55    let oddNumberAugust = AugustNumberOfDays%2 == 0 ? [] : August
56    print("八月：\(oddNumberAugust)")
57    let oddNumberSeptember = SeptemberNumberOfDays%2 == 0 ? [] : September
58    print("九月：\(oddNumberSeptember)")
59    let oddNumberOctober = OctoberNumberOfDays%2 == 0 ? [] : October
60    print("十月：\(oddNumberOctober)")
61    let oddNumberNovember = NovemberNumberOfDays%2 == 0 ? [] : November
62    print("十一月：\(oddNumberNovember)")
63    let oddNumberDecember = DecemberNumberOfDays%2 == 0 ? [] : December
64    print("十二月：\(oddNumberDecember)")
```

此时运行程序，会看到如下的效果。

一月：[1, 2, 3, 4, 5, 6, 7, 8, 9, 10, 11, 12, 13, 14, 15, 16, 17, 18, 19, 20, 21, 22, 23, 24, 25, 26, 27, 28, 29, 30, 31]
二月：[1, 2, 3, 4, 5, 6, 7, 8, 9, 10, 11, 12, 13, 14, 15, 16, 17, 18, 19, 20, 21, 22, 23, 24, 25, 26, 27, 28, 29]
三月：[1, 2, 3, 4, 5, 6, 7, 8, 9, 10, 11, 12, 13, 14, 15, 16, 17, 18, 19, 20, 21, 22, 23, 24, 25, 26, 27, 28, 29, 30, 31]
四月：[]
五月：[1, 2, 3, 4, 5, 6, 7, 8, 9, 10, 11, 12, 13, 14, 15, 16, 17, 18, 19, 20, 21, 22, 23, 24, 25, 26, 27, 28, 29, 30, 31]
六月：[]
七月：[1, 2, 3, 4, 5, 6, 7, 8, 9, 10, 11, 12, 13, 14, 15, 16, 17, 18, 19, 20, 21, 22, 23, 24, 25, 26, 27, 28, 29, 30, 31]
八月：[1, 2, 3, 4, 5, 6, 7, 8, 9, 10, 11, 12, 13, 14, 15, 16, 17, 18, 19, 20, 21, 22, 23, 24, 25, 26, 27, 28, 29, 30, 31]
九月：[]
十月：[1, 2, 3, 4, 5, 6, 7, 8, 9, 10, 11, 12, 13, 14, 15, 16, 17, 18, 19, 20, 21, 22, 23, 24, 25, 26, 27, 28, 29, 30, 31]
十一月：[]
十二月：[1, 2, 3, 4, 5, 6, 7, 8, 9, 10, 11, 12, 13, 14, 15, 16, 17, 18, 19, 20, 21, 22, 23, 24, 25, 26, 27, 28, 29, 30, 31]

4.10 上机实践

编程程序：以下将获取两个班级中数学的不同分数。

分析：

本题可以使用集合实现。首先，需要声明两个集合，然后，再使用数组字面量初始化这两个集合，最后需要使用 exclusiveOr() 获取两个班级的不同分数。

第5章 程序控制结构

在大多数情况下，Swift 编程语言都不会是简单的结构，而是复杂的组合。它们各自有一组相关的控制结构，从而完成一定的控制功能。本章主要讲解 Swift 编程语言中的 3 种基本控制结构：顺序结构、选择结构和循环结构。

5.1 顺序结构

顺序结构就是按书写顺序让程序自上而下，依次执行的结构。它在程序中的执行流程如图 5-1 所示。

【程序 5-1】以下将计算两个数 10 和 20 的和。

```
01    import Foundation
02    var value1 = 10
03    print("value1 = \(value1)")
04    var value2 = 20
05    print("value2 = \(value2)")
06    var sum = value1 + value2        //求和
07    print("value1 + value2 = \(sum)")
```

此时运行程序，会看到如下的效果。

```
value1 = 10
value2 = 20
value1 + value2 = 30
```

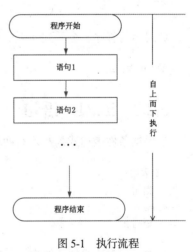

图 5-1 执行流程

5.2 选择结构——if 语句

选择结构也称为分支结构。在许多实际问题的程序设计中，根据输入数据和中间结果的不同情况，需要选择不同的语句组执行。在这种情况下，必须根据某个变量或表达式的值做出判断，以决定执行哪些语句和跳过哪些语句不执行。Swift 提供了两种类型的选择：一种为条件选择，另一种为开关选择。其中，条件选择是根据给定的条件进行判断，决定执行某个分支的程序段，一般使用 if 语句实现条件的选择。本节将讲解有关 if 语句的内容。(对于提到的开关选择我们在下一节中进行讲解)。

5.2.1 if 语句

if 语句用于实现条件选择结构，它在可选动作中做出选择，执行某个分支的程序段。if 语句最简单的形式就是只包含一个条件，并且只可以判断一种情况。其语法形式如下：

```
if 表达式
    语句
```

其中，语句可以是一条语句或者是有多条语句组合的语句块（语句块需要使用{}括起来）。当条件为真时，就会执行 if 语句块中的语句。其执行流程如图 5-2 所示。

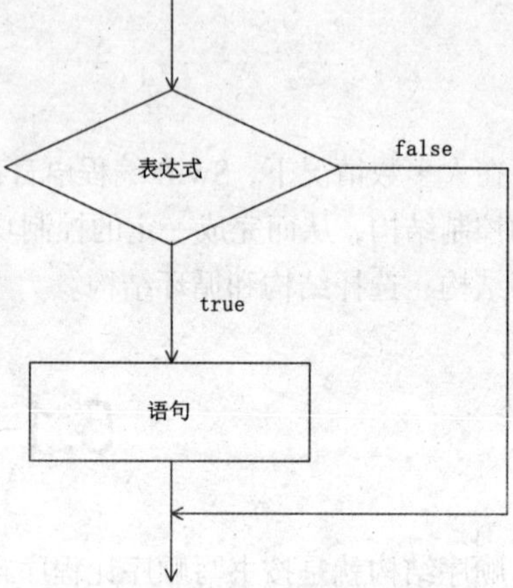

【程序 5-2】以下将使用 if 语句获取 10 和 5 这两个数的最大值。

```
01  import Foundation
02  var value1=5
03  var value2=10
04  //判断
05  if value1<value2 {
06      print("最大值为：\(value2)")
07  }
```

图 5-2　if 语句的执行流程

此时运行程序，会看到如下的效果。

最大值为：10

5.2.2　if...else 语句

当根据条件表达式判断，有两种情况时，就需要使用 if...else 语句，其一般表示形式如下：

```
if 表达式
    语句1
else
    语句2
```

其中，当表达式的条件为 true 时，执行语句 1；当表达式的条件为 false 时，执行语句 2。语句 1 和语句 2 都可以是单条语句，也可以是多条语句构成的语句块。其执行流程如图 5-3 所示。

【程序 5-3】以下将使用 if 语句获取 10 和 5 这两个数的最小值。

```
01  import Foundation
02  var value1=5
```

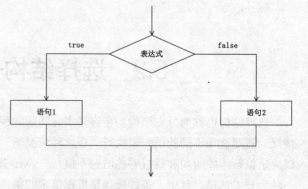

图 5-3　if...else 语句的执行流程

```
03    var value2=10
04    //判断
05    if value1<value2 {
06        print("最小值为: \(value1)")              //条件成立
07    }else{
08        print("最小值为: \(value2)")              //条件不成立
09    }
```

此时运行程序,会看到如下的效果。

最小值为: 5

5.2.3 if...else if 语句

当判定的条件有多个,并且有依赖关系时,需要使用 if...else if 语句,其一般表示形式如下:

```
if 表达式 1
    语句 1
else if 表达式 2
    语句 2
else if 表达式 3
    语句 3
...
else if 表达式 m
    语句 m
else
    语句 n
```

其中,语句 1、语句 2、语句 3 同样可以是一条语句,也可以是由多条语句组合的语句块。当表达式 1 的值为 true 时,执行语句 1;当表达式 1 的值为 false,会判断哪个表达式为 true,然后执行该表达式中的语句。

【程序 5-4】以下将使用 if... else if 语句来判断分数 90 是哪一级别。

```
01   import Foundation
02   var value=90
03   //判断
04   if value<60{                                    //判断 value 值是否小于 60
05       print("此分数没有及格")
06   }else if value<70{                              //判断 value 值是否小于 70
07       print("此分数为及格")
08   }else if value<80{                              //判断 value 值是否小于 80
09       print("此分数为良好")
10   }else if value<90{                              //判断 value 值是否小于 90
11       print("此分数为中上良好")
12   }else{
13       print("此分数为优秀")
14   }
```

此时运行程序,会看到如下的效果。

此分数为优秀

5.2.4 if 语句的嵌套

当 if 语句中的执行语句又包括 if 语句时,则构成了 if 语句的嵌套,其一般表示形式如下:

```
if 表达式
  if 语句
```

或者为:

```
if 表达式
  if 语句
else
  if 语句
```

其中,语句也有可能是语句块。如果是语句块就用花括号括起来。在嵌套内的 if 语句可能又是 if...else 型的,这将会出现多个 if 和多个 else 重叠的情况,这就要特别注意 if 和 else 的配对。为了避免有二异性,Swift 规定了,else 总是与它前面最近的 if 配对,如图 5-4 所示。

以图 5-4 为例 if 语句嵌套的执行流程,如图 5-5 所示。

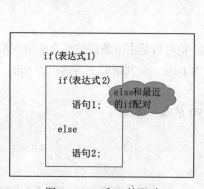

图 5-4 else 和 if 的配对

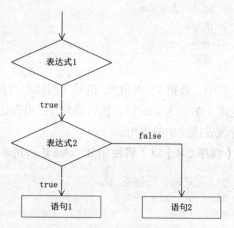

图 5-5 if 嵌套语句的执行流程

在图 5-5 所示的流程图中,执行到 if 时进行第一次判断,如果为真,进入 if 的第二次判断;如果为假,不执行 if 后的语句。在进入第二次判断时,如果为真,执行语句 1,如果为假,执行语句 2。

【程序 5-5】以下将对 i 和 j 的值进行判断。

```
01    import Foundation
02    var i=3
03    var j=4
04    //判断 i 的值是否为 3
05    if(i==3){
06        //判断 j 的值是否为 4
```

```
07      if(j==4){
08          print("i is 3 and j is 4")
09      }else{
10          print("i is 3 and j is not 4")
11
12      }
13  }else{
14      print("i is not 3")
15  }
```

此时运行程序，会看到如下的效果。

```
i is 3 and j is 4
```

5.3 选择结构——switch 语句

选择结构的第二种类型为开关分支，它根据给定整型表达式的值进行判断，然后决定执行多路分支中的一支。开关分支用于多个分支的选择，由 switch 语句来实现。

5.3.1 switch 语句基本形式

switch 语句和 if…else if 语句一样，也是处理多分支语句的。它用来考察一个条件表达式的多种可能性。它将会与多个 case 分支比较，从而决定执行哪一个分支的代码。其一般表示形式如下：

```
switch 表达式{
case 常量或者常量表达式 1:
    语句 1
case 常量或者常量表达式 2:
    语句 2
…
case 常量或者常量表达式 n:
    语句 n
default:
    语句 n+1
}
```

其中，switch 语句在执行时首先会计算表达式的值，并逐个与后面的常量或常量表达式进行比较。当 switch 中表达式的值与某一个 case 常量或常量表达式的值相等，就会执行这个 case 后面的语句。其执行流程如图 5-6 所示。

【程序 5-6】以下将实现 switch 语句判断试卷中老师写

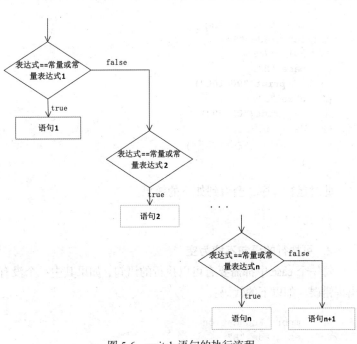

图 5-6 switch 语句的执行流程

入"C"的在哪一个分数段。

```
01   import Foundation
02   let grade="C"
03   //判断 grade 指代的字符
04   switch(grade){
05   case "A":                              //grade 指代的字符为 A
06       print("90~100")
07   case "B":                              //grade 指代的字符为 B
08       print("80~90")
09   case "C":                              //grade 指代的字符为 C
10       print("70~80")
11   case "D":                              //grade 指代的字符为 D
12       print("60~70")
13   default:                               //grade 指代的字符为其他
14       print("60 分以下")
15   }
```

此时运行程序，会看到如下的效果。

70~80

5.3.2 switch 语句的使用规则

在使用 switch 语句时，开发者需要遵守以下 7 条规则。

1. 相同的常量或常量表达式

在一个 switch 语句中每一个 case 后面的常量或常量表达式都不可以一样。如果一样，程序只会执行最先发现值相等的分支语句，剩余的语句不会执行。如以下的代码：

```
01   import Foundation
02   let grade="B"
03   switch(grade){
04   case "B":
05       print("90~100")
06   case "B":
07       print("80~90")
08   default:
09       print("60 分以下")
10   }
```

此时运行程序，会看到如下的效果。

90~100

2. 可执行的语句不能为空

每一个 case 中都需要有可以执行的语句，如果其中一个没有可以执行的语句，整个程序就会出现错误。如以下的代码：

```
01   import Foundation
02   let grade="B"
03   switch(grade){
```

```
04      case "A":
05      case "B":
06          print("80~90")
07      default:
08          print("60 分以下")
09   }
```

由于在 case "A" 后面缺少可以执行的语句，所以程序就会出现错误，其错误提示如下所示：

`'case' label in a 'switch' should have at least one executable statement`

3. 多条件组合

一个 case 分支中可以有多个值，此时需要使用 "，" 逗号分隔开。

【程序 5-7】以下将实现对一个字符是否为元音字符或者是辅音字符的判断。

```
01   import Foundation
02   let someCharacter: Character = "u"
03   switch someCharacter {
04      case "a", "e", "i", "o", "u":
05          print("\(someCharacter) 是一个元音字符")
06      case "b", "c", "d", "f", "g", "h", "j", "k", "l", "m","n", "p", "q", "r", "s", "t",
"v", "w", "x", "y", "z":
07          print("\(someCharacter) 是一个辅音字符")
08      default:
09          print("\(someCharacter) 既不是元音字符也不是辅音字符")
10   }
```

此时运行程序，会看到如下的效果。

`u 是一个元音字符`

4. 范围匹配

switch 语句的 case 可以匹配一个数值范围。

【程序 5-8】以下将使用范围匹配来输出任意数字对应的自然语言格式。

```
01   import Foundation
02   let approximateCount = 62
03   let countedThings = "moons orbiting Saturn"
04   var naturalCount: String
05   switch approximateCount {
06      case 0:                          // approximateCount 指代的值为 0
07          naturalCount = "no"
08      case 1..<5:                      //approximateCount 指代在 1 到 5 的范围内
09          naturalCount = "a few"
10      case 5..<12:                     //approximateCount 指代在 5 到 12 的范围内
11          naturalCount = "several"
12      case 12..<100:                   //approximateCount 指代在 12 到 100 的范围内
13          naturalCount = "dozens of"
14      case 100..<1000:                 //approximateCount 指代在 100 到 1000 的范围内
15          naturalCount = "hundreds of"
16      default:
17          naturalCount = "many"
18   }
19   print("There are \(naturalCount) \(countedThings).")
```

此时运行程序，会看到如下的效果。

```
There are dozens of moons orbiting Saturn.
```

5. 使用元组

开发者可以使用元组在同一个 switch 语句中测试多个值。元组中的元素可以是值，也可以是区间。另外，使用下划线（_）来匹配所有可能的值。

【程序 5-9】以下将判断(1,1)是否在指定的矩形范围中。

```
01   import Foundation
02   let somePoint = (1, 1)
03   switch somePoint {
04   case (0, 0):
05       print("(0, 0) 在原点")
06   case (_, 0):
07       print("(\(somePoint.0), 0) 在 x 轴上")
08   case (0, _):
09       print("(0, \(somePoint.1)) 在 y 轴上")
10   case (-2...2, -2...2):
11       print("(\(somePoint.0), \(somePoint.1)) 在矩形内")
12   default:
13       print("(\(somePoint.0), \(somePoint.1)) 在矩形外")
14   }
```

图 5-7 可以很好地理解本程序进行理解。

此时运行程序，会看到如下的效果。

```
(1, 1) 在矩形内
```

6. 数值绑定

case 允许将 switch 语句中的数值绑定给一个临时的变量或者常量中，这些常量或变量在该 case 分支里就可以被引用了，这种行为被称为数值绑定。

【程序 5-10】以下将判断一个点是在 x 轴上还是在 y 轴上，或者是在其他的地方。

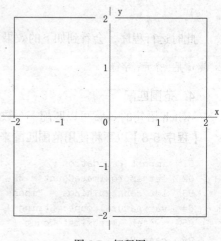

图 5-7　解释图

```
01   import Foundation
02   let point = (2, 0)
03   switch point {
04   case (let x, 0):
05       print("在 X 轴上，并且 x 的值为 \(x)")
06   case (0, let y):
07       print("在 Y 轴上，并且 y 的值为 \(y)")
08   case let (x, y):
09       print("在其他的地方，x 和 y 的值为 (\(x), \(y))")
10   }
```

此时运行程序，会看到如下的效果。

```
X 轴上，并且 x 的值为 2
```

7. 使用 where 关键字

case 中可以使用 where 语句来判断额外的条件。

【程序 5-11】以下将判断 point 点在哪一条线上。

```
01  import Foundation
02  let point = (1, -1)
03  switch point {
04  case let (x, y) where x == y:
05      print("\(x), \(y)) 在斜线 x == y 上")
06  case let (x, y) where x == -y:
07      print("\(x), \(y)) is 在斜线 x == -y 上")
08  case let (x, y):
09      print("\(x), \(y)) 这是任意的点")
10  }
```

图 5-8 可以很好地理解本程序。

此时运行程序，会看到如下的效果。

```
(1, -1) is 在斜线 x == -y 上
```

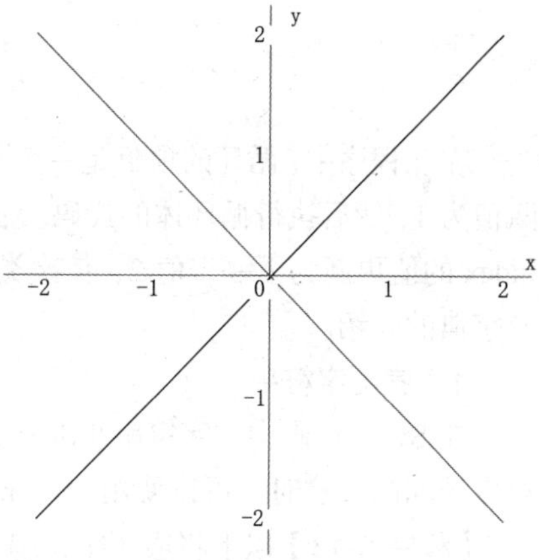

图 5-8 解释图

5.4 循环结构——for 语句

程序控制中另一种重要的结构是循环结构。它和选择结构都是各类复杂程序的基本构造单元，在程序的很多地方都会用到它。循环结构是用来在指定的条件下多次重复执行同一组语句。在 Swift 编程语言中，常用的循环语句形式主要有 3 种：for 语句、while 语句、do while 语句。本节将讲解两种形式的 for 语句：一种是 for...in 循环；另一种是 for-condition-increment 条件循环。

5.4.1 for...in 循环

for...in 循环常常用于集合、字符串以及数字范围的访问中。它会对数字范围、字符串、集合等中的每一个元素都执行一次。其一般表示形式如下：

```
for 常量 in 循环的项目
    语句
```

其中，循环的项目可以是数字范围、字符串以及集合，语句也可以是一条语句，也可以是语句块。

【程序 5-12】以下将输出 1~6 这 6 个数字。

```
01  import Foundation
02  //循环输出
03  for index in 1...6{
04      print(index)
05  }
```

此时运行程序，会看到如下的效果。

```
1
2
3
4
5
6
```

在此程序中，循环的项目是一个数字序列是从 1～5 的封闭范围。在程序开始执行时，将 index 赋值为 1，然后执行循环体的代码。循环体内的代码只有一句，就是输出 index 的值。执行完毕后，index 的值更新为下一个值 2，依次类推，直到这个范围的结尾。以下是遍历字符串数组、集合以及字典的介绍。

1. 遍历字符串

在 Swift 代码中，字符串（String）就是由字符（Character）组成的。其中的每一个字符都是可以访问的。这时，可以使用 for...in 语句以遍历的方式访问。

【程序 5-13】以下将遍历字符串"Good Luck"，并输出。

```
01  import Foundation
02  let str="Good Luck"
03  //遍历字符
04  for character in str.characters{
05      print(character)
06  }
```

此时运行程序，会看到如下的效果。

```
G
o
o
d

L
u
c
k
```

2. 遍历数组

数组可以和字符串一样，遍历其中的值。数组遍历方式有两种：一种是只遍历数组中的值，另一种是遍历索引值和值。以下依次讲解这两种方式。

（1）只遍历数组中的值

【程序 5-14】以下只遍历数组中的值。

```
01  import Foundation
02  var array:[String]=["W","o","r","l","d"]
03  //遍历数组中的值
04  for item in array{
05      print(item)
06  }
```

此时运行程序，会看到如下的效果。

W
o
r
l
d

（2）遍历数组中的索引值和值

遍历数组中的索引值和值可以使用enumerate()方法。该方法返回的每一个元素均是一个元组，该元组包含元素索引值和元素值。其语法形式如下。

数组名.enumerate()

【**程序** 5-15】以下将遍历数组中的索引值和值。

```
01   import Foundation
02   var array:[String]=["W","o","r","l","d"]
03   //遍历数组中的索引值和值
04   for (index,item) in array.enumerate(){
05       print("索引为\(index)对应的值为\(item)")
06   }
```

此时运行程序，会看到如下的效果。

索引为 0 对应的值为 W
索引为 1 对应的值为 o
索引为 2 对应的值为 r
索引为 3 对应的值为 l
索引为 4 对应的值为 d

3. 遍历集合

集合和数组一样，也是可以遍历的。遍历集合的方式有两种：一种是只遍历集合中的值，另一种是遍历集合中的索引值和值。

（1）只遍历集合中的值

【**程序** 5-16】以下将遍历集合中的值。

```
01   import Foundation
02   var letters:Set = ["A","B","C","D","E"]
03   //遍历集合
04   for item in letters.sort(){
05       print(item)
06   }
```

此时运行程序，会看到如下的效果。

A
B
C
D
E

（2）遍历集合中的索引值和值

遍历集合中的索引值和值可以使用 enumerate() 方法。该方法返回的每一个元素均是一个元组，该元组包含元素索引值和元素值。其语法形式如下。

集合名.enumerate()

【程序 5-17】 以下将遍历集合中的索引值和值。

```
01    import Foundation
02    var letters:Set = ["A","B","C","D","E"]
03    //遍历集合
04    for item in letters.sort().enumerate(){
05        print(item)
06    }
```

此时运行程序，会看到如下的效果。

```
(0, "A")
(1, "B")
(2, "C")
(3, "D")
(4, "E")
```

4. 遍历字典

以下将讲解 3 种实现字典遍历的方法，分别为遍历字典中的值、遍历字典中的键以及遍历字典中的值和键。

（1）遍历字典中的值

遍历字典的值可以使用 values 属性实现，其语法形式如下。

字典名.values

【程序 5-18】 以下将遍历字典中的值。

```
01    import Foundation
02    var name = [1:"Tom",2:"Lily",3:"Mark",4:"Abel"]
03    //遍历值
04    for namevalue in name.values{
05        print("name 中的值有\(namevalue)")
06    }
```

此时运行程序，会看到如下的效果。

```
name 中的值有 Lily
name 中的值有 Mark
name 中的值有 Tom
name 中的值有 Abel
```

（2）遍历字典中的键

遍历字典中的键需要使用 keys 属性实现，其语法形式如下。

字典名.keys

【程序 5-19】 以下将遍历字典中的键。

```
01  import Foundation
02  var name = [1:"Tom",2:"Lily",3:"Mark",4:"Abel"]
03  //遍历字典中的键
04  for namekey in name.keys{
05      print("name 中的键有\(namekey)")
06  }
```

此时运行程序，会看到如下的效果。

name 中的键有 2
name 中的键有 3
name 中的键有 1
name 中的键有 4

（3）遍历字典中的值和键

对字典进行遍历时，可以直接遍历键值对。字典中的每一个元素都会返回一个元组。

【程序 5-20】 以下将遍历数组的键值对。

```
01  import Foundation
02  var name = [1:"Tom",2:"Lily",3:"Mark",4:"Abel"]
03  //遍历字典
04  for item in name{
05      print(item)
06  }
```

此时运行程序，会看到如下的效果。

(2, "Lily")
(3, "Mark")
(1, "Tom")
(4, "Abel")

当开发者不需要序列中的每一个值时，可以使用_代替 for 后面的常量，其语法形式如下：

for _ in 循环的项目

【程序 5-21】 以下将求取 1+2+3+4+5+…+99+100 的和。

```
01  import Foundation
02  var value=1
03  var sum=0
04  //循环，并求和
05  for _ in 1...100{
06      sum+=value
07      value++;
08  }
09  print("sum=\(sum)")
```

此时运行程序，会看到如下的效果。

sum=5050

5.4.2　for-condition-increment 条件循环

for-condition-increment 条件循环包括了初始条件、条件语句和增量语句。其一般表示形式如下：

```
for(表达式1,表达式2,表达式3)
语句
```

其中，表达式 1 表示对循环控制变量进行的初始化，表达式 2 表示循环的条件，表达式 3 表示对循环控制的增量。其执行流程如图 5-9 所示。

从执行流程图中可以看到 for-condition-increment 条件循环的执行方式，它的执行方式分为了以下 3 步。

（1）进入循环时，初始化语句即表达式 1 首先被执行，设定好循环的常量或者变量。

（2）判断条件语句即表达式 2，检查是否满足循环的条件，当条件语句为 true 时，会继续执行循环体内的语句，如果为 false 时，循环结束。

（3）在所有循环体语句执行完毕后，增量语句即表达式 3 执行，然后再返回到步骤 2 执行。

【程序 5-22】以下将输出 7 次 Swift，并且使用编号进行记录。

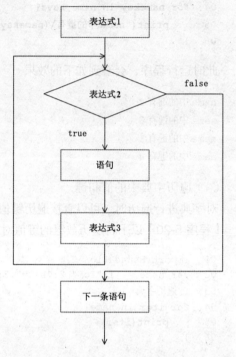

图 5-9　for-condition-increment 条件循环语句的执行流程

```
01    import Foundation
02    var i=1
03    //循环
04    for(i;i<8;i++){
05        print("\(i): Swift")
06    }
```

此时运行程序，会看到如下的效果。

```
1: Swift
2: Swift
3: Swift
4: Swift
5: Swift
6: Swift
7: Swift
```

5.5　循环结构——while 语句

while 循环执行一系列代码块，直到某个条件为 false 为止。这种循环最常用于循环的次数不确定的情况。Swift 提供了两种 while 循环方式：while 循环和 repeat while 循环。以下就是这两个循环方式的详细介绍。

5.5.1 while 循环

while 语句是最简单的循环语句，其一般表示形式如下。

```
while 表达式
    语句
```

其中，语句可以是一条语句，也可以是由多条语句组合的语句块。在语句中包含有改变循环条件的表达式，以使表达式条件在不成立时退出循环体。如果没有该表达式，那么程序就会死循环。其执行流程如图 5-10 所示。

在图 5-10 所示的流程图中，在程序执行到 while 语句时，先计算表达式的值，当值为 true 时，执行循环体语句。每次执行完语句后，都要再次计算表达式的值，只要其值为真，就继续执行循环体语句，直到表达式的值是 false 为止。

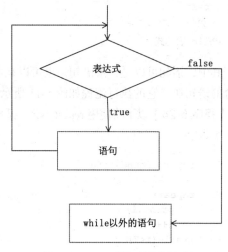

图 5-10　while 语句的执行流程

【**程序 5-23**】以下将使用 while 循环输出 0～6 这 7 个数字。

```
01  import Foundation
02  var i=0
03  //循环
04  while i<=6 {
05      print(i)
06      i++
07  }
```

此时运行程序，会看到如下的效果。

```
0
1
2
3
4
5
6
```

for-condition-increment 条件循环语句也可以变为 while 语句，其形式如下。

```
表达式1
while(表达式2)
语句
表达式3
```

其中，表达式 1 表示对循环控制变量进行的初始化，表达式 2 表示循环的条件，表达式 3 表示对循环控制的增量。

5.5.2 repeat while 循环

在 repeat while 循环中,循环体中的语句会先被执行一次,然后才开始检测循环条件是否满足,其循环的一般形式。

```
repeat
    语句
while 表达式
```

其中,语句可以是一条语句,也可以是由多条语句组合的语句块。它的执行流程如图 5-11 所示。

【程序 5-24】以下将使用 repeat while 循环输出 0~6 这 7 个数字。

```
01  import Foundation
02  var i=0
03  repeat{
04      print(i)
05      i++
06  }while(i<7)
```

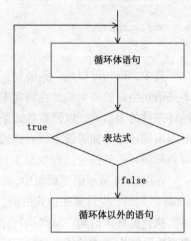

图 5-11 repeat while 循环语句的执行流程

此时运行程序,会看到如下的效果。

```
0
1
2
3
4
5
6
```

5.6 跳 转 语 句

在循环结构程序中,我们需要在循环体中提前跳出循环或者某种条件下不执行循环而执行下一次新的一轮循环,这时就要用到跳转语句。在 Swift 中,支持 5 种跳转语句:continue、break、fallthrough、return 以及 throw,这些语句将程序执行的方向转折到程序的其他地方。本节主要讲解 continue、break 和 fallthrough 语句,对于 return 语句和 throw 语句将会在后面的章节中进行讲解。

5.6.1 continue 语句

continue 语句会告诉一个循环停止现在的执行语句,开始下一次的循环。

【程序 5-25】以下将使用 contiune 语句实现将 0~10 范围内的偶数输出。

```
01  import Foundation
02  var i:Int
03  for i=0;i<=10;++i{
```

```
04     if(i%2 != 0){                    //判断i是否为奇数
05         continue
06     }
07     print(i)
08 }
```

此时运行程序，会看到如下的效果。

```
0
2
4
6
8
10
```

5.6.2 break 语句

break 语句将终止整个循环的执行。它一般在循序中使用。

【程序 5-26】以下将输出 0～10 这 11 个数，当输出为 6 时，跳出循环，结束输出。

```
01 import Foundation
02 var i:Int
03 for(i=0;i<=10;++i){
04     if(i==6){                        //判断i是否等于6
05         break
06     }
07     print(i)
08 }
```

此时运行程序，会看到如下的效果。

```
0
1
2
3
4
5
```

break 语句也可以使用在 switch 中，但是它在 switch 中的效果不是很明显。

【程序 5-27】以下将使用 switch 来判断一个 Character 值是否代表下面 4 种语言之一。

```
01 import Foundation
02 let numberSymbol: Character = "三"
03 var possibleIntegerValue: Int?
04 //判断numberSymbol指代的字符
05 switch numberSymbol {
06 case "1", "١", "一", "๑":
07     possibleIntegerValue = 1
08     break
09 case "2", "٢", "二", "๒":
10     possibleIntegerValue = 2
11     break
12 case "3", "٣", "三", "๓":
```

```
13        possibleIntegerValue = 3
14        break
15    case "4", "٤", "四", "ᄃ":
16        possibleIntegerValue = 4
17        break
18    default:
19        break
20    }
21    if let integerValue = possibleIntegerValue {
22        print("The integer value of \(numberSymbol) is \(integerValue).")
23    } else {
24        print("An integer value could not be found for \(numberSymbol).")
25    }
```

此时运行程序，会看到如下的效果。

```
The integer value of 三 is 3.
```

5.6.3　fallthrough

fallthrough 使用在 switch 代码块中，依次执行每个 case 语句。

【程序 5-28】以下将创建一个数字的描述语句

```
01   import Foundation
02   let integerToDescribe = 5
03   var description = "The number \(integerToDescribe) is"
04   switch integerToDescribe {
05   case 2, 3, 5, 7, 11, 13, 17, 19:
06       description += " a prime number, and also"
07       fallthrough
08   default:
09       description += " an integer."
10   }
11   print(description)
```

此时运行程序，会看到如下的效果。

```
The number 5 is a prime number, and also an integer.
```

5.7　标 签 语 句

在 Swift 中，在循环体和 switch 代码块中往往嵌入多个循环体和 switch 代码块。这样会形成更为复杂的程序控制结构。在这种情况下，循环体和 switch 代码块都可以使用 break 语句来提前结束程序的执行。但是，如果要从内层的循环或者 switch 语句终止外层的循环，就变成了一个难题。

为了解决这一难题，Swift 提供了标签语句，它可以使用标签来标记一个循环体或者是 switch 代码块。当使用 break 或者 continue 语句时，带上这个标签，就可以控制跳转该标签代表的循环或 switch 了。

5.7.1 标签语句的定义

标签语句通常放在循环或 switch 语句的行首，并且使用冒号分割。下面为 while 循环语句做一个标签，其语法形式如下。

标签名称: while 表达式 {
    语句
}

同样的方式适用于其他循环体和 switch 代码块。

5.7.2 标签语句的使用

标签语句一般使用在 break 或者 continue 语句时后面，就可以控制跳转该标签代表的循环或 switch 了。

【程序 5-29】以下是对标签语句的使用。

```
01  import Foundation
02  var i=0
03  loop:while i<=100{
04      print("外层循环\(i)开始")
05      switch (i){
06      case 0...60:
07          print("E")
08      case 61...70:
09          print("D")
10      case 71...80:
11          print("C")
12          break loop
13      case 81...90:
14          print("B")
15      default:
16          print("A")
17      }
18      i+=10
19      print("外层循环\(i)结束")
20  }
```

此时运行程序，会看到如下的效果。

外层循环 0 开始
E
外层循环 10 结束
外层循环 10 开始
E
外层循环 20 结束
外层循环 20 开始
E
外层循环 30 结束
外层循环 30 开始
E

```
外层循环 40 结束
外层循环 40 开始
E
外层循环 50 结束
外层循环 50 开始
E
外层循环 60 结束
外层循环 60 开始
E
外层循环 70 结束
外层循环 70 开始
D
外层循环 80 结束
外层循环 80 开始
C
```

5.8 综 合 案 例

本节以将以上讲解的内容为基础，为开发者讲解 3 个综合案例：第一个是打印九九乘法表，第二个是使用 if else 比较 3 个数值大小，第三个是计算 1～100 的奇数和。

5.8.1 打印九九乘法表

九九乘法表只用 1～9 这 9 个数字，如图 5-12 所示。由表可以看出，被乘数为九九乘法表的列数，乘数为九九乘法表的行数。

图 5-12 九九乘法表

要想打印九九乘法表，首先需要一个 for 循环，来控制乘法表的行数，也就是乘数，然后在该 for 循环中嵌入另外一个 for 循环，来控制乘法表的列数，也就是被乘数，并在该循环中实现九九乘法表的输出。

【程序 5-30】以下将打印九九乘法表。

```
01    import Foundation
02    var i=1
03    var j=1
04    var k=0
05    for(i=1;i<=9;i++){
06        for(j=1;j<=i;j++){
07            k=i*j
```

```
08          print("\(i)*\(j)=\(k)   ",terminator: "")
09       }
10       print("")
11   }
```

此时运行程序，会看到如下的效果。

```
1*1=1
2*1=2   2*2=4
3*1=3   3*2=6   3*3=9
4*1=4   4*2=8   4*3=12  4*4=16
5*1=5   5*2=10  5*3=15  5*4=20  5*5=25
6*1=6   6*2=12  6*3=18  6*4=24  6*5=30  6*6=36
7*1=7   7*2=14  7*3=21  7*4=28  7*5=35  7*6=42  7*7=49
8*1=8   8*2=16  8*3=24  8*4=32  8*5=40  8*6=48  8*7=56  8*8=64
9*1=9   9*2=18  9*3=27  9*4=36  9*5=45  9*6=54  9*7=63  9*8=72   9*9=81
```

5.8.2　使用 if else 比较 3 个数值大小

如果要使用 if else 语句比较 3 个数值的大小，我们需要使用到 if else 语句的嵌套形式。首先将其中的两个数值使用外层的 if else 语句进行比较，如果第一个值比第二个值大就进入内层 if else 语句；进入内层 if slse 语句后，如果第一个值比第三个值大就执行 if 中的输出语句，否则进入 else 中的输出语句。同理，如果第一个值比第二个值小，就进入外层的 if else 语句中 else 语句的内层 if else 语句；当进入内层 if slse 语句后，如果第二个值比第三个值大就执行 if 中的输出语句，否则进入 else 中的输出语句。

【程序 5-31】以下将使用 if else 比较 3 个数值大小，输出最大值。

```
01   import Foundation
02   let value1=100
03   let value2=500
04   let value3=180
05   //判断两个数 value1、value2 的大小
06   if(value1>value2){
07       //判断两个数 value1、value3 的大小
08       if(value1>value3){
09           print(value1)
10       }else{
11           print(value3)
12       }
13   }else{
14       //判断两个数 value2、value3 的大小
15       if(value2>value3){
16           print(value2)
17       }else{
18           print(value3)
19       }
20   }
```

此时运行程序，会看到如下的效果。

```
500
```

5.8.3　计算 1～100 的奇数和

要计算 1～100 的奇数和，首先需要使用 for 循环语句遍历 1～100 的数字（包含 1 和 100），在遍历数字的同时，需要判断当前的数字是否为奇数，对于奇数的判断可以使用求余运算符实现。然后使用 "+=" 加后赋值运算符将当前的数即奇数和一个变量相加，这个变量保存的是奇数相加的结果。最后输出这个变量。

【程序 5-32】以下将使用 for 循环实现计算 1～100 的奇数和。

```
01  import Foundation
02  var i=1
03  var sum=0
04  //判断1到100之间的数字
05  for(i;i<=100;i++){
06      //判断当前的数字是否为奇数
07      if(i%2 != 0){
08          sum+=i
09      }
10  }
11  print(sum)
```

此时运行程序，会看到如下的效果。

```
2500
```

5.9　上机实践

1. 编写程序，判断 80 分的成绩等级。

分析：

本题可以通过 switch 语句实现。首先，需要声明一个变量或者是常量保存 80 这个数字，然后使用 switch 语句，实现对成绩等级的判断。

2. 编写程序，计算 1～100 的偶数和。

分析：

本题可以使用 repeat while 循环语句实现。首先需要使用 repeat while 循环语句遍历 1～100 之间的数字（包含 1 和 100），在遍历数字的同时，需要判断当前的数字是否为偶数，对于偶数的判断可以使用求余运算符实现。然后使用 "+=" 加后赋值运算符将当前的数即偶数和一个变量相加，这个变量保存的是偶数相加的结果。最后，输出这个变量。

第 6 章
函数和闭包

在编程中，函数起着至关重要的功能。在编程中使用函数可以将特定功能的代码封装，然后在很多的地方进行使用。这样既可以减少代码的编写量以及时间，又可以使结构清晰，便于理解。而闭包是函数的一种特殊形式。本章将讲解有关函数和闭包的内容。

6.1 函数介绍

函数就是将有特定功能的语句组合在一起的形式。本节将讲解函数的功能以及函数的几种形式。

6.1.1 函数的功能

在编程中使用函数会给开发带来很多的好处。以下总结了其中两点。

1. 结构鲜明，便于理解

如果在一个程序中代码很多很长，实现的功能也不相同，可以将每一个功能的代码段提取出来作为一个函数使用，这样就可以使程序结构鲜明，便于理解。图6-1是最好的体现。

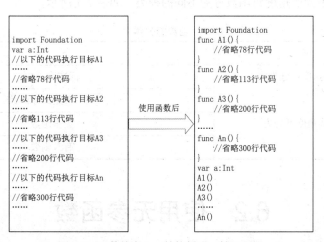

图 6-1　函数特点——结构鲜明，便于理解

2. 减少代码的编写量以及时间

在编程中，如果有相同功能的代码段可以将其提出，作为一个函数。这样，可以使代码编写

量减少，从而缩短了开发时间。图6-2是最好的体现。

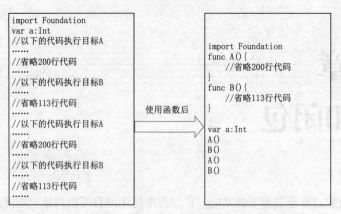

图6-2　函数特点——减少代码的编写量以及时间

6.1.2　函数的形式

一个完整的函数由func关键字、函数名、参数表以及函数的返回值类型组成。它的语法形式如图6-3所示。

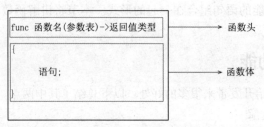

图6-3　函数构造

开发者可以从不同的角度将函数分为不同的种类，如表6-1所示。

表6-1　　　　　　　　　　　　　　函数的分类

角　　度	分　　类
从用户使用角度可分为	标准库函数
	用户自定义库函数
从函数的参数角度可分为	无参函数
	有参函数

6.2　使用无参函数

无参数函数是指在函数头中没有参数列表的函数。本节将讲解如何使用无参函数，其中包括无参函数的声明定义和调用。

6.2.1 无参函数的声明定义

函数在使用之前必须要对其进行声明和定义。它的声明和定义是在一起进行的。声明定义的一般形式如下。

```
func 函数名()->返回值类型{
    语句
}
```

其中，语句可以是一条语句，也可以是由多条语句组合的语句块；函数名同样是一个标识符，用来表示函数要实现的功能；->返回值类型表示函数可能返回的值的类型（对于函数的返回值，会在后面讲解）。它可以被省略的。如果省略，表示函数无返回值。为了便于读者理解，以下所讲的内容都以函数无返回值来进行讲解。

6.2.2 无参函数的调用

执行函数功能的唯一手段就是调用函数。要想执行无参函数，就需要对声明定义好的函数进行调用。调用无参函数的一般形式如下。

```
函数名()
```

【程序 6-1】 以下将使用函数实现输出字符串"Hello,World!"。

```
01  import Foundation
02  //声明定义无参函数，该函数输出字符串"Hello,World!"
03  func sayHelloWorld() {
04      print("Hello,World!")
05  }
06  sayHelloWorld()                                          //调用 sayHelloWorld()函数
```

此时运行程序，会看到如下的效果。

```
Hello,World!
```

6.2.3 空函数

空函数是函数中最简单的形式。在空函数中，函数只有一个空壳，里面没有任何语句。当开发者还没有想到要写什么样的程序时，可以使用空函数。等想好要编写的程序后，再为空函数去添加内容。它声明定义的一般形式如下。

```
func 函数名(){
}
```

空函数是没有返回值的。

【程序 6-2】 以下将声明定义一个空函数 emptyfunction()，然后再去调用。

```
01  import Foundation
02  //声明定义空函数 emptyfunction()
```

```
03    func emptyfunction(){
04
05    }
06    emptyfunction()
```

由于在空函数中没有执行的语句,所以不会有任何输出结果。

6.3 使用有参函数

有参函数也就是函数头的参数列表不为空。本节将讲解如何使用有参函数,其中包括有参函数的声明定义和调用。

6.3.1 有参函数的声明定义

有参函数声明定义的一般形式如下。

```
func 函数名(参数名1:数据类型,参数名2:数据类型,……)->返回值类型{
    语句
}
```

其中,无参函数和有参函数的区别在于参数列表。参数列表由参数名和数据类型组成,其中使用":"冒号将它们分隔开。参数列表中的参数可以有多个。定义时使用参数是为了接收调用(调用会在下一小节中讲解)时传递的数据。

6.3.2 有参函数的调用

有参函数声明定义后,就可以调用了,其调用的一般形式如下。

函数名(参数值1,参数名2:参数值2,…)

【程序6-3】以下将实现对某人说再见的功能。

```
01    import Foundation
02    //声明定义有参函数,该函数实现对某人说再见的功能
03    func sayGoodbye(personName: String) {
04        print("Goodbye, \(personName)!")
05    }
06    sayGoodbye("Dave")                                        //调用有参函数
```

此时运行程序,会看到如下的效果。

```
Goodbye, Dave!
```

以上的代码是具有一个参数的函数的使用,以下我们来看一下具有多个参数的函数的使用。

【程序6-4】以下将实现输出某一区间中的值。

```
01    import Foundation
02    //具有多个参数的函数的声明定义,此函数输出某一区间中的值
03    func range(start:Int,end:Int){
04        var i=start
05        let e=end
```

```
06          //循环，输出i的值
07          for i;i<=e;++i{
08              print(i)
09          }
10      }
11      range(0,end: 5)                            //调用
```

此时运行程序，会看到如下的效果。

```
0
1
2
3
4
5
```

6.3.3　参数的注意事项

在使用参数时，需要小心，避免出现问题。以下将讲解开发者在使用函数进行编程时常出现的两个问题。

1．参数个数

函数在声明定义时的参数要和调用时的参数个数一致。否则，就会出现错误。例如以下的代码。

```
01      import Foundation
02      //具有多个参数的函数的声明定义
03      func range(start:Int,end:Int){
04          var i=start
05          let e=end
06          for i;i<=e;++i{
07              print(i)
08          }
09      }
10      let s=1
11      let e=5
12      range(s)                                   //调用
```

在此代码中，由于声明定义时的参数个数为2个，但是调用时的参数为1个。两个参数不一致，导致程序出现以下的错误提示。

```
Missing argument for parameter 'end' in call
```

2．参数顺序

声明定义时的参数顺序一定要和调用时的参数顺序一致，否则就会出现错误，或者是逻辑上的错误。

6.4　函数参数的特殊情况

本节总结了一些在使用参数时的一些特殊情况，如何指定外部参数名、如何忽略外部参数名等内容。

6.4.1 函数参数名

函数参数都有一个外部参数名（external parameter name）和一个本地参数名（local parameter name）。外部参数名用来标记传递给函数调用的参数，本地参数名在实现函数的时候使用，即在函数内部使用。如以下的代码片段。

```
func someFunction(firstParameterName: Int, secondParameterName: Int) {
    // function body goes here
    // firstParameterName and secondParameterName refer to
    // the argument values for the first and second parameters
}
someFunction(1, secondParameterName: 2)
```

一般情况下，第一个参数省略其外部参数名，第二个以后的参数使用其本地参数名作为自己的外部参数名。所有参数需要有不同的本地参数名，但可以共享相同的外部参数名。尽管多个参数可以有相同的外部参数名，但不同的外部参数名能让开发者的代码更有可读性。

6.4.2 指定外部参数名

外部参数名是为了让函数中的参数明确以及便于理解。外部参数名需要写在本地参数名之前，并使用空格将其分开。它的一般形式如下。

```
func 函数名(外部参数名 本地参数名:数据类型)->返回值类型{
    ……
}
```

对于外部参数名的函数，调用形式如下。

函数名(外部参数名:参数值)

【程序6-5】以下将实现同时向两个人问好。

```
01  import Foundation
02  //为函数的两个本地参数指定外部参数名
03  func sayHello(to person: String, and anotherPerson: String) -> String {
04      return "Hello \(person) and \(anotherPerson)!"
05  }
06  print(sayHello(to: "Bill", and: "Ted"))
```

此时运行程序，会看到如下的效果。

```
Hello Bill and Ted!
```

6.4.3 忽略外部参数名

如果开发者不想为第二个及后续的参数设置外部参数名，用一个下划线（_）代替一个明确的参数名。它的一般形式如下。

```
func 函数名(本地参数名1:数据类型, _ 本地参数名1:数据类型)->返回值类型{
    ……
}
```

【程序6-6】以下将求两个数的和。

```
01  import Foundation
02  //在此函数中忽略外部参数名
03  func sum(value1:Int,_ value2:Int){
04      let sum=value1+value2
05      print(sum)
06  }
07  sum(10, 20)                              //函数调用
```

此时运行程序，会看到如下的效果。

```
30
```

6.4.4 为参数设置默认值

开发者可以在函数体中为每个参数定义默认值（Deafult Value）。当默认值被定义后，调用这个函数时可以忽略这个参数。

【程序6-7】以下将实现输出某一区间的值。

```
01  import Foundation
02  //在此函数中为参数设置了,默认值
03  func printRangeValue(start:Int=0,end:Int=5){
04      var i=start
05      //循环
06      for i;i<=end;++i{
07          print(i)
08      }
09  }
10  printRangeValue()                        //调用
```

此时运行程序，会看到如下的效果。

```
0
1
2
3
4
5
```

6.4.5 可变参数

使用可变参数，可以使一个参数接收零个或多个指定类型的值。函数调用时，开发者可以用可变参数来指定函数参数，这样就可以被传入不确定数量的输入值。设定一个可变参数需要在参数类型名后添加"..."。

【程序6-8】以下将计算任意数字的算术平均值，并输出。

```
01  import Foundation
02  //在此函数中用到了可变参数
03  func arithmeticMean(numbers: Double...) {
04      var total: Double = 0
```

```
05      for number in numbers {
06          total += number
07      }
08      print(total/Double(numbers.count))
09  }
10  arithmeticMean(1, 2, 3, 4, 5 ,6, 7, 8)              //函数调用，传入 8 个值
11  arithmeticMean(3, 8.25, 18.75)                      //函数调用，插入 3 个值
```

此时运行程序，会看到如下的效果。

```
4.5
10.0
```

6.4.6 常量参数和变量参数

在函数中，参数默认都是常量，常量的值是不可以改变的。如果想要改变参数中的值，需要将常量参数改变为变量参数。变量参数的定义就是在参数名前使用一个 var 关键字。

【程序 6-9】以下将实现字符串的右对齐。

```
01  import Foundation
02  //在此函数中用到了变量参数
03  func alignRight(var string: String, cou: Int, pad: String) {
04      let sc=string.characters.count
05      let amountToPad = cou - sc                      //获取输入"+"的个数
06      //遍历
07      for _ in 1...amountToPad {
08          string = pad + string
09      }
10      print(string)
11  }
12  let originalString1 = "swift"
13  alignRight(originalString1, cou: 10, pad: "+")
14  let originalString2 = "iOS"
15  alignRight(originalString2, cou: 10, pad: "+")
16  let originalString3 = "9"
17  alignRight(originalString3, cou: 10, pad: "+")
```

此时运行程序，会看到如下的效果。

```
+++++swift
+++++++iOS
+++++++++9
```

6.4.7 输入-输出参数

以上函数中所使用的参数只可以在函数内部发生改变。如果开发者想用一个函数来修改参数的值，并且想让这些变化在函数调用后仍然有效。这时，需要定义输入-输出参数。它的定义是通过在参数名前加入 inout 关键字。其语法形式如下。

```
func 函数名(inout 参数名：数据类型, ……) {
    …
}
```

输入-输出参数都有一个传递给函数的值，将函数修改后，再从函数返回来替换原来的值。其调用形式如下。

函数名(&参数,……)

其中，参数前面加上&运算符。

【程序 6-10】以下将实现两个数的交换。

```
01    import Foundation
02    //在此函数中用到了输入-输出参数
03    func swapTwoInts(inout a: Int, inout _ b: Int) {
04        let temporaryA = a
05        a = b
06        b = temporaryA
07    }
08    var someInt = 3
09    var anotherInt = 107
10    print("交换前: someInt=\(someInt), anotherInt=\(anotherInt)")
11    swapTwoInts(&someInt, &anotherInt)                          //调用交换函数
12    print("交换后: someInt=\(someInt), anotherInt=\(anotherInt)")
```

此时运行程序，会看到如下的效果。

交换前: someInt=3, anotherInt=107
交换后: someInt=107, anotherInt=3

6.5 函数的返回值

在以上的示例中，我们都没有使用到返回值。在函数中可以有返回值，也可以没有返回值。函数是否有返回值以及返回值的数据类型都是与函数声明定义有关的。本节将主要讲解有返回值的情况。

6.5.1 具有一个返回值的函数

在一个函数中，返回一个值是最常见到的，也是最为简单的。开发者希望在函数中返回某一数据类型的值，必须要在函数声明定义时为函数设定一个返回的数据类型，并使用 return 语句进行返回。其中，return 语句的一般表示形式如下。

return 表达式

其中，表达式可以是符合 Swift 标准的任意表达式。而具有返回值的函数声明定义形式如下：

```
func 函数名(参数列表)->返回值类型{
    语句
    return 表达式
}
```

返回的表达式类型必须和函数的返回值类型一致。

【程序 6-11】以下将获取某一字符串的字符个数。

```
01  import Foundation
02  //获取字符个数
03  func getCount(stringToPrint: String) -> Int {
04      return stringToPrint.characters.count         //返回字符的个数
05  }
06  let str="Hello,Swift"
07  let charactersCount=getCount(str)
08  print("\(str)的字符个数为：\(charactersCount)")
```

此时运行程序，会看到如下的效果。

```
Hello,Swift 的字符个数为：11
```

在上一章中我们提到了 return 语句也可以实现语句的跳转，它可以用来提早结束程序的执行，它需要使用在函数中。

【程序 6-12】以下将输出 0~10 小于 6 的数字。

```
01  import Foundation
02  //在此函数中为参数设置了默认值
03  func printRangeValue(start:Int=0,end:Int=10){
04      var i=start
05      //循环
06      for i;i<=end;++i{
07          //如果 i 大于 6 就结束循环
08          if(i>6){
09              return
10          }
11          print(i)
12      }
13  }
14  printRangeValue()                                 //调用
```

此时运行程序，会看到如下的效果。

```
0
1
2
3
4
5
6
```

6.5.2 具有多个返回值的函数

在 Swift 中，函数不仅可以返回一个返回值，还可以返回多个，这时就需要使用到元组类型。

其语法形式如下。

```
func 函数名(参数列表) -> (返回值1:数据类型, 返回值2:数据类型, 返回值3:数据类型,…) {
    ……
    return (返回值1,返回值2,返回值3,…)
}
```

【程序 6-13】以下将获取字符串中的元音、辅音以及其他的个数。

```
01  import Foundation
02  func count(string: String) -> (vowels: Int, consonants: Int, others: Int) {
03      var vowels = 0, consonants = 0, others = 0
04      for character in string.characters {
05          switch String(character).lowercaseString {
06          case "a", "e", "i", "o", "u":
07              ++vowels
08          case "b", "c", "d", "f", "g", "h", "j", "k", "l", "m",
09               "n", "p", "q", "r", "s", "t", "v", "w", "x", "y", "z":
10              ++consonants
11          default:
12              ++others
13          }
14      }
15      return (vowels, consonants, others)                    //返回元音、辅音和其他的个数
16  }
17  let str="Hello Swift!"
18  let number=count(str)
19  print("\(number.vowels)个元音\n\(number.consonants)个辅音\n\(number.others)个其他")
```

此时运行程序，会看到如下的效果。

3个元音
7个辅音
2个其他

6.5.3 可选元组返回类型

函数返回的元组类型有可能整个元组都"没有值"，开发者可以使用可选的元组返回类型来反映整个元组可以是 nil 的事实。开发者可以通过在元组类型的右括号后放置一个问号来定义一个可选元组。

【程序 6-14】以下将获取数组中的最大值和最小值。

```
01  import Foundation
02  //此函数使用了可选元组返回类型
03  func minMax(array: [Int]) -> (min: Int, max: Int)? {
04      //判断数组是否为空
05      if array.isEmpty {
06          return nil
07      }
08      var currentMin = array[0]
09      var currentMax = array[0]
10      for value in array[1..<array.count] {
```

```
11          if value < currentMin {
12              currentMin = value
13          } else if value > currentMax {
14              currentMax = value
15          }
16      }
17      return (currentMin, currentMax)
18  }
19  //为函数传递一个不为空的数组
20  if let bounds = minMax([8, -6, 2, 109, 3, 71]) {
21      print("min is \(bounds.min) and max is \(bounds.max)")
22  }
23  //为函数传递一个空的数组
24  if let bounds = minMax([]) {
25      print("min is \(bounds.min) and max is \(bounds.max)")
26  }else{
27      print("数组中没有值")
28  }
```

此时运行程序，会看到如下的效果。

```
min is -6 and max is 109
数组中没有值
```

6.5.4 无返回值

在一个函数中可以有返回值类型，也可以没有返回值类型，在 6.5 节之前，我们使用的程序都是没有返回值类型的。没有返回值的类型不需要定义返回值类型，并且也不需要出现 return 语句。如果出现 return 语句，反而会造成程序错误。

6.6 函数类型

每个函数都有特定的函数类型，它由函数的参数类型和返回值类型组成。例如以下代码就是一个具有参数类型和返回值类型的函数。

```
func addTwoInts(a: Int,b: Int) -> Int {
    return a + b
}
```

这个函数的类型就是(Int,Int)->Int，开发者可以理解为函数类型有两个 Int 整型参数，并返回一个 Int 整型值。

在 Swift 编程语言中除了有具有参数列表和返回值类型的函数外，还有不带参数和返回值的函数，如以下代码是一个不带参数和返回值的函数。

```
func printHelloWorld(){
    print("Hello,World")
}
```

函数 printHelloWorld()的类型是()->()。由于函数没有参数，返回 void，所以该类型在 Swift

中相当于一个空元组,也可以简化为()。了解了什么是函数类型后,下面将讲解如何使用函数类型、使用函数类型作为参数类型,以及使用函数类型作为返回值类型。

6.6.1 使用函数类型

函数类型作为一种类型,开发者可以像任何其他类型一样使用它。其语法形式如下。

let/var 常量名/变量名:函数类型=函数名

或者

let/var 常量名/变量名=函数名

【程序 6-15】以下将实现两个数的加法运算。

```
01  import Foundation
02  func add(a: Int, b: Int) -> Int {
03      return a + b
04  }
05  var mathFunction: (Int, Int) -> Int = add        //mathFunction 变量引用函数 add
06  print(mathFunction(2,8))
```

此时运行程序,会看到如下的效果。

```
10
```

在此代码中定义了一个 mathFunction 变量,并将该变量的类型设定为函数类型。它接收了两个 Int 整型值,并返回了一个 Int 整型值。使用这个新的变量 mathFunction 来引用 add 函数的功能。由于 Swift 具有自动推断类型的能力,所以可以在声明变量后直接赋值,不需要单个为变量去声明类型,所以可以将以上代码:

var mathFunction: (Int, Int) -> Int = add

改为:

var mathFunction = add

注意　　如果不同函数具有相同的函数类型,这时可把它们赋值给同一个变量。

6.6.2 使用函数类型作为参数类型

开发者可以用(Int, Int) -> Int 这样的函数类型作为另一个函数的参数类型,这样可以将函数的一部分实现留给函数的调用者来提供。

【程序 6-16】以下将输出某种数学运算结果。

```
    import Foundation
01  //两数相加
02  func add(a: Int, b: Int) -> Int {
03      return a + b
04  }
```

```
05      //两数相乘
06      func multiply(a:Int,b:Int)->Int{
07          return a*b
08      }
09      //输出结果
10      func printresult(fun:(Int,Int)->Int,a:Int,b:Int){
11          print(fun(a,b))
12      }
13      printresult(add, a: 20, b: 2)
14      printresult(multiply, a: 30, b: 25)
```

此时运行程序,会看到如下的效果。

```
22
750
```

在此代码中定义了 3 个函数。第三个函数 printresult 中,有 3 个参数:第一个参数为 fun,类型为(Int,Int)->Int,开发者可以传入任何这种类型的函数;第二个参数和第三个参数分别为 a 和 b,它们的类型都是 Int 型,这两个值是函数的输入值。当第一次调用 printresult 函数时,它传入了 add 函数和 20、2 两个整数。这时,它又会调用函数 add,将 20、2 作为函数 add 的输入值,并输出结果。第二次调用也类似,printresult 会调用 multiply 函数。

6.6.3 使用函数类型作为返回值类型

开发者可以用函数类型作为另一个函数的返回值类型,此时需要做的是在返回箭头(->)后写一个完整的函数类型。其语法形式如下。

```
func 函数名(参数列表) -> 函数类型 {
    ...
}
```

【程序 6-17】以下代码输出通过给定的值,出现一系列的值;如果给定的值大于 0,输出从这个数开始到 0 之间的数;如果是负数,输出比这个数小 1 的数。代码如下。

```
01      import Foundation
02      //返回一个比输入值大 1 的值
03      func stepForward(input: Int) -> Int {
04          return input + 1
05      }
06      //返回一个比输入值小 1 的值
07      func stepBackward(input: Int) -> Int {
08          return input - 1
09      }
10      //选择返回哪个函数,在此函数中将函数类型作为了返回值类型
11      func chooseStepFunction(backwards: Bool) -> (Int) -> Int {
12          return backwards ? stepBackward : stepForward
13      }
14      var currentValue = 5
15      let moveNearerToZero = chooseStepFunction(currentValue>0)
16      while currentValue != 0 {
17          print("\(currentValue)... ")
18          currentValue = moveNearerToZero(currentValue)
19      }
```

此时运行程序，会看到如下的效果。

```
5...
4...
3...
2...
1...
```

6.7 标 准 函 数

函数除了可以根据参数列表的有无分为无参函数和有参函数，还可以从定义角度分为用户自定义函数和标准函数两种。以上的程序都是用户自定函数。Swift 提供了 74 个标准函数，这些函数都可以直接去使用，不需要进行定义。本节将针对常用的标准函数进行详细的讲解。

6.7.1 绝对值函数 abs()

abs()函数可以用来求取一个数值的绝对值，其语法形式如下。

```
abs(数值)
```

其中，函数的返回值是一个零或者正数。

【程序 6-18】以下将使用 abs()函数求取-1、1、0、-5.6、5.6 的绝对值。代码如下：

```
01  import Foundation
02  //求整数的绝对值
03  let value1=abs(-1)
04  let value2=abs(1)
05  let value3=abs(0)
06  //求浮点数的绝对值
07  let value4=abs(-5.6)
08  let value5=abs(5.6)
09  print("value1=\(value1)")
10  print("value2=\(value2)")
11  print("value3=\(value3)")
12  print("value4=\(value4)")
13  print("value5=\(value5)")
```

此时运行程序，会看到如下的效果。

```
value1=1
value2=1
value3=0
value4=5.6
value5=5.6
```

在整数中负数的绝对值为正数，正数的绝对值为它本身，0 的绝对值还为 0。

6.7.2 最大值函数 max()/最小值函数 min()

在编程中，经常需要计算几个参数的最大值或者最小值，此时可以使用标准函数中的 max() 和 min()函数实现。以下是对这两个函数的详细讲解。

1. max 函数

max()函数可以获取几个参数的最大值。其语法形式如下。

max(参数1,参数2,参数3,…)

其中，参数可以是数值，也可以是字符串或字符。

【程序 6-19】以下将获取最大值。

```
01  import Foundation
02  let maxValue1=max(1,10)                       //获取1和10的最大值
03  let maxValue2=max(12.8,10.9)                  //获取12.8和10.9的最大值
04  let maxValue3=max(13.8,20,88.88)              //获取13.8和88.88的最大值
05  let maxValue4=max("Hello","Swift","Zone")     //获取"Hello","Swift","Zone"的最大值
06  print("maxValue1=\(maxValue1)")
07  print("maxValue2=\(maxValue2)")
08  print("maxValue3=\(maxValue3)")
09  print("maxValue4=\(maxValue4)")
```

此时运行程序，会看到如下的效果。

```
maxValue1=10
maxValue2=12.8
maxValue3=88.88
maxValue4=Zone
```

2. min 函数

min()函数可以获取几个参数的最小值。其语法形式如下。

min(参数1,参数2,参数3,…)

其中，参数可以是数值、字符串或字符。

【程序 6-20】以下将获取最小值。

```
01  import Foundation
02  let minValue1=min(1.9,10)                     //获取1.9和10的最小值
03  let minValue2=min("Swift","Hello","iOS")      //获取"Swift","Hello"和"iOS"的最小值
04  print("minValue1=\(minValue1)")
05  print("minValue2=\(minValue2)")
```

此时运行程序，会看到如下的效果。

```
minValue1=1.9
minValue2=Hello
```

6.7.3 序列排序函数 sortInPlace()

在编程中，经常需要对序列中的元素进行排序。此时可以使用 Swift 中的 sortInPlace()函数来

实现，此方法可以让序列中的元素按照升序排列。其语法形式如下：

序列.sortInPlace()

【程序 6-21】以下将序列中的字符串元素进行排列。

```
01  import Foundation
02  var languages = ["Swift", "Objective-C","C"]
03  print("排序前:languages=\(languages)")
04  languages.sortInPlace()
05  print("排序后:languages=\(languages)")
```

此时运行程序，会看到如下的效果。

```
排序前:languages=["Swift", "Objective-C", "C"]
排序后:languages=["C", "Objective-C", "Swift"]
```

6.7.4 序列倒序函数 reverse()

reverse()函数可以将序列中的元素倒序排列。其语法形式如下。

序列.reverse()

其中，序列是指数组。

【程序 6-22】以下将字符串序列中的元素倒序输出。

```
01  import Foundation
02  var languages = ["Swift", "Objective-C","C"]
03  print("languages=\(languages)")
04  print("倒序输出：")
05  for i in Array(languages.reverse()){
06      print(i)
07  }
```

此时运行程序，会看到如下的效果。

```
languages=["Swift", "Objective-C", "C"]
倒序输出：
C
Objective-C
Swift
```

6.8 函数的嵌套

在编程语言中，函数都是可以调用其他函数，从而形成嵌套调用，Swift 编程语言也不例外。函数的嵌套调用的形式往往有两种：一种是在一个函数中调用其他函数，另一种是在一个函数中调用自身函数。本节将对这两种调用进行详细讲解。

6.8.1 嵌套调用

函数的嵌套就是在函数定义时，调用了一个或多个其他的函数。函数嵌套调用的形式如图 6-4 所示。

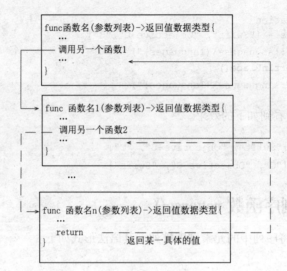

图 6-4 嵌套调用

【程序 6-23】以下将实现求 $s=2^2!+3^2!$ 的功能。

```
01   import Foundation
02   func f1(q:Int)->Int{
03       var c:Int=1
04       var i:Int
05       for i=1;i<=q;++i{
06           c=c*i
07       }
08       return c;                           //获取阶乘的值
09   }
10   func f2(p:Int)->Int{
11       var k:Int
12       var r:Int
13       k=p*p                               //求平方
14       r=f1(k)                             //调用函数 f2()，计算阶乘
15       return r                            //获取平方后阶乘的值
16   }
17   //求阶乘
18   var i:Int
19   var s:Int=0
20   for i=2;i<=3;i++ {
21       s=s+f2(i);
22   }
23   print("s=\(s)")
```

此时运行程序，会看到如下的效果。

s=362904

6.8.2 递归调用

递归调用是嵌套调用的一种特殊情况。它在调用函数的过程中调用了该函数本身。递归调用的形式如图 6-5 所示。

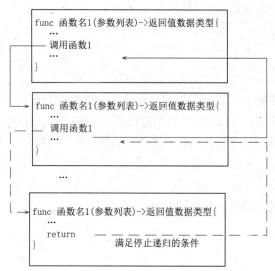

图 6-5 递归调用

【程序 6-24】以下将实现求 sum=i!+2!+3!+4!+5!的功能。

```
01    import Foundation
02    func factorial(value:Int)->Int{                              //求阶乘
03        if(value==1){
04            return value
05        }else{
06            return value * factorial(value-1)
07        }
08    }
09
10    var i:Int
11    var sum=0
12    for(i=1;i<=5;i++){
13        sum=sum+factorial(i)
14    }
15    print(sum)
```

此时运行程序，会看到如下的效果。

153

6.9 闭 包

闭包是自包含的函数代码块，可以在代码中被传递和使用。在 6.9 节中之前所讲的函数其实就是特殊的闭包。本节将主要讲解闭包表达式、使用闭包表达式的注意事项、Trailing 闭包以及捕获值等内容。

6.9.1 闭包表达式

闭包表达式是一种利用简洁语法构建内联（内联类似于 C 语言中的宏定义）闭包的方式。闭包表达式（闭包函数）的语法形式如下。

```
{(参数列表)->返回值类型 in
    语句
}
```

其中，参数可以是常量、变量和输入-输出参数，但没有默认值。开发者也可以在参数列表的最后使用可变参数。而元组也可以作为参数和返回值。关键字 in 表示闭包的参数和返回值类型定义已经完成，闭包函数体即将开始。闭包表达式和函数一样，可以分为无参闭包表达式和有参闭包表达式。

1. 无参闭包表达式

无参形式的闭包表达式语法形式如下。

```
{()->返回值类型 in
    语句
}
```

声明定义无参闭包表达式的语法形式如下。

```
let/var 闭包表达式常量名称/闭包表达式变量名称/=无参形式的闭包表达式
```

它调用的语法形式如下：

```
闭包表达式常量名称/闭包表达式变量名称()
```

【程序 6-25】以下将输出字符串"I am a student"。

```
01  import Foundation
02  let printStr={() in
03      print("I am a student")
04  }
05  printStr()
```

此时运行程序，会看到如下的效果。

```
I am a student
```

2. 有参闭包表达式

具有参数的闭包表达式的语法形式如下。

```
{(参数名1:数据类型,参数名2:数据类型,…)->返回值类型 in
    语句
}
```

声明定义有参闭包表达式的语法形式如下。

```
let/var 闭包表达式常量名称/闭包表达式变量名称/=具有参数的闭包表达式
```

它的调用形式如下:

闭包表达式常量名称/闭包表达式变量名称(参数值1,参数值2…)

【程序 6-26】 以下将向某人问好。

```
01  import Foundation
02  //输出指定的字符串
03  var sayHello={(name:String) in
04      print("Hello,\(name)")
05  }
06  sayHello("Tom")
```

此时运行程序,会看到如下的效果。

Hello,Tom

其实闭包表达式最常用在其他的函数中,并不是单独地去使用它。

【程序 6-27】 以下将数组中的元素排序后进行输出。

```
01  import Foundation
02  let names = ["Chris", "Alex", "Ewa", "Barry", "Daniella"]
03  let reversed = names.sort({ (s1: String, s2: String) -> Bool in
04      return s1 > s2
05  })
06  print(reversed)
```

此时运行程序,会看到如下的效果。

["Ewa", "Daniella", "Chris", "Barry", "Alex"]

在使用闭包表达式时需要注意以下几点(以下都是以程序 6-27 来说明的):
(1) 写在一行
当闭包的函数体部分很短时可以将其写在一行上面,如以下代码:

let reversed = names.sort({ (s1: String, s2: String) -> Bool in return s1 > s2})

(2) 推断类型
sort()函数的参数是闭包表达式,它类型为(String, String)->Bool 的函数。由于 Swift 可以推断其参数和返回值的类型,所以可以将->和围绕在参数周围的括号省略,如以下的代码:

let reversed = names.sort({ s1, s2 in return s1 > s2 })

(3) 省略 return
单行闭包表达式可以通过隐藏 return 关键字来隐式返回单行表达式的结果,可以将上面的代码进行修改:

let reversed = names.sort({ s1, s2 in s1 > s2 })

（4）简写参数名

Swift 为内联函数提供了参数名缩写功能，开发者可以通过$0、$1、$2 来顺序地调用闭包的参数。如果在闭包表达式中使用参数名称缩写，可以在闭包参数列表中省略对其的定义，并且对应参数名称缩写的类型会通过函数类型进行推断。in 关键字也同样可以被省略，因为此时闭包表达式完全由闭包函数体构成，可以将上面的代码进行修改：

```
let reversed = names.sort( { $0 > $1 } )
```

（5）运算符函数

在 Swift 中 String 类型定义了关于大于号(>)的字符串实现，其作为一个函数接受两个 String 类型的参数并返回 Bool 类型的值。而这正好与以上代码 sort 函数的第二个参数需要的函数类型相符合。因此，可以简单地传递一个大于号，Swift 可以自动推断出您想使用大于号的字符串函数实现，可以将上面的代码进行修改：

```
let reversed = names.sort(>)
```

6.9.2　Trailing 闭包

Traling 闭包是一个书写在函数括号之后的闭包表达式，函数支持将其作为最后一个参数调用。如果您需要将一个很长的闭包表达式作为最后一个参数传递给函数，可以使用 Traling 闭包来增强函数的可读性。Trailing 闭包的一般形式如下。

```
func someFunctionThatTakesAClosure(closure: () -> ()) {
    //函数主体部分
}
//以下不是使用Trailing闭包进行的函数调用
someFunctionThatTakesAClosure({
    //闭包主体部分
})
//以下是使用Trailing闭包进行的函数调用
someFunctionThatTakesAClosure() {
    //闭包主体部分
}
```

Trailing 闭包一般使用在当闭包很长以至于不能在一行进行编写的代码中。

【程序 6-28】以下将输出数字对应的英文。

```
01    import Foundation
02    //创建字典
03    let digitNames = [
04        0: "Zero", 1: "One", 2: "Two",  3: "Three", 4: "Four",
05        5: "Five", 6: "Six", 7: "Seven", 8: "Eight", 9: "Nine"
06    ]
07    //创建数组
08    let numbers = [8023,1000,5,66,200,109]
09    //以下是使用Trailing闭包进行的函数调用，实现将数字转为英文
10    let strings = numbers.map {
11        (var number) -> String in
12        var output = ""
```

```
13      while number > 0 {
14          output = digitNames[number % 10]! + output
15          number /= 10
16      }
17      return output
18  }
19  //遍历并输出
20  for index in strings{
21      print(index)
22  }
```

此时运行程序，会看到如下的效果。

```
EightZeroTwoThree
OneZeroZeroZero
Five
SixSix
TwoZeroZero
OneZeroNine
```

6.9.3 捕获值

闭包能够从上下文捕获已被定义的常量和变量。即使定义这些常量和变量的原作用域（作用域是指常量或者变量的有效范围）已经不存在，闭包仍能够在其函数体内引用和修改这些值。

【程序 6-29】以下将使用 incrementor() 函数从上下文中对值 runningTotal 和 amount 进行捕获。代码如下。

```
01  import Foundation
02  func makeIncrementor(forIncrement amount: Int) -> () -> Int {
03      var runningTotal = 0
04      //定义函数 incrementor()，实现 runningTotal 的增加
05      func incrementor() -> Int {
06          runningTotal += amount
07          return runningTotal
08      }
09      return incrementor
10  }
11  //赋值
12  let value1 = makeIncrementor(forIncrement: 10)
13  //输出
14  print("输出 value1 的增量")
15  print(value1())
16  print(value1())
17  print(value1())
18  //赋值，输出
19  let value2 = makeIncrementor(forIncrement: 5)
20  print("输出 value2 的增量")
21  print(value2())
22  print(value2())
23  print(value2())
```

此时运行程序，会看到如下的效果。

输出 value1 的增量
10
20
30
输出 value2 的增量
5
10
15

6.10 综合案例

本节以将以上讲解的内容为基础，为开发者讲解 2 个综合案例：第一个是打印金字塔，另一个是猴子吃桃。

6.10.1 打印金字塔

打印金字塔是比较经典的编程示例，如图 6-6 所示。在此图中可以看出金字塔图案使用空格和字符组合。所以要实现金字塔的打印，首先需要使用一个 for 循序控制金字塔的行数，在此 for 循序中需要再嵌入 for 循序，一个用来控制金字塔中的字符，一个用来控制金字塔中的空格。如果开发者想要打印任意层数的金字塔，可以将打印金字塔的代码封装到一个具有参数的函数中就可以了。

【程序 6-30】创建金字塔函数。用于输出 4 层和 6 层金字塔图案。

```
01  import Foundation
02  func printPyramid(floors:Int){
03      var i:Int
04      var j:Int
05      var k:Int
06      //控制金字塔的行数，即层数
07      for(i=1;i<=floors;i++){
08          //控制金字塔的空格
09          for(j=1;j<=floors-i;j++){
10              print(" ",terminator: "")
11          }
12          //控制金字塔的字符
13          for (k=1;k<=2*i-1;k++){
14              print("*",terminator: "")
15          }
16          print("")
17      }
18  }
19  printPyramid(4)
20  printPyramid(6)
```

图 6-6 金字塔

此时运行程序，会看到如下的效果。

```
//4层的金字塔图案
   *
  ***
 *****
*******
//6层的金字塔图案
     *
    ***
   *****
  *******
 *********
***********
```

6.10.2 猴子吃桃

猴子吃桃是有一只猴子第一天摘下若干个桃子，当即吃掉了一半，又多吃了一个；第二天又将剩下的桃子吃掉一半，又多吃了一个；按照这样的吃法每天都吃掉前一天剩下的一半又多一个。到了第10天，就剩下一个桃子。问题，这个猴子第一天摘了多少个桃子。要解决这一问题，我们需要使用到逆向思维，首先获取第10天的桃子数为1，然后获取第9天的桃子数为4，依次类推，我们可以把猴子吃桃的天数倒过来看成数组的下标i，在第i天的桃子数为a[i]，根据上吃掉了一半，又多吃了一个可以推导出如下的公式。

a[i]-(1/2a[i]+1)=a[i-1]

简化后为：

a[i]=2a[i-1]+2

根据公式可以求出第1天的桃子数。
第10天有桃子1个；
第9天有桃子（1+1）×2=4个；
第8天有桃子（4+1）×2=10个；
第7天有桃子（10+1）×2=22个；
第6天有桃子（22+1）×2=46个；
第5天有桃子（46+1）×2=94个；
第4天有桃子（94+1）×2=190个；
第3天有桃子（190+1）×2=382个；
第2天有桃子（382+1）×2=766个；
第1天有桃子（766+1）×2=1534个；

知道了思路以后，我们就可以进行编程了，编程中由于一直要调用 a[i]=2a[i-1]+2 这个公式，所以我们可以使用递归函数调用。

【程序6-31】以下将在猴子吃桃中，获取这个猴子第一天摘了多少个桃子。

```
01  import Foundation
```

```
02    //获取桃子的数目
03    func sum(array:[Int],n:Int)->Int{
04        var k=0
05        if(n==1){
06            k=1
07        }else{
08            k=2 * sum(array,n: n-1) + 2                //递归调用
09        }
10        return k
11    }
12    let a:[Int]=[0,0,0,0,0,0,0,0,0,0]
13    let total=sum(a, n: 10)
14    print(total)
```

此时运行程序，会看到如下的效果。

1534

6.11 上 机 实 践

编写程序，求解学生人数不固定的班级平均分。

分析：

由于学生的人数不固定，所以需要使用可变参数函数实现（使用可变参数，可以使一个参数接收零个或多个指定类型的值。函数调用时，开发者可以用可变参数来指定函数参数，这样就可以被传入不确定数量的输入值）。首先，需要定义一个具有一个参数的函数，实现求平均分数的功能，这个函数的参数需要使用可变的参数，然后在定义的函数中计算分数的总和，最后使用总和除以参数中元素的个数，就可以得到平均分数了。

第7章 类

Swift 语言最大的特点是面向对象。面向对象的编程又称为面向对象的程序设计，面向对象是专指在程序设计中采用封装、继承等设计方法构建代码。实现封装的基本单位是类。本章将主要讲解类的使用方法。

7.1 类与对象

类是对某一类对象的抽象。它属于一种新的数据类型，类似于生活中的犬类、猫类等等。而对象则是将这个抽象的类进行了具体化。例如，在犬类中，有哈士奇、金毛等等，这些就是犬类的具体化，即对象。没有脱离对象的类，也没有不依赖于类的对象。本节将讲解类的组成、类的创建以及实例化对象等内容。

7.1.1 类的组成

在一个类中通常可以包含属性、下标脚本和方法，如图 7-1 所示。

其中，这些内容的功能如下。

- 属性：它将值和特定的类关联。
- 下标脚本：访问对象、集合等的快捷方式。
- 方法：实现某一特定的功能，类似于函数。

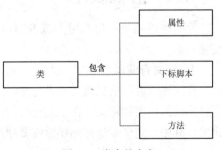

图 7-1 类中的内容

7.1.2 创建类

类的创建其实就是对类进行的声明，只有在声明了类之后，才可以使用此类。创建类需要使用到 class 关键字，其语法形式如下。

```
class 类名{
    //具体内容
}
```

注意

在类中可以定义属性和方法等内容，这些内容会在后面做详细的介绍。类名可以使用"大骆驼拼写法"方式来命名（如 SomeClass），以便符合标准 Swift 类型的大写命名风格（如 String、Int 和 Bool）。对于后面所讲的对象、属性以及方法等可以使用"小骆驼拼写法"来命名。

7.1.3 实例化对象

实例化对象就是将创建的类进行具体化，其实就是定义类。其语法形式如下。

```
var/let 对象名=类名()
```

【程序 7-1】以下将创建一个类 NewClass，然后再对此类进行实例化。

```
01   import Foundation
02   //创建类型
03   class NewClass{
04
05   }
06   let myClass=NewClass ()                            //实例化对象
```

声明类只是告诉编译器有这么一个类，它的名字是 XXX，定义类是通过实例化类，对其分配存储空间。声明和定义最大的分别是是否分配存储空间。

7.2 属　　性

属性可以将值跟特定的类、结构或枚举关联（对于结构和枚举会在后面的章节中进行讲解）。在 Swift 中，属性一般分为存储属性、计算属性和类型属性。本节将对这些属性做详细的讲解。

7.2.1 存储属性

存储属性就是存储特定类或者结构（结构会在后面的章节中进行讲解）中的一个常量或者变量。

1. 定义存储属性

存储属性可以根据数据是否可变，分为两种：一种是常量存储属性，另一种是变量存储属性。存储属性的声明和定义是在一起进行的。在编程中如果声明定义一起进行，可以将声明定义称为定义。其中，定义常量存储属性需要使用到 let 关键字，其定义的语法形式如下：

```
let 常量存储属性名:数据类型=初始值
```

变量存储属性可以使用 var 关键字定义，其定义的语法形式如下。

```
var 变量存储属性名:数据类型=初始值
```

开发者可以在定义存储属性时不指定数据类型，Swift 会根据初始值自动推断存储属性的数据类型。

【程序 7-2】以下将创建一个类 PersonalInformation，在创建的类中定义两个存储属性：一个是关于性别的存储属性，另一个是关于年龄的存储属性。

```
01    import Foundation
02    class PersonalInformation{
03        let sex="男"                              //常量存储属性
04        var age=20                                //变量存储属性
05    }
```

2. 访问存储属性

存储属性是可以进行访问的。要实现访问功能，需要使用到"."运算符，其语法形式如下。

对象名.常量存储属性名/变量存储属性名

【程序 7-3】以下将在类 PersonalInformation 中定义 3 个属性，并对这 3 个属性进行访问。

```
01    import Foundation
02    class PersonalInformation{
03        let sex="男"
04        let bloodType="A"
05        var age=20
06    }
07    let tom=PersonalInformation()
08    print("Tom 的性别为：\(tom.sex)")              //访问 sex 属性
09    print("Tom 的血型为：\(tom.bloodType)")         //访问 bloodType 属性
10    print("Tom 的年龄为：\(tom.age)")              //访问 age 属性
```

此时运行程序，会看到如下的效果。

Tom 的性别为：男
Tom 的血型为：A
Tom 的年龄为：20

3. 修改存储属性

存储属性是可以进行修改的，如果在定义存储属性时，对存储属性初始化的值不满意，开发者可以对该存储属性进行修改。修改存储属性还需要使用到"."点运算符，其语法形式如下。

对象名.存储属性=修改的内容

【程序 7-4】以下将对 TranscriptsClass 类中定义的数学成绩进行修改。

```
01    import Foundation
02    class TranscriptsClass{
03        var mathScores=60
04    }
05    let math=TranscriptsClass()
06    print("修改之前的数学成绩为：\(math.mathScores)")
07    math.mathScores=95                            //修改数学成绩
08    print("修改之后的数学成绩为：\(math.mathScores)")
```

此时运行程序，会看到如下的效果。

修改之前的数学成绩为：60
修改之后的数学成绩为：95

开发者只可以对变量存储属性进行修改。

4. 延迟存储属性

如果开发者只有在第一次调用存储属性时才能确定初始值,这时需要使用延迟存储属性实现。它的定义一般需要使用关键字 lazy 实现的,其语法形式如下。

```
lazy var 属性名:数据类型=初始内容
```

在延迟存储属性中初始内容是不可以省去的。数据类型是可以省去的,因为 Swift 会根据初始内容自行判断数据类型。

【程序 7-5】以下将实现延迟存储属性。

```
01  import Foundation
02  class DataImporter {
03      var fileName = "data.txt"
04  }
05  class DataManager {
06      lazy var importer = DataImporter()                    //定义延迟存储属性
07      var data = [String]()
08  }
09  let manager = DataManager()
10  manager.data.append("Some data")
11  manager.data.append("Some more data")
12  print(manager.importer.fileName)
```

此时运行程序,会看到如下的效果。

```
data.txt
```

在此代码中,如果没有调用 manager.importer.fileName 时,实例的 importer 属性就不会被创建。

7.2.2 计算属性

在类中除了可以定义存储属性外,还可以定义计算属性。计算属性不存储值,而是提供了一个 getter 和 setter 来分别进行获取值和设置其他属性的值。getter 使用 get 关键字进行定义,其一般形式如下。

```
get{
  …
  return 某一属性值
}
```

setter 使用 set 关键字进行定义,其一般语法形式如下。

```
set(参数名称){
  …
  属性值=某一个值
  …
}
```

在计算属性中同时包含了 getter 和 setter,其一般定义形式如下。

```
var 属性名:数据类型{
    get{
        …
        return 某一属性值
    }
    set(参数名称){
        …
        属性值=某一个值
        …
    }
}
```

【程序 7-6】以下将创建一个类 WalletClass,用来保存钱包中的金额,其默认单位为美元。为了方便用户以人民币为单位进行访问值和设置值,所以使用了计算属性 cal。

```
01  import Foundation
02  class WalletClass{
03      var money=0.0
04      var cal:Double{                          //定义计算属性 cal
05          get{                                 //定义 getter
06              let RMB=money*6.1
07              return RMB                       //返回以人民币为单位的金额
08          }
09          set(RMB){                            //定义 setter
10              money=RMB/6.1                    //返回以美元为单位的金额
11          }
12      }
13  }
14  var mywallet=WalletClass()
15  mywallet.cal=(20)
16  //输出
17  print(mywallet.cal)
18  print(mywallet.money)
```

此时运行程序,会看到如下的效果。

```
20.0
3.27868852459016
```

使用计算属性时需要注意以下两点。

1. 不定义 set 后面的参数名称

如果在计算属性的 setter 中(即 set 后面)没有定义表示新值的参数名,则可以使用默认名称 newValue。

在 set 后面如果定义了参数名称,就不能再使用 Swift 默认的参数名称 newValue。

【程序 7-7】以下将实现华氏温度和摄氏温度的转换。

```
01    import Foundation
02    class DegreeClass{
03       var degree=0.0
04       var cal :Double{
05          get{
06             let centigradedegree=(degree-32)/1.8
07             return centigradedegree
08          }
09          set{
10             degree=1.8*newValue+32           //没有定义参数名称,可以使用默认的
11          }
12       }
13    }
14    var degreeClass=DegreeClass()
15    degreeClass.cal=(10.0)
16    print(degreeClass.cal)
17    print(degreeClass.degree)
```

此时运行程序,会看到如下的效果。

```
10.0
50.0
```

2. 可以使用getter

在计算属性中,如果只有一个getter,则称为只读计算属性。只读计算属性可以返回一个值,但不能设置新的值。

【程序7-8】以下将读取人的名称。

```
01    import Foundation
02    class PersonName{
03       var name:String=""
04       var returnName :String{
05          if (name.isEmpty) {
06             return "NULL"
07          }else{
08             return name
09          }
10       }
11    }
12    var personClass=PersonName()
13    print("没有名字时\(personClass.returnName)")
14    personClass.name=("Tom")
15    print("有名字时\(personClass.returnName)")
```

此时运行程序,会看到如下的效果。

```
没有名字时NULL
有名字时Tom
```

7.2.3 类型属性

类型属性就是不需要对类进行实例化就可以使用的属性。它需要使用关键字static进行定义,其中定义存储型类型属性时的语法形式如下。

```
static var 类型属性名:数据类型=初始值
```

定义计算型类型属性的语法形式如下。

```
static var 类型属性名:数据类型{
    ...
    返回一个值
}
```

 在定义计算型类型属性时,除了可以使用关键字 static 外,还可以使用 class 关键字(class 关键字可以支持子类对父类的实现进行重写,这一内容在后面的章节中讲解),其定义计算型类型属性的语法形式如下。

```
class var 类型属性名:数据类型{
    ...
    返回一个值
}
```

1. 访问类型属性

类型属性和存储属性、计算属性一样,也是可以被访问的,其访问类型属性的一般形式如下。

类名.类型属性

【程序 7-9】以下将在类中定义 3 个类型属性,然后进行访问。

```
01  import Foundation
02  class SomeClass {
03      static var storedTypeProperty = "Some value."          //定义存储型类型属性
04      //定义计算型类型属性(该属性是只读的)
05      static var computedTypeProperty: Int {
06          return 27
07      }
08      //定义计算型类型属性(该属性是只读的)
09      class var overrideableComputedTypeProperty: Int {
10          return 107
11      }
12  }
13  //访问并输出类型属性
14  print(SomeClass.storedTypeProperty)
15  print(SomeClass.computedTypeProperty)
16  print(SomeClass.overrideableComputedTypeProperty)
```

此时运行程序,会看到如下的效果。

```
Some value.
27
107
```

2. 修改类型属性

类型属性和存储属性一样,除了可以进行访问外,还可以进行修改,其语法形式如下:

类名.类型属性=修改的内容

【程序 7-10】以下将在类中定义 2 个类型属性，然后进行修改。

```
01   import Foundation
02   var value:Int=0
03   class SomeClass {
04       static var storedTypeProperty = "Some value."
05       //定义计算型类型属性
06       static var computedTypeProperty: Int {
07           get{
08               let newvalue=value
09               return newvalue
10           }
11           set{
12               value=newValue
13           }
14       }
15   }
16   print("类型属性修改前")
17   print(SomeClass.storedTypeProperty)
18   print(SomeClass.computedTypeProperty)
19   //修改类型属性
20   SomeClass.storedTypeProperty="Hello,Swift"
21   SomeClass.computedTypeProperty=100
22   print("类型属性修改后")
23   print(SomeClass.storedTypeProperty)
24   print(SomeClass.computedTypeProperty)
```

此时运行程序，会看到如下的效果。

```
类型属性修改前
Some value.
0
类型属性修改后
Hello,Swift
100
```

7.2.4 属性监视器

属性监视器用来监控和响应属性值的变化。每次属性被设置值的时候，都会调用属性监视器，哪怕是新的值和原先的值相同。一个属性监视器由 willSet 和 didSet 组成，其定义形式如下。

```
var 属性名:数据类型=初始值{
    willSet(参数名){
        …
    }
    didSet(参数名){
        …
    }
}
```

其中，willSet 在设置新的值之前被调用，它会将新的属性值作为固定参数传入。didSet 在新的值被设置之后被调用，会将旧的属性值作为参数传入，可以为该参数命名或者使用默认参数名 oldValue。

【程序 7-11】 以下将使用属性监视器对属性进行监视。

```
01   import Foundation
02   class StepCounter {
03      var totalSteps: Int = 0 {
04          //完整的属性监视器
05          willSet(newTotalSteps) {
06              print("新的值为 \(newTotalSteps)")
07          }
08          didSet(old) {
09              if totalSteps > old {
10                  print("与原来相比增减了 \(totalSteps - old) 个值")
11              }
12          }
13      }
14   }
15   let stepCounter = StepCounter()
16   stepCounter.totalSteps = 0
17   stepCounter.totalSteps = 200
18   stepCounter.totalSteps = 600
19   stepCounter.totalSteps = 1200
20   stepCounter.totalSteps = 2000
```

此时运行程序，会看到如下的效果。

新的值为 0
新的值为 200
与原来相比增减了 200 个值
新的值为 600
与原来相比增减了 400 个值
新的值为 1200
与原来相比增减了 600 个值
新的值为 2000
与原来相比增减了 800 个值

在使用属性监视器时需要注意以下两点。

1. 不指定参数名

在 willSet 后面是可以不指定参数的，这时 Swift 会使用默认 newValue 表示新值。

2. 分开使用 willSet 和 didSet

一个完整的属性监视器由 willSet 和 didSet 组成，但是 willSet 和 didSet 也可以单独使用。

【程序 7-12】 以下将只使用属性监视器中的 willSet 对属性进行监视，并出现新的值。

```
01   import Foundation
02   class StepCounter {
03      var totalSteps: Int = 0 {
04          willSet {
05              print("新的值为 \(newValue)")
06          }
```

```
07        }
08    }
09    let stepCounter = StepCounter()
10    stepCounter.totalSteps = 0
11    stepCounter.totalSteps = 200
12    stepCounter.totalSteps = 600
13    stepCounter.totalSteps = 1200
14    stepCounter.totalSteps = 2000
```

此时运行程序，会看到如下的效果。

新的值为 0
新的值为 200
新的值为 600
新的值为 1200
新的值为 2000

7.3 方　　法

方法是与某些特定类型相关联的函数。在 Swift 中，根据被使用的方式的不同，方法分为了实例方法和类型方法两种。本节依次讲解这两种方法。

7.3.1 实例方法

实例方法为给定类型的实例封装了具体的任务与功能。在类中可以定义实例方法，它需要由类的实例调用。实例方法和函数一样，分为了不带参数和带参数两种。以下依次讲解这两种方法的使用。

1. 不带参数的实例方法

不带参数的实例方法定义和函数的是一样的，其语法形式如下。

```
func 方法名()->返回值类型{
    ...
}
```

但它的调用形式和函数的有所不同，其调用形式如下。

```
对象名.方法名()
```

【程序 7-13】以下将遍历字符串"Hello"。

```
01    import Foundation
02    class SomeClass {
03        var str="Hello"
04        //遍历字符串
05        func printHello(){
06            for character in str.characters{
07                print(character)
08            }
```

```
09        }
10    }
11    let someClass = SomeClass()
12    someClass.printHello()                        //调用实例方法
```

此时运行程序,会看到如下的效果。

```
H
e
l
l
o
```

2. 带有参数的实例方法

带有参数的实例方法就是在方法名后面的括号中添加了参数列表。它的定义也和函数的一样,定义形式如下。

```
func 方法名(参数名1:数据类型,参数名2:数据类型,…)->返回值类型{
  …
}
```

它的调用形式如下:

对象名.方法名(参数值1,参数名2:参数值2,…)

【程序7-14】以下将输出一区间的值。

```
01    import Foundation
02    class SomeClass {
03        //输出某一区间的值
04        func printRangeValue(start:Int,end:Int){
05            for index in start...end {
06                print(index)
07            }
08        }
09    }
10    let someClass=SomeClass()
11    someClass.printRangeValue(0, end: 5)          //调用实例方法
```

此时运行程序,会看到如下的效果。

```
0
1
2
3
4
5
```

7.3.2 类型方法

实例方法是被类型的某个实例调用的方法。而类型方法则是被类本身调用的方法。在类中不仅可以定义实例方法,还可以定义类型方法。其中,类型方法也可以和实例方法一样,分为不带参数的类型方法和带有参数的类型方法。

1. 不带参数的类型方法

定义不带参数的类型方法可以实现 static 关键字进行定义，其语法形式如下。

```
static func 方法名()->返回值类型{
    …
}
```

除了可以使用关键字 static 对不带参数的类型方法进行定义外，还可以使用 class 关键字对不带参数的类型方法进行定义，其语法形式如下。

```
class func 方法名()->返回值类型{
    …
}
```

不带参数的类型方法的调用形式如下。

```
类名.方法名()
```

【程序 7-15】以下将输出字符串"Hello"和"Swift"。

```
01  import Foundation
02  class NewClass {
03      //输出字符串"Hello"
04      class func printHello(){
05          print("Hello")
06      }
07      //输出字符串"Swift"
08      static func printSwift(){
09          print("Swift")
10      }
11  }
12  NewClass.printHello()
13  NewClass.printSwift()
```

此时运行程序，会看到如下的效果。

```
Hello
Swift
```

2. 带有参数的类型方法

带有参数的类型方法在定义时有两种形式，一种是使用 static 关键字，其语法形式如下：

```
static func 方法名(参数名1:数据类型, 参数名2:数据类型,…) {
    …
}
```

另一种是使用 class 关键字，其语法形式如下：

```
class func 方法名(参数名1:数据类型, 参数名2:数据类型,…) {
    …
}
```

定义好类型方法后就可以进行调用了，调用带有参数的类型方法的语法形式如下：

类名.方法名(参数值1,参数名2：参数值2,…)

【程序 7-16】以下将在类中定义两个类型方法：一个是遍历任意字符串的方法，另一个是将两个字符串进行关联的方法。

```
01  import Foundation
02  class NewClass {
03      //遍历任意字符串
04      static func printString(str:String){
05          for index in str.characters{
06              print(index)
07          }
08      }
09      //将两个字符串进行关联
10      class func joinerString(string:String,toString:String,withjoiner:String){
11          print("str1、str2、str3 实现关联为：\(string)\(withjoiner)\(toString)")
12      }
13  }
14  NewClass.printString("I am boy")
15  NewClass.joinerString("Hello", toString: "Swift", withjoiner: "***")
```

此时运行程序，会看到如下的效果。

```
I

a
m

b
o
y
str1、str2、str3 实现关联为：Hello***Swift
```

7.3.3　存储属性、局部变量和全局变量的区别

存储属性可以理解为变量的一种。所以随着变量使用地方的不同，可以将变量分为存储属性、局部变量和全局变量。这3种变量的不同如表7-1所示。

表7-1　　　　　　　　　　　三种变量的不同

变 量 名 称	定 义 范 围
存储属性	定义在类中
局部变量	函数、方法或闭包内部
全局变量	函数、方法、闭包或任何类型之外定义的变量

【程序 7-17】以下将使用全局变量、存储属性和局部变量。

```
01  import Foundation
02  let str="Hello"                    //全局变量
03  class NewClass {
04      let str1="Swift"               //存储属性
```

```
05    func printstring(){
06        let str2="World"              //局部变量
07        print(str)
08        print(str1)
09        print(str2)
10    }
11  }
12  let newclass=NewClass()
13  newclass.printstring()
```

此时运行程序，会看到如下的效果。

```
Hello
Swift
World
```

在使用存储属性、局部变量和全局变量时一定要注意它们的作用域，所谓作用域就是指这些变量的有效范围，图7-2就是以上代码中变量的有效范围。

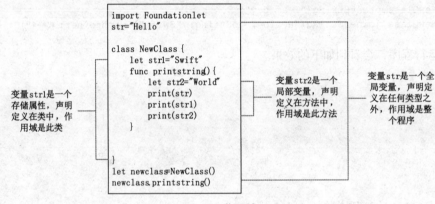

图7-2 作用域

如果变量超出了它的有效范围，程序就会出现错误。

7.3.4 局部变量和存储属性同名的解决方法——self 属性

在一个类中，方法中的局部变量可能和存储属性同名。这时，不能直接使用相同的名称去访问存储属性，为了解决这一问题，Swift 引入了一个 self 属性。

【程序 7-18】以下将使用 self 对存储属性进行访问。

```
01  import Foundation
02  class Counter{
03      var count:Int=200
04      func printcount(){
05          let count:Int=300
06          print(count)
07          print(self.count)
08      }
09  }
10  let counter=Counter()
11  counter.printcount()
```

此时运行程序，会看到如下的效果。

```
300
200
```

7.4 下标脚本

其实我们在前面的章节中已经见过下标脚本，它是访问集合（collection）、列表（list）或序列（sequence）中元素的快捷方式。可以使用下标脚本的索引设置和获取值，不需要再调用对应的存取方法。本节将讲解下标讲解的定义、调用以及使用。

7.4.1 定义下标脚本

下标脚本可以定义在类（Class）、结构体（structure）和枚举（enumeration）中（对于结构体和枚举会在后面的章节中进行），其语法形式如下。

```
subscript(参数名称1:数据类型,参数名称2:数据类型,…) ->返回值的数据类型 {
    get {
        // 返回与参数类型匹配的类型的值
    }
    set(参数名称) {
        // 执行赋值操作
    }
}
```

set 参数名称必须和下标脚本定义的返回值类型相同，所以不为它指定数据类型。set 后面如果没有定义参数，那么就使用默认的 newValue。

下标脚本可以和计算属性一样设置为读写或只读。以上的代码是读写的形式。只读的一般语法形式如下：

```
subscript(参数名称:数据类型) -> Int {
    get{
        //返回与参数匹配的Int类型的值
    }
}
```

可以简写为以下的形式：

```
subscript(参数名称:数据类型) -> Int {
    // 返回与参数匹配的Int类型的值
}
```

7.4.2 调用下标脚本

定义好下标脚本后，就可以进行调用了，其调用形式如下。

实例对象[参数1,参数2,…]

其中，[]和它里面的内容就代表了在类中定义的下标脚本。

7.4.3 使用下标脚本

下标脚本可以根据传入参数的不同，分为具有一个传入参数的下标脚本和具有多个传入参数的下标脚本。以下就是对这两个下标脚本在类中的使用。

1. 具有一个传入参数的下标脚本

具有一个传入参数的下标脚本是最常见的。在集合以及字符串中使用的下标就是具有一个传入参数的下标脚本。

【程序7-19】以下将使用下标脚本访问语数外3科的成绩。

```
01    import Foundation
02    class Score{
03        var english:Int=60
04        var chinese:Int=100
05        var math:Int=98
06        //定义下标脚本
07        subscript(index:Int)->Int{
08            switch index{
09            case 0:
10                return english
11            case 1:
12                return chinese
13            case 2:
14                return math
15            default:
16                return 0
17            }
18        }
19    }
20    var myscore=Score()
21    var sum:Int=0
22    var i:Int=0
23    //遍历输出属性值
24    for i=0;i<3;++i{
25        print(myscore[i])
26    }
```

此时运行程序，会看到如下的效果。

```
60
100
98
```

2. 具有多个传入参数的下标脚本

具有多个传入参数的下标脚本一般使用在多维数组中。

【程序7-20】以下使用具有两个传入参数的下标脚本为二维数组赋值。

```
01    import Foundation
02    var value:Int=0
03    class NewClass{
04        var rows: Int = 0, columns: Int=0
```

```
05      var grid: [Double] = []
06      func customInitialization(rows: Int, columns: Int){
07          self.rows = rows
08          self.columns = columns
09          grid = Array(count: rows * columns, repeatedValue: 0.0)
10      }
11      func indexIsValidForRow(row: Int, column: Int) -> Bool {
12          return row >= 0 && row < rows && column >= 0 && column < columns
13      }
14      //下标脚本
15      subscript(row: Int, column: Int) -> Double {
16          get {
17              assert(indexIsValidForRow(row, column: column), "Index out of range")
18              return grid[(row * columns) + column]
19          }
20          set {
21              assert(indexIsValidForRow(row, column: column), "Index out of range")
22              grid[(row * columns) + column] = newValue
23          }
24      }
25  }
26  var matrix = NewClass()
27  matrix.customInitialization(2, columns: 2)
28  print("没有赋值前")
29  print(matrix[0,0])
30  print(matrix[0,1])
31  print(matrix[1,0])
32  print(matrix[1,1])
33  print("赋值后")
34  //为数组赋值
35  matrix[0,0]=1.0
36  matrix[0,1]=5.6
37  matrix[1,0]=2.4
38  matrix[1,1]=3.2
39  print(matrix[0,0])
40  print(matrix[0,1])
41  print(matrix[1,0])
42  print(matrix[1,1])
```

此时运行程序，会看到如下的效果。

没有赋值前
0.0
0.0
0.0
0.0
赋值后
1.0
5.6
2.4
3.2

7.5 类的嵌套

在面向对象的编程语言中,类都可以实现嵌套,即在一个类中可以嵌套一个或者多个类。它们的嵌套形式也是不同的,大致分为了两种:直接嵌套和多次嵌套。本节将依次讲解这两种方式。

7.5.1 直接嵌套

当一个类或者多个类直接嵌套在另外一个类,这时就构成直接嵌套,如图 7-3 所示。

在图中,类 2、类 3 和类 4 都是直接嵌套在类 1 中。对于这种情况,使用类 1 的实例属性和方法,语法形式如下。

类1().属性
类1().方法

使用类 1 的类型属性和方法的形式如下。

类1.属性
类1.方法

使用类 2 的实例属性和方法,语法形式如下。

类1.类2().属性
类1.类2().方法

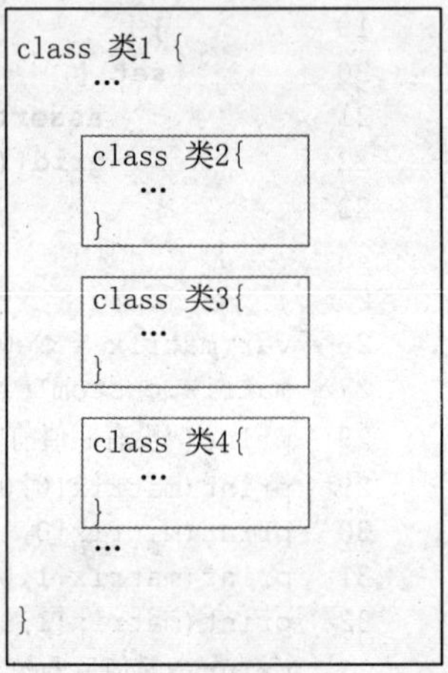

使用类 2 的类型属性和方法的形式如下。

类1.类2.属性
类1.类2.方法

图 7-3 直接嵌套

类 3 和类 4 的使用方法类似。

【程序 7-21】以下将创建 4 个类,其中类 Str1Class、Str2Class、Str3Class 被直接嵌套在类 SomeClass 中。

```
01    import Foundation
02    class SomeClass {
03        class func printstr(str:String){
04            print(str)
05        }
06        //Str1Class类
07        class Str1Class{
08            static var str:String{
09                return "Swift"
10            }
11        }
12        //Str2Class类
13        class Str2Class{
```

```
14          static var str:String{
15              return "Hello"
16          }
17      }
18      //Str3Class 类
19      class Str3Class{
20          var str:String="World"
21      }
22  }
23  //访问类中的类型属性和存储属性
24  SomeClass.printstr(SomeClass.Str1Class.str)
25  SomeClass.printstr(SomeClass.Str2Class.str)
26  SomeClass.printstr(SomeClass.Str3Class().str)
```

此时运行程序，会看到如下的效果。

```
Swift
Hello
World
```

7.5.2 多次嵌套

多次嵌套就是在类1中嵌套类2，但是在类2中又嵌套了类3，依次类推。这时的嵌套形式如图7-4所示。

在图中，类3和类4是直接嵌套在类2中，而类2又直接嵌套在类1中。这样形成了多次嵌套。这时，如果访问类1的实例属性和方法，其语法形式如下。

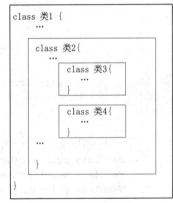

类1().属性
类1().方法

访问类1的类型属性和方法，其语法形式如下。

图 7-4 多次嵌套

类1.属性
类1.方法

如果要访问类2的实例属性和方法，对应的语法形式如下。

类1.类2().属性
类1.类2().方法

访问类2的类型属性和方法，对应的语法形式如下。

类1.类2.属性
类1.类2.方法

如果要访问类3的实例属性和方法，对应的语法形式如下。

类1.类2.类3().属性
类1.类2.类3().方法

如果要访问类3的类型属性和方法，对应的语法形式如下。

类1.类2.类3.属性
类1.类2.类3.方法

【程序7-22】以下将定义5类,其中,类StrClass直接嵌套在类NewClass中,类Str1Class、Str2lass、Str3Class又直接嵌套在类StrClass中。

```
01    import Foundation
02    class NewClass {
03        class func printstr(str:String){
04            print(str)
05        }
06        // StrClass类
07        class StrClass{
08            // StrClass1类
09            class Str1Class{
10                class var str:String{
11                    return "Hello"
12                }
13            }
14            // StrClass2类
15            class Str2Class{
16                class var str:String{
17                    return "Swift"
18                }
19            }
20            // StrClass3类
21            class Str3Class{
22                var str:String="World"
23            }
24        }
25    }
26    //访问类中的类型属性和存储属性
27    NewClass.printstr(NewClass.StrClass.Str1Class.str)
28    NewClass.printstr(NewClass.StrClass.Str2Class.str)
29    NewClass.printstr(NewClass.StrClass.Str3Class().str)
```

此时运行程序,会看到如下的效果。

```
Hello
Swift
World
```

7.6 可选链接

可选链接可以判断请求或调用的目标(属性、方法、下标脚本等)是否为空。如果目标有值,那么调用就会成功;相反,则返回空(nil)。对于多次请求或调用,可以被链接在一起形成一个链条。可选链接其实就是使用"?"运算符对可选类型实现的一种运算。

7.6.1 使用可选链接调用代替强制解析

开发者可以在想要调用的属性、下标脚本和方法的可选值后面添加一个"?"问号来进行可选链接的定义。开发者可以通过对可选链接调用代替强制解析。

【**程序 7-23**】以下将对可选类型进行解析。

```
01  import Foundation
02  class Person {
03      var residence: Residence?
04  }
05  class Residence {
06      var numberOfRooms = 1
07  }
08  let john = Person()
09  let roomCount = john.residence!.numberOfRooms            //强制解析
```

在以上的代码中，Residence 有一个 Int 类型的属性 numberOfRooms，其默认值为 1。Person 具有一个可选的 residence 属性，其类型为 Residence?。如果创建一个新的 Person 实例，因为它的 residence 属性是可选的，john 属性将初始化为 nil，此时，使用叹号（!）强制解析获得这个 john 的 residence 属性中的 numberOfRooms 值，会触发运行时错误，因为这时 residence 没有可以解析的值，错误信息如下。

```
unexpectedly found nil while unwrapping an Optional value
```

为了解决在解析类型时没有值的问题，Swift 提供了可选链接，使用问号（?）来替代原来的叹号（!），所以可以将以上的代码。

```
let roomCount = john.residence!.numberOfRooms
```

改为以下的代码：

```
01  if let roomCount = john.residence?.numberOfRooms {
02      print("John's residence has \(roomCount) room(s).")
03  } else {
04      print("Unable to retrieve the number of rooms.")
05  }
```

此时运行程序，会看到如下的效果。

```
Unable to retrieve the number of rooms.
```

7.6.2 通过可选链接调用属性、下标脚本、方法

开发者可以使用可选链接的可选值来调用属性、下标脚本和方法，并检查这些内容调用是否成功。

1. 调用属性

通过可选链接调用属性的语法形式如下。

可选链接.属性名   //调用属性

【程序 7-24】以下将通过可选链接来调用属性值，并获取这个属性值。代码如下。

```
01  import Foundation
02  class Person {
03      var residence: Residence?=nil
04  }
05  class Residence {
06      var numberOfRooms = 10
07  }
08  let john1 = Person()
09  if let roomCount = john1.residence?.numberOfRooms {        //通过可选链接调用属性
10      print("John 在房子中有 \(roomCount) 个房间")
11  } else {
12      print("无法检索房间数")
13  }
14  let john2 = Person()
15  let johnResidence = Residence()
16  john2.residence=johnResidence
17  if let roomCount = john2.residence?.numberOfRooms {        //通过可选链接调用属性
18      print("John 在房子中有 \(roomCount) 个房间")
19  } else {
20      print("无法检索房间数")
21  }
```

此时运行程序，会看到如下的效果。

无法检索房间数
John 在房子中有 10 个房间

2. 调用方法

通过可选链接调用方法的语法形式如下。

可选链接.方法   //调用方法

【程序 7-25】以下将通过可选链接来调用方法 printNumberOfRooms()，此方法的功能是输出 numberOfRooms 的值。

```
01  import Foundation
02  class Person {
03      var residence: Residence?
04  }
05  class Residence {
06      var numberOfRooms=10
07      func printNumberOfRooms() {
08          print("The number of rooms is \(numberOfRooms)")
09      }
10  }
11  let john = Person()
12  if let a: ()=john.residence?.printNumberOfRooms() {        //通过可选链接调用方法
13      print("打印房间数")
14  } else {
15      print("无法打印房间数")
16  }
```

此时运行程序，会看到如下的效果。

无法打印房间数

3. 调用下标脚本
通过可选链接调用下标脚本的语法形式如下。

可选链接.[下标]   //调用下标脚本

【程序 7-26】以下将通过可选链接来调用下标脚本。

```
01  import Foundation
02  class Person {
03      var residence: Residence?
04  }
05  class Residence {
06      subscript(i: Int) -> Int {
07          return i
08      }
09  }
10  let john = Person()
11  if let firstRoomName = john.residence?[5] {            //通过可选链接调用下标脚本
12      print("John 在房子中有 \(firstRoomName)个房子")
13  } else {
14      print("无法检索房间数")
15  }
```

此时运行程序，会看到如下的效果。

无法检索房间数

7.6.3 连接多个链接

开发者可以通过连接多个可选链接调用在更深的模型层级中的属性、方法以及下标。然而，多层可选链接调用不会增加返回值的可选层级。

【程序 7-27】以下将通过连接多个链接获取属性 street 的内容。

```
01  import Foundation
02  // Person 类，定义了属性 residence
03  class Person {
04      var residence: Residence?
05  }
06  // Residence 类，定义了属性 address
07  class Residence {
08      var address: Address?
09  }
10  // Address 类定义了属性 street
11  class Address {
12      var street: String?
13  }
14  //实例化对象
```

```
15    let john = Person()
16    let johnsHouse = Residence()
17    john.residence = johnsHouse
18    let johnsAddress = Address()
19    //赋值
20    johnsHouse.address=johnsAddress
21    johnsAddress.street = "Laurel Street"
22    if let johnsStreet = john.residence?.address?.street {          //链接了两个可选链接
23        print("John 的地址为: \(johnsStreet)")
24    } else {
25        print("无法检索地址")
26    }
```

此时运行程序，会看到如下的效果。

John 的地址为: Laurel Street

7.7 综合案例

本节以将以上讲解的内容为基础，为开发者讲解 2 个综合案例：第一个是收支情况，第二个是根据周长计算面积。

7.7.1 收支情况

在很多的公司，都会有会计，他们主要的职责就是对公司的收支情况进行统计。在编程中实现这一功能。要实现收支情况的计算，首先需要创建一个类，然后在此类中需要使用属性存放存款、收入以及支出等钱数。可能这些钱数的单位不会相等，可以使用计算属性进行单位转换。最后可以使用属性监视器对总钱数的增多/减少进行统计。

【程序 7-28】有一个工程师，有存款 20000 美元。今日领取 4000 元人民币的开发费用，并支出 1710 元人民币的房租费用。构建一个类表示该工程师的收支情况。

```
01  import Foundation
02  class BalanceOfPayments {
03      var initdeposit:Double=20000              //存款
04      var incomeDollar=0.0                      //收入钱数，以美元为单位
05      //收入钱数，以人民币为单位
06      var incomeRMB:Double{
07          get{
08              let RMB=incomeDollar*6.1
09              return RMB                        //返回以人民币为单位的金额
10          }
11          set(RMB){
12              incomeDollar=RMB/6.1              //返回以美元为单位的金额
13          }
14      }
15      var expenditureDollar=0.0                 //支出钱数，以美元为单位
16      //支出钱数，以人民币为单位
```

```
17      var expenditureRMB:Double{
18          get{
19              let RMB=expenditureDollar*6.1
20              return RMB                          //返回以人民币为单位的金额
21          }
22          set(RMB){
23              expenditureDollar=RMB/6.1           //返回以美元为单位的金额
24          }
25      }
26      //监视总存款数
27      var totaldeposits:Double=20000{
28          //完整的属性监视器
29          willSet(newTotalSteps) {
30              print("存款总额为\(newTotalSteps)美元")
31          }
32          didSet(old) {
33              if totaldeposits > old {
34                  print("与原来相比增加了\(totaldeposits - old)美元")
35              }else{
36                  print("与原来相比减少了\(old-totaldeposits  )美元")
37              }
38          }
39      }
40  }
41  var balanceOfPayments=BalanceOfPayments()
42  balanceOfPayments.incomeRMB=4000
43  print("收入的钱为\(balanceOfPayments.incomeRMB)人民币,
44  约为\(balanceOfPayments.incomeDollar)美元")
45  balanceOfPayments.totaldeposits = balanceOfPayments.totaldeposits +
46  balanceOfPayments.incomeDollar
47  balanceOfPayments.expenditureRMB=1710
48  print("支出的钱为\(balanceOfPayments.expenditureRMB)人民币, 约为
49  \(balanceOfPayments.expenditureDollar)美元")
50  balanceOfPayments.totaldeposits = balanceOfPayments.totaldeposits -
51  balanceOfPayments.expenditureDollar
```

此时运行程序,会看到如下的效果。

收入的钱为 4000.0 人民币,约为 655.737704918033 美元
存款总额为 20655.737704918 美元
与原来相比增加了 655.737704918032 美元
支出的钱为 1710.0 人民币,约为 280.327868852459 美元
存款总额为 20375.4098360656 美元
与原来相比减少了 280.327868852459 美元

7.7.2 根据周长计算面积

根据周长计算某一图形的面积,首先需要知道周长和图形对应的面积公式。如果周长为 L,要求三角形的面积公式如下。

等边三角形的面积=1/2*(L/3)*(L/3*sin30°)=0.05L

圆的面积公式如下。

圆的面积=π*(L/(2*π))² = 0.07L²

正方形的面积公式如下。

正方形的面积=L/4×L/4=0.06L²

然后，创建一个类，在类中定义一个存储属性，用来存放边长，最后使用实例方法求解图形的面积，面积的计算需要使用到公式。

【程序 7-29】构建一个类，求解周长为 140 的圆形、等边三角形、正方形的面积。

```
01    import Foundation
02    class AreaClass{
03    let perimeter:Double=140
04        //计算等边三角形的面积
05        func equilateralTriangleArea(){
06            let area=0.05*perimeter*perimeter
07            print("等边三角形的面积为：\(area)")
08        }
09        //计算圆形的面积
10        func circularArea(){
11            let area=0.07*perimeter*perimeter
12            print("圆的面积为：\(area)")
13        }
14        //计算正方形的面积
15        func squareArea(){
16            let area=0.06*perimeter*perimeter
17            print("正方形的面积为：\(area)")
18        }
19    }
20    let area=AreaClass()
21    area.equilateralTriangleArea()
22    area.circularArea()
23    area.squareArea()
```

此时运行程序，会看到如下的效果。

等边三角形的面积为：980.0
圆的面积为：1372.0
正方形的面积为：1176.0

7.8 上机实践

1. 编写程序，构建一个长方体的类，其中长方体的长 50，宽为 60，高为 30，计算并输出长方体的周长、表面积和体积。

分析：

本题需要使用到类中的存储属性以及实例方法。在编写此程序时，需要知道长方体的周长、表面积和体积公式：

长方体周长=(长+宽+高)*4
长方体的表面积=(长*宽+长*高+宽*高)×2
长方体体积=长*宽*高

知道了这些公式后，创建一个类，在类中使用存储属性保存长方体的长、宽、高。然后再使用实例方法对长方体的周长、表面积和体积进行计算并输出。

2. 编写程序：有一个英语学习小组，其中有若干名学生。期末英语考试结束后，求学习小组的英语平均成绩。

分析：

本题需要使用到类型属性、存储属性以及实例方法。首先需要创建一个类，然后在类中使用类型属性保存学生人数，使用存储属性保存学生自己的英语成绩，最后定义一个实例方法，计算英语的平均成绩。

第8章 继承

在一个项目中可能有很多的类。如果有些类有相似的部分，不妨将相似的代码提取出来，作为模板。这样，其他的类可以在这个模板的基础上轻松地实现各种功能。在面向对象的编程中将这种功能称为继承，在 Swift 也是。本章将讲解有关继承的内容。

8.1 为什么要使用继承

在编程中，很多开发者只知道继承，但是对于使用继承有什么好处想必是不知道的。本节将讲解两个使用继承的好处。

8.1.1 重用代码、简化代码

当在一个程序中有多个类时，往往这些类拥有很多相同的属性以及方法。维护这些代码往往需要花费大量的时间。这个时候，就可以借鉴函数的思想，将这些属性和方法提取出来放在一个类中。将这个类作为一个模板，这样在使用的时候就可以直接使用了。这不仅增强了代码的重用率，还大大减少了代码的编写量和维护量，如图 8-1 所示。

8.1.2 扩展功能

俗话说，长江后浪推前浪，一浪更比一浪高。这是现实社会发展的写照。在编程中，也存在着这种现象。我们希望可以借助现有的代码，扩展更多的功能。当我们想对一个类的功能进行扩展时，只需要集成原有的类，添加新的属性和方法，就可以了。这样就不会影响原有类的功能。

8.2 继承的实现

本节将讲解如何实现继承。其中包含继承的定义，属性的继承、下标脚本的继承以及方法的继承。

8.2.1 继承的定义

继承是使用 ":" 和一个类名来定义的，其语法形式如下。

```
import Foundationlet
class NewClass1 {
    var str1="Hello"
    var str2="Hello"
    //以下省去97行代码，它们是对str3-str99
存储属性的定义
    ...
    var str100="Hello"
    func printstr(){
        print(str1)
        print(str2)
        //以下省去97行代码，它们是对str3-
str99存储属性的输出
        ...
        print(str100)
    }
    //此处省去5行其他的功能
    ...
}
class NewClass2 {
    var str1="Hello"
    var str2="Hello"
    //以下省去97行代码，它们是对str3-str99
存储属性的定义
    ...
    var str100="Hello"
    func printstr(){
        print(str1)
        print(str2)
        //以下省去97行代码，它们是对str3-
str99存储属性的输出
        ...
        print(str100)
    }
    //此处省去5行其他的功能
    ...
}
...
```

提取出类中相同的代码，放入一个新类中 ⇒

```
import Foundationlet
class sameClass {
    var str1="Hello"
    var str2="Hello"
    //以下省去97行代码，它们是对
str3-str99存储属性的定义
    ...
    var str100="Hello"
    func printstr(){
        print(str1)
        print(str2)
        //以下省去97行代码，它们
是对str3-str99存储属性的输出
        ...
        print(str100)
    }
}
class NewClass1 {
    //此处省去5行其他的功能
    ...
}
class NewClass2 {
    //此处省去5行其他的功能
    ...
}
```

图 8-1 减少代码量

```
class 子类名:父类名{
    …
}
```

其中，“:”冒号是用来实现继承的（被继承的类称为父类，继承后的类称为子类）。它表示子类继承了父类的特性。子类名要符合标识符的命名规则，父类必须在已经存在的类中。以下代码就是让 Fruits 继承 Food。

```
class Food{
    …
}
class Fruits:Food{
    …
}
```

其中，Food 就是父类，Fruits 就是子类，Fruits 继承了类 Food。

注意 在编程中，常说的基类是不继承于其他类的类。

8.2.2 属性的继承

一个子类一旦继承了父类，就说明在父类中声明定义的属性也被继承了。这时，开发者可以在子类中使用父类的属性。可以继承的属性包括存储属性、计算属性和类型属性。

【程序 8-1】以下将实现在 SubClass 中访问 PersonalInformation 的 3 个属性：存储属性、计算属性和类型属性。

```
01  import Foundation
02  //创建 PersonalInformation 类
03  class PersonalInformation{
04      let sex="男"                          //存储属性
05      //计算属性
06      var height:Int{
07          return 175
08      }
09      //类型属性
10      class var name:String{
11          return "Tom"
12      }
13  }
14  //SubClass 继承了 PersonalInformation
15  class SubClass:PersonalInformation{
16  }
17  let tom=SubClass()
18  //输出 tom 中的属性内容
19  print(tom.sex)
20  print(tom.height)
21  print(SubClass.name)
```

此时运行程序，会看到如下的效果。

男
175
Tom

子类不仅可以继承父类的属性，还可以继承在属性中添加的属性监视器。

【程序 8-2】以下将在父类中添加属性监视器，对属性 totalSteps 进行检索。然后在子类中使用。

```
01  import Foundation
02  class SuperClass{
03      var totalSteps: Int = 0 {
04          ///添加属性监视器
05          willSet(newTotalSteps) {
06              print("新的值为 \(newTotalSteps)")
07          }
08          didSet {
09              if totalSteps > oldValue  {
10                  print("与原来相比增减了 \(totalSteps - oldValue) 个值")
11              }
12          }
13      }
```

```
14      }
15      //类 SubClass 继承了 SuperClass
16      class SubClass:SuperClass{
17      }
18      let newclass=SubClass()
19      newclass.totalSteps=0
20      newclass.totalSteps=100
21      newclass.totalSteps=600
```

此时运行程序，会看到如下的效果。

新的值为 0
新的值为 100
与原来相比增减了 100 个值
新的值为 600
与原来相比增减了 500 个值

8.2.3 下标脚本的继承

如果在父类中定义了下标脚本，子类在继承父类之后，同样继承了父类中的下标脚本，即在子类中可以使用父类的下标脚本。

【程序 8-3】以下将在父类中定义下标脚本，在继承的子类中使用它。

```
01      import Foundation
02      //创建类 SuperClass
03      class SuperClass{
04          var english:Int=60
05          var chinese:Int=79
06          var math:Int=95
07          //定义下标脚本
08          subscript(index:Int)->Int{
09              switch index{
10              case 0:
11                  return english
12              case 1:
13                  return chinese
14              case 2:
15                  return math
16              default:
17                  return 0
18              }
19          }
20      }
21      //类 SubClass 继承了 SuperClass
22      class SubClass:SuperClass{
23      }
24      let scores=SubClass()
25      //调用下标脚本，并输出
26      print(scores[0])
27      print(scores[1])
28      print(scores[2])
29      print(scores[10])
```

此时运行程序,会看到如下的效果。

```
60
79
95
0
```

8.2.4 方法的继承

当子类继承了父类时,如果在父类中定义了方法(实例方法和类型方法),那么子类在继承父类的同时,也继承了父类中的方法。

【程序 8-4】以下将在子类中使用父类中的方法。

```
01   import Foundation
02   //创建类 SuperClass
03   class SuperClass{
04       let value=100
05       let str="Hello"
06       //实例方法,功能为输出属性 value
07       func printvalue(){
08           print(value)
09       }
10       //类型方法,功能为输出字符串
11       class func printTypeFunc(){
12           print("Type Func")
13       }
14   }
15   //类 SubClass 继承了 SuperClass
16   class SubClass:SuperClass{
17   }
18   let newclass=SubClass()
19   newclass.printvalue()                    //使用父类中的实例方法
20   SubClass.printTypeFunc()                 //使用父类中的类型方法
```

此时运行程序,会看到如下的效果。

```
100
Type Func
```

8.3 继承的特点

继承是一种机制,可以很大程度上提高代码的重用率,简化代码。在为我们带来方便的同时,继承也有一些自己的特点。本节将讲解继承的 2 个特点:多层继承和不可删除。

8.3.1 多层继承

在 Swift 只支持单继承,即一个类只能继承自一个父类。但反过来,一个父类可以被多个子

类继承。子类还可以被其他类再次继承。这样就形成了多层继承，如图 8-2 所示。

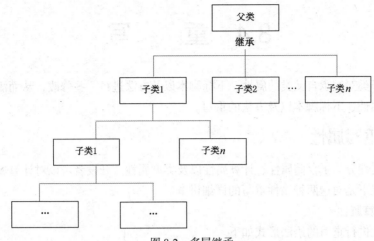

图 8-2　多层继承

开发者千万不要将多层继承理解为多个父类可以同时被一个子类继承，如图 8-3 所示。

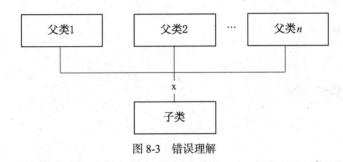

图 8-3　错误理解

8.3.2　不可删除

在继承中，子类从父类继承来的成员只可以接受，不可以删除，如以下的代码。

```
01  import Foundation
02  class SuperClass{
03      let value=100
04      let str="Hello"
05      //实例方法，功能为输出属性 value
06      func printvalue(){
07          print(value)
08      }
09      //类型方法，功能为输出字符串
10      class func printTypeFunc(){
11          print("Type Func")
12      }
13  }
14  //类 SubClass 继承了 SuperClass
15  class SubClass:SuperClass{
16  }
```

在此代码中，类 SubClass 继承了类 SuperClass，所以它也只能接受父类 SuperClass 中的两个

方法，并不可以删除。

8.4 重　　写

重写就是子类对继承自父类的属性、下标脚本以及方法进行一些修改，从而满足特定需求。本节将讲解对属性、下标脚本以及方法的重写。

8.4.1 重写属性

在类中的属性分为了存储属性、计算属性以及类型属性，开发者可以对计算属性以及类型属性进行重写。以下是对这两种属性重写的详细讲解。

1. 重写计算属性

对计算属性进行重写的语法形式如下。

```
override var 属性名:数据类型{
    get{
        …
        return 某一属性值
    }
    set{
        …
        属性值=某一个值
        …
    }
}
```

【程序 8-5】以下将重写计算属性，将计算属性返回的值由 100 改为 50。

```
01    import Foundation
02    //创建类 SuperClass
03    class SuperClass{
04        var value:Int{
05            return 100
06        }
07    }
08    //类 SubClass 继承了类 SuperClass
09    class SubClass:SuperClass{
10        //重写计算属性
11        override var value:Int{
12            return 50
13        }
14    }
15    let subClass=SubClass()
16    print(subClass.value)
```

此时运行程序，会看到如下的效果。

```
50
```

2. 重写类型属性

对类型属性进行重写的语法形式如下。

```
override class var 属性名:数据类型{
    ...
    返回一个值
}
```

注意

使用关键字 static 定义的类型属性是不可以进行重写的。

【程序 8-6】 以下将重写类型属性,将类型属性返回的字符串"Hello"由改为"Swift"。

```
01  import Foundation
02  //创建类 SuperClass
03  class SuperClass{
04      class var str:String{
05          return "Hello"
06      }
07  }
08  //类 SubClass 继承了类 SuperClass
09  class SubClass:SuperClass{
10      //重写类型属性
11      override class var str:String{
12          return "Swift"
13      }
14  }
15  print(SubClass.str)
```

此时运行程序,会看到如下的效果。

```
Swift
```

3. 添加属性监视器

开发者可以为继承来的属性添加属性监视器。这样一来,当继承来的属性值发生改变时,开发者就会被通知到,其语法形式如下。

```
override var 属性名:数据类型=初始值{
    willSet(参数名){
        ...
    }
    didSet{
        ...
    }
}
```

【程序 8-7】 以下将实现在子类 AutomaticCar 中添加属性监视器。

```
01  import Foundation
02  //创建类 Car
03  class Car{
04      var speed: Double = 0.0
```

```
05  }
06  //创建类AutomaticCar,作为Car的子类
07  class AutomaticCar: Car {
08      var gear = 1
09      override var speed: Double {
10          //添加属性监视器
11          didSet {
12              gear = Int(speed)
13              print(gear)
14          }
15      }
16  }
17  let automatic = AutomaticCar()
18  automatic.speed = 35.0
19  automatic.speed = 100.0
20  automatic.speed = 300.0
```

此时运行程序,会看到如下的效果。

```
35
100
300
```

8.4.2 重写下标脚本

对子类继承自父类的下标脚本进行重写,其语法形式如下。

```
override subscript(入参参数列表) ->返回值的数据类型 {
    get {
      // 返回与入参匹配的类型的值
    }
    set(newValue) {
      // 执行赋值操作
    }
}
```

【程序 8-8】以下将重写下标脚本,将原来的下标脚本通过下标获取分数,改为了获取下标的平方值。

```
01  import Foundation
02  //创建类SuperClass
03  class SuperClass{
04      var english:Int=100
05      var chinese:Int=89
06      var math:Int=98
07      //定义下标脚本
08      subscript(index:Int)->Int{
09          switch index{
10          case 0:
11              return english
12          case 1:
13              return chinese
14          case 2:
```

```
15              return math
16          default:
17              return 0
18          }
19      }
20  }
21  //创建类SubClass,作为SuperClass的子类
22  class SubClass:SuperClass{
23      //重写下标脚本
24      override subscript(index: Int) -> Int {
25          let count=index*index
26          return count
27      }
28  }
29  let subClass=SubClass()
30  print(subClass[2])
```

此时运行程序,会看到如下的效果。

4

8.4.3 重写方法

开发者可以对继承自父类的方法进行重写,从而实现某一定制的方法。以下就对方法重写详细讲解。

1. 重写实例方法

实例方法重写的语法形式如下。

```
override func 方法名(参数列表)->返回值类型{
    ...
}
```

【程序 8-9】以下将重写实例方法,将原来的输出字符串的功能改为遍历字符串中字符的功能。

```
01  import Foundation
02  //创建类SuperClass
03  class SuperClass{
04      func printstr(str:String){
05          print(str)
06      }
07  }
08  //创建类SubClass,作为SuperClass的子类
09  class SubClass:SuperClass{
10      //重写实例方法,遍历字符串中的字符
11      override func printstr(str:String){
12          for item in str.characters{
13              print(item)
14          }
15      }
16  }
17  let subClass=SubClass()
```

```
18    subClass.printstr("Hello")
```

此时运行程序,会看到如下的效果。

```
H
e
l
l
o
```

2. 重写类型方法

对类型方法进行重写的语法形式如下。

```
override class func 方法名(参数列表)->返回值类型{
    …
}
```

【程序 8-10】 以下将重写实例方法,将获取区间中两个数的差改为了输出区间中的值。

```
01   import Foundation
02   //创建类 SuperClass
03   class SuperClass{
04       class func range(start:Int,end:Int){
05           let result=end-start
06           print(result)
07       }
08   }
09   //创建类 SubClass,作为 SuperClass 的子类
10   class SubClass:SuperClass{
11       //重写类型方法
12       override class func range(start:Int,end:Int){
13           for value in start...end{
14               print(value)
15           }
16       }
17   }
18   SubClass.range(0, end: 5)
```

此时运行程序,会看到如下的效果。

```
0
1
2
3
4
5
```

8.4.4 访问父类成员

在子类中重写了父类中的属性、下标脚本和方法后,有时为了满足某种需求,需要访问父类中相对应的部分。此时就需要使用到关键字 super。以下就是对父类中的属性、下标脚本和方法进行访问的语法形式。

```
super.属性名                                  //访问父类的属性
super[下标]                                   //访问父类的下标脚本
super.方法名(参数值)                          //访问父类的方法
```

【程序 8-11】 以下将访问父类中的属性、下标脚本以及方法。

```
01    import Foundation
02    class NewClass1{
03        //计算属性
04        var speed:Double{
05            return 10
06        }
07        //类型属性
08        class var str:String{
09            return "Hello"
10        }
11        //下标脚本
12        subscript(index:Int)->Int{
13            let count=index-5
14            return count
15        }
16        //实例方法，实现字符串"World"的输出
17        func printstr(){
18            print("World")
19        }
20        //类型方法，实现两个数的减法运算
21        class func rang(start:Int,end:Int){
22            print("两数相差\(end-start)")
23        }
24    }
25    class NewClass2:NewClass1{
26        //重写计算属性
27        override var speed:Double{
28            return 10
29        }
30        //重写类型属性
31        override class var str:String{
32            return "Swift"
33        }
34        //重写下标脚本
35        override subscript(index:Int)->Int{
36            let count=index+100
37            return count
38        }
39        //重写实例方法，实现输出字符串("I Love Swify")
40        override func printstr() {
41            print("I Love Swify")
42        }
43        //重写类型方法，实现范围中数字的输出
44        override class func rang(start:Int,end:Int){
45            var i=start
46            for(i;i<=end;++i){
47                print(i)
```

```
48          }
49      }
50      func superclass1(){
51          print(super.speed)                          //访问父类的计算属性
52          print(super[5])                             //访问父类的下标脚本
53          super.printstr()                            //访问父类的实例方法
54      }
55      class func superclass2(){
56          super.str                                   //访问父类的类型属性
57          super.rang(5, end: 20)                      //访问父类的类型方法
58      }
59 }
60 var newclass2=NewClass2()
61 newclass2.superclass1()
62 NewClass2.superclass2()
```

此时运行程序，会看到如下的效果。

```
10.0
0
World
两数相差 15
```

8.4.5 阻止重写

虽然在父类中的属性、下标脚本以及方法可以在子类中重写，但是在有的时候需要禁止对某一个属性、下标脚本或者方法进行重写。此时，就需要使用 final 关键字来禁止这些内容的重写。

1. 阻止重写属性

阻止重写属性可以分为阻止重写计算属性和阻止重写类型属性两种。其中，阻止重写计算属性的语法形式如下。

```
final var 属性名:数据类型{
    get{
        …
        return 某一属性值
    }
    set(参数){
        …
        属性值=某一个值
        …
    }
}
```

阻止重写类型属性的语法形式如下。

```
final class var 属性名:数据类型{
    …
    返回一个值
}
```

2. 阻止重写下标脚本

阻止重写下标脚本的语法形式如下。

```
final subscript(入参参数列表) ->返回值的数据类型 {
    get {
      // 返回与入参匹配的类型的值
    }
    set(参数名称) {
      // 执行赋值操作
    }
}
```

3. 阻止重写方法

阻止重写方法可以分为阻止重写实例方法和阻止重写类型方法两种。其中，阻止重写实例方法的语法形式如下。

```
final func 方法名(参数名1:数据类型,参数名2:数据类型…)->返回值类型
      …
}
```

阻止重写类型方法的语法形式如下。

```
final class func 方法名(参数名1:数据类型,参数名2:数据类型…)->返回值类型
      …
}
```

当属性、方法、下标脚本被禁止重写后，是不允许再在子类中进行重写的。否则就会出现错误，如以下的代码。

```
01  import Foundation
02  class NewClass1{
03      //阻止重写
04      final var value:Int{
05          return 100
06      }
07  }
08  class NewClass2:NewClass1{
09      //重写类型方法
10      override var value:Int{
11          return 50
12      }
13  }
```

由于在父类中使用了 final 阻止了计算属性 value 的重写，但在此代码中又在子类中重写了计算属性 value，导致程序出现了以下的错误。

```
Var overrides a 'final' var
```

8.5 类型转换

类型转换可以判断实例的类型，也可以将实例看作是其父类或者子类的实例。在 Swift 中类型转换使用 is 和 as 操作符实现。这两个操作符提供了一种简单达意的方式去检查值的类型或者转换成其他的类型。本节将主要讲解有关类型转换的内容。

8.5.1 类型检查

类型检查是一种检查类实例的方式。它的实现需要使用到类型检查操作符（is），该操作符用来检查一个实例是否属于特定子类型。若实例属于那个子类型，类型检查操作符返回 true，否则返回 false。

【程序 8-12】以下将检查一个实例是否属于特定子类型。

```
01    import Foundation
02    //定义类 NewClass1
03    class NewClass1{
04    }
05    //定义类 NewClass2，作为 NewClass1 的子类
06    class NewClass2:NewClass1{
07    }
08    //定义类 NewClass3，作为 NewClass1 的子类
09    class NewClass3:NewClass1{
10    }
11    let library=[NewClass2(),NewClass2(),NewClass2(),NewClass3(),NewClass2(),NewClass2()]
12    var newclass1Count=0
13    var newclass2Count=0
14    //遍历数组
15    for item in library{
16        //判断当前实例是否属于 NewClass2
17        if item is NewClass2{
18            ++newclass1Count
19        }
20            //判断当前实例是否属于 NewClass3
21        else if item is NewClass3{
22            ++newclass2Count
23        }
24    }
25    print("NewClass2 的实例有\(newclass1Count)个")
26    print("NewClass3 的实例有\(newclass2Count)个")
```

此时运行程序，会看到如下的效果。

```
NewClass2 的实例有 5 个
NewClass3 的实例有 1 个
```

8.5.2 向下转型

某类型的一个常量或变量可能在幕后实际上属于一个子类。当确定是这种情况时,开发者可以尝试向下转到它的子类型,此时需要使用类型转换操作符 as,此操作符有两个形式:一种是强制形式 as!,另一种是条件形式 as?。以下就是对这两个操作符的讲解。

1. 强制形式——as!

向下转型的强制形式 as!把试图向下转型和强制解析转换结果结合为一个操作。如果当转换一定成功时,才可以使用强制形式。

2. 条件形式——as?

条件形式 as?将返回一个开发者试图向下转型的类型的可选值,当开发者不确定向下转型可以成功时,可以使用条件形式。

【程序 8-13】以下将使用 as?来实现向下转型。

```
01   import Foundation
02   //定义NewClass1
03   class NewClass1{
04   }
05   //定义类NewClass2,作为NewClass1的子类
06   class NewClass2:NewClass1{
07       var movie: String="Hello"
08   }
09   //定义类NewClass3,作为NewClass1的子类
10   class NewClass3:NewClass1{
11       var artist: String="Swift"
12   }
13   let library = [NewClass2(),NewClass3(),NewClass3()]
14   //遍历
15   for item in library{
16       //判断是否转为NewClass2
17       if let class2=item as?NewClass2{
18           print("NewClass2: \(class2.movie)")
19       //判断是否转为NewClass3
20       }else if let class3=item as? NewClass3 {
21           print("NewClass3:  \(class3.artist)")
22       }
23   }
```

此时运行程序,会看到如下的效果。

```
NewClass2: Hello
NewClass3: Swift
NewClass3: Swift
```

8.5.3 AnyObject 和 Any 的类型转换

在编写程序时,对于一些不明确的类型,Swift 提供了两种类型别名,分别为 AnyObject 和 Any。

1. AnyObject 类型

AnyObject 可以表示任意类型的实例。在编程中,经常会接收到一个[AnyObject]类型的数组,

或者说"一个任意类型对象的数组"。在这些情况下,开发者可以使用强制形式的类型转换(as!)来下转数组中的每一项到比 AnyObject 更明确的类型,不需要可选解包。

【程序 8-14】以下将使用 AnyObject 类型别名定义一个数组,然后使用 as! 进行转换。

```
01   import Foundation
02   //定义类 NewClass1
03   class NewClass1{
04       var director:String{
05           return "Michael Curtiz"
06       }
07   }
08   //定义类 NewClass2,作为 NewClass1 的子类
09   class NewClass2:NewClass1{
10       override var director:String{
11           return "Alexia"
12       }
13   }
14   //定义类 NewClass3,作为 NewClass1 的子类
15   class NewClass3:NewClass1{
16       override var director:String{
17           return "Anna"
18       }
19   }
20   let library:[AnyObject] = [NewClass1(),NewClass2(),NewClass3(),NewClass3()]
21   //遍历,并进行检查
22   for item:AnyObject in library {
23       let value = item as! NewClass1
24       print("\(value.director)")
25   }
```

此时运行程序,会看到如下的效果。

```
Michael Curtiz
Alexia
Anna
Anna
```

2. Any 类型

Any 比 AnyObject 使用的范围更广,它可以表示任何类型,除了方法类型。

【程序 8-15】以下将使用 Any 类型别名定义一个数组,然后使用 as 进行转换。

```
01   import Foundation
02   //定义 NewClass1 类
03   class NewClass1{
04       var director:String{
05           return "Anna"
06       }
07   }
08   //定义类 NewClass2,作为 NewClass1 的子类
09   class NewClass2:NewClass1{
10       override var director:String{
11           return "Orson Welles"
12       }
```

```
13   }
14   //向数组 things 中添加元素
15   var things = [Any]()
16   things.append(0)
17   things.append(0.0)
18   things.append(42)
19   things.append(3.14159)
20   things.append("hello")
21   things.append(NewClass1())
22   things.append(NewClass2())
23   //遍历
24   for thing in things {
25       switch thing {
26       case 0 as Int:
27           print("0 是整型")
28       case 0.0 as Double:
29           print("0.0 是浮点型")
30       case let someInt as Int:
31           print("\(someInt)是一个整型值")
32       case let someDouble as Double where someDouble > 0:
33           print("\(someDouble)可能是一个浮点型值")
34       case let someString as String:
35           print("\(someString)是一个字符串")
36       default:
37           print("其他")
38       }
39   }
```

此时运行程序,会看到如下的效果。

```
Michael Curtiz
Alexia
Anna
Anna
```

8.6 综合案例

本节将围绕类的继承为开发者讲解一个综合案例,公司包括很多成员(member),他们都具有共同的特性,如性别、年龄、入职时间。根据岗位,又分为主管、职员、经理,他们具有不同的工作,使用类的继承表达这种关系。

要想使用继承表达这种关系,首先需要创建一个父类,在父类中定义公司中成员的共同特性,如性别、年龄、入职时间等。然后再创建 3 个子类,这 3 个子类是根据岗位创建的,它们都继承自父类。

【程序 8-16】以下将使用代码完成上述功能。

```
01   import Foundation
02   //定义类 CommonFeatures,在此类中定义了很多公司成员的共同属性
03   class CommonFeatures{
```

```
04        var employeeSex:String=""
05        var employeeAge:Int=0
06        var employeeTime:String=""
07    }
08    //定义类PersonInCharge, 它继承了类CommonFeatures
09    class PersonInCharge:CommonFeatures {
10
11    }
12    //定义类Manager, 它继承了类CommonFeatures
13    class Manager: CommonFeatures {
14
15    }
16    let personImCharge=PersonInCharge()
17    personImCharge.employeeSex="Male"
18    personImCharge.employeeAge=20
19    personImCharge.employeeTime="2010/10/20"
20    print("主管的性别：\(personImCharge.employeeSex)")
21    print("主管的年龄：\(personImCharge.employeeAge)")
22    print("主管的入职时间：\(personImCharge.employeeTime)")
23    let manager=Manager()
24    manager.employeeSex="Female"
25    manager.employeeAge=50
26    manager.employeeTime="2000/08/01"
27    print("经理的性别：\(manager.employeeSex)")
28    print("经理的年龄：\(manager.employeeAge)")
29    print("经理的入职时间：\(manager.employeeTime)")
```

此时运行程序，会看到如下的效果。

主管的性别：Male
主管的年龄：20
主管的入职时间：2010/10/20
经理的性别：Female
经理的年龄：50
经理的入职时间：2000/08/01

8.7 上机实践

编写程序，在学生课程成绩考核中，最终成绩按照考试成绩占比60%，平时成绩占比40%构成。但是对于英语成绩，考试成绩包括笔试和口语两部分，各占50%。一个学生在英语考试中笔试考了48分，口语考了38分，平时成绩为70分，计算这个考试的最终成绩。

分析：

本题需要使用到类的继承和重写实现。首先，需要创建一个父类，在父类中定义两个计算属性，一个为考试成绩，另一个为平时成绩，再定义一个方法，获取最终成绩。然后创建一个子类，在子类中实现考试成绩和平时成绩的重写。

第9章
枚举和结构

Swift 提供了两个特殊的类型：一个是枚举（也称枚举类型），另一个是结构（也称为结构体）。其中，枚举定义了一些常用的具有相关性的一组数据，它们可以有助于提供代码的可读性。结构是由一系列具有相同类型或不同类型的数据构成的数据集合。本章将讲解有关枚举和结构的内容。

9.1 枚举的构成

通常，一个枚举包括成员值、属性、下标脚本以及方法，如图 9-1 所示。

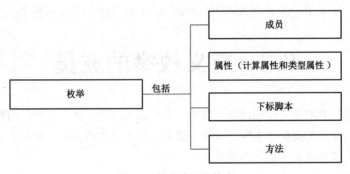

图 9-1 枚举类型的构成

9.2 定义枚举

在 Swift 中，枚举可以分为两种：一种是没有指定数据类型的枚举（一般将这种枚举叫作任意类型的枚举），另一种是指定数据类型的枚举。以下就是对这两种枚举的定义。

9.2.1 任意类型的枚举类型

任意类型的枚举使用 enum 关键字进行定义，其语法形式如下。

```
enum 枚举名称{
    …
}
```

【程序 9-1】 以下将定义一个任意类型的枚举。

```
01    import Foundation
02    enum CompassPoint {
03
04    }
```

在此代码中，定义了一个名为 CompassPoint 的任意类型的枚举。

9.2.2 指定数据类型的枚举类型

指定数据类型的枚举也是使用 enum 关键字进行定义，但是要在枚举名称后面添加 ":" 冒号以及数据类型。其定义形式如下。

```
enum 枚举名称:数据类型{
    …
}
```

【程序 9-2】 以下将定义一个类型为字符的枚举。

```
01    import Foundation
02    enum ASCIIControlCharacter: Character {
03
04    }
```

在此代码中，定义了一个名为 ASCIIControlCharacter 的字符类型的枚举。

9.3 定义枚举的成员

在枚举的构成中我们没有使用成员、属性、下标脚本以及方法。本节我们将讲解如何在枚举中定义成员。根据枚举的类型的不同，枚举成员的定义也分为两种：一种是定义任意类型的枚举成员；另一种是定义指定类型的枚举成员。

9.3.1 定义任意类型的枚举成员

定义任意类型的枚举成员需要使用关键字 case，其语法形式如下。

```
enum 枚举名称 {
    case 成员名称1
    case 成员名称2
    …
}
```

其中，关键字 case 表示成员中一条新的分支被定义。

【程序 9-3】 以下将为枚举 CompassPoint 定义成员。

```
01    enum CompassPoint {
02        case North
03        case South
04        case East
```

```
05      case West
06  }
```

在定义任意类型的枚举成员时,需要注意以下几点。

1. 成员定义为不同类型

在具有任意类型的枚举类型中,可以将它里面的成员定义为不同类型,其语法形式如下。

```
enum 枚举名称{
   case 成员名1(数据类型)
   case 成员名2(数据类型)
   …
}
```

2. 可以不定义成员

在任意类型中,可以不定义成员,从而形成一个空的枚举类型。

9.3.2 定义指定数据类型的枚举成员

定义指定数据类型的枚举成员也同样需要使用 case,其语法形式如下:

```
enum 枚举名称:数据类型 {
   case 成员名称1=原始值
   case 成员名称2=原始值
   …
}
```

其中,关键字 case 表示成员中一条新的分支被定义。

【程序9-4】以下将为字符类型的枚举指定成员。

```
01  enum ASCIIControlCharacter: Character {
02      case Tab = "\t"
03      case LineFeed = "\n"
04      case CarriageReturn = "\r"
05  }
```

在定义指定数据类型的枚举成员时,需要注意以下几点。

1. 可以不指定原始值

在指定数据类型的枚举类型中,可以不指定原始值。

2. 不可以定义其他类型

在为枚举类型指定数据类型后,它里面的成员也都为此数据类型,不可以定义其他类型。

3. 原始值必须是唯一的

在为成员指定原始值时,原始值必须是唯一标识的。

4. 必须定义成员

在指定数据类型的枚举类型中,必须使用 case 关键字定义成员,即该类型的枚举类型成员不可以为空。

为枚举类型指定数据类型后,此数据类型被称为原始类型,它里面的每一个成员都为此类型。

9.3.3 定义枚举成员时的注意事项

在定义枚举的成员时需要注意一些内容，避免程序出现错误。以下就是总结了开发者常遇到的 2 个问题。

1. case 不可省

在为枚举类型定义成员时，case 关键字是不可以省去的。否则，程序就会出现错误。

2. 多个成员写在同一行

在 Swift 中，如果在一个枚举类型中定义了多个成员，可以将这多个成员写在同一行，并使用","逗号分隔开。例如以下的代码在枚举类型 Planet 中定义了 8 个成员，代码如下。

```
enum Planet {
    case Mercury, Venus, Earth, Mars, Jupiter, Saturn, Uranus, Neptune
}
```

9.4 实例化枚举的对象

在使用枚举之前，首先要对枚举进行实例化。枚举的实例化的语法形式如下。

```
let/var 枚举对象名=枚举.成员名
```

【程序 9-5】 以下将定义一个枚举，然后将此枚举进行实例化。

```
01  import Foundation
02  //定义一个字符类型的枚举
03  enum ASCIIControlCharacter: Character {
04      case Tab = "\t"
05      case LineFeed = "\n"
06      case CarriageReturn = "\r"
07  }
08  let newEnum=ASCIIControlCharacter.Tab            //实例化
09  print(newEnum)
```

此时运行程序，会看到如下的效果。

```
Tab
```

9.5 枚举成员与 switch 匹配

由于枚举具有多个成员，相当于 switch 中的分支结构，所以枚举经常配合 switch 语句进行使用，从而可以将成员的原始值进行获取。

【程序 9-6】 以下将使用 CompassPoint 枚举与 switch 语言进行匹配。

```
01  import Foundation
02  enum CompassPoint {
```

```
03        case North
04        case South
05        case East
06        case West
07    }
08    let directionToHead = CompassPoint.South
09    switch directionToHead {
10    case .North:
11        print("Lots of planets have a north")
12    case .South:
13        print("Watch out for penguins")
14    case .East:
15        print("Where the sun rises")
16    case .West:
17        print("Where the skies are blue")
18    }
```

此时运行程序，会看到如下的效果。

```
Watch out for penguins
```

将枚举成员和 switch 语句进行匹配时，switch 语句必须要和每一个枚举成员进行匹配，不可以有遗漏。如果开发者不需要匹配每一个枚举成员时，可以提供一个默认的 default 分支来涵盖所有没有明确被匹配的成员。

9.6 访问枚举类型中成员的原始值

使用枚举配合 switch 语句可以用来获取或者访问成员值。除此之外，Swift 还提供了 2 个访问原始值的方法：一个是 rawValue 属性，另一个是 rawValue()函数。

9.6.1 通过成员访问原始值

rawValue 属性可以通过枚举中的成员对相应的原始值进行访问。其语法形式如下。

```
let/var 常量名/变量名=枚举名称.成员名称.rawValue
```

【程序 9-7】以下将使用 rawValue 属性访问 Digital 枚举中的原始值。

```
01    import Foundation
02    enum Digital:Int{
03        case one=1
04        case two=2
05        case three=3
06        case four=4
07        case five=5
08    }
09    let oneValue=Digital.one.rawValue         //访问成员 one 的原始值
10    print(oneValue)
11    let twoValue=Digital.two.rawValue         //访问成员 two 的原始值
12    print(twoValue)
```

```
13    let threeValue=Digital.three.rawValue        //访问成员 three 的原始值
14    print(threeValue)
15    let fourValue=Digital.four.rawValue          //访问成员 four 的原始值
16    print(fourValue)
17    let fiveValue=Digital.five.rawValue          //访问成员 five 的原始值
18    print(fiveValue)
```

此时运行程序,会看到如下的效果。

```
1
2
3
4
5
```

在访问指定类型为整型的枚举的成员时,需要注意以下两点。

- 如果有其他的成员没有指定原始值,那它们会自动递增。例如,如果第 2 个成员的原始值为 5,那么第 3 个成员的原始值为 6,第 4 个成员的原始值为 7,以此类推。
- 如果所有的成员都没有指定原始值的话,那么在枚举中第一个成员的原始值就为 0,然后再自动递增,即第二个成员的原始值为 1,第三个成员得原始值为 2,以此类推。

9.6.2 通过原始值访问成员

rawValue()函数正好与 rawValue 属性方法的功能相反,它是通过原始值来获取成员。其语法形式如下:

let/var 常量名/变量名 =枚举类型名(rawValue:原始值)

【程序 9-8】以下将使用 rawValue()函数获取 Digital 枚举中的成员。

```
01    import Foundation
02    enum Digital:Int{
03        case one=1
04        case two=2
05        case three=3
06    }
07    //通过原始值获取成员
08    if let onemember=Digital(rawValue: 2){
09        let value=onemember
10        switch value{
11        case .one:
12            print("one")
13        case .two:
14            print("two")
15        case .three:
16            print("three")
17        }
18    }
```

此时运行程序,会看到如下的效果。

```
Two
```

9.7 关联值

在任意类型的枚举类型中，可以定义任意的成员，这些成员是没有值的。在实例化时，可以定义此成员的相关信息，这些信息被称为关联值。关联值的定义形式如下。

let/var 枚举类型对象=枚举类型名.成员名(关联值)

【程序 9-9】以下将使用关联值表示两种商品条形码。

```
01  import Foundation
02  enum Barcode {
03      //定义了任意类型的成员
04      case UPCA(Int, Int, Int)
05      case QRCode(String)
06  }
07  let productBarcode = Barcode.UPCA(8, 85909_51226, 3)        //关联值
08  switch productBarcode {
09  case .UPCA(let numberSystem, let identifier, let check):
10      print("UPC-A 的值有：\(numberSystem)，\(identifier)，\(check).")
11  case .QRCode(let productCode):
12      print("QR code 的值有：\(productCode).")
13  }
```

此时运行程序，会看到如下的效果。

UPC-A 的值有：8, 8590951226, 3.

9.8 定义枚举的其他内容

在上面的程序中，我们只在枚举中定义了成员，除此之外，还可以定义属性、方法以及下标脚本。本节将讲解这些内容的定义。

9.8.1 定义属性

定义枚举的属性包括计算属性和类型属性两种。

1. 计算属性

在枚举中可以定义计算属性，它的定义形式在类中已经讲解过了。语法形式如下。

枚举对象名.计算属性名

【程序 9-10】以下将在枚举 NewEnum 中定义一个可读的计算属性 value。

```
01  import Foundation
02  enum NewEnum{
03      case member
```

```
04      //定义可读的计算属性
05      var value:Int{
06          return 100
07      }
08  }
09  let newEnum=NewEnum.member
10  print(newEnum.value)                          //调用
```

此时运行程序，会看到如下的效果。

```
100
```

2. 类型属性

类型属性的定义在类中讲解过了。只不过要是类型属性在枚举中定义，需要使用关键字static，而非class。语法形式如下。

枚举类型名.类型属性

【程序9-11】以下将在枚举 NewEnum 中定义一个类型属性 str。

```
01  import Foundation
02  enum NewEnum{
03      case member
04      //定义类型属性
05      static var str:String{
06          return "Hello"
07      }
08  }
09  print(NewEnum.str)                            //调用
```

此时运行程序，会看到如下的效果。

```
Hello
```

3. 添加属性监视器

当然，如果开发者想要查看属性值的变化，还可以添加属性监视器。

【程序9-12】以下将添加属性监视器对属性值进行监控。

```
01  import Foundation
02  enum NewEnum{
03      static var totalSteps: Int = 0 {
04          //在类型属性中添加属性监视器
05          willSet(newTotalSteps) {
06              print("新的值为 \(newTotalSteps)")
07          }
08          didSet(old) {
09              if totalSteps > old {
10                  print("与原来相比增减了 \(totalSteps - old) 个值")
11              }
12          }
13      }
14  }
```

```
15    NewEnum.totalSteps=0
16    NewEnum.totalSteps=200
17    NewEnum.totalSteps=500
18    NewEnum.totalSteps=1000
```

此时运行程序,会看到如下的效果。

新的值为 0
新的值为 200
与原来相比增减了 200 个值
新的值为 500
与原来相比增减了 300 个值
新的值为 1000
与原来相比增减了 500 个值

9.8.2 定义方法

在枚举中,定义方法也分为实例方法和类型方法。其中,实例方法和类型方法的定义在类中讲解过了。只不过在枚举中定义类型方法时,需要使用关键字 static。

1. 实例方法

如果开发者想要调用枚举中的实例方法,需要使用以下的语法形式。

枚举对象名.实例方法名(参数值1,参数名2:参数值2,…)

【程序 9-13】以下将在枚举中定义一个实例方法 printRangeValue(),该方法可以输出某一区间的值。

```
01    import Foundation
02    enum NewEnum{
03        case member
04        //定义实例方法
05        func printRangeValue(start:Int,end:Int){
06            for value in start...end {
07                print(value)
08            }
09        }
10    }
11    let newEnum=NewEnum.member
12    newEnum.printRangeValue(0, end: 5)              //调用方法
```

此时运行程序,会看到如下的效果。

0
1
2
3
4
5

2. 类型方法

如果开发者想要调用枚举中的类型方法,需要使用以下的语法形式。

枚举名.类型方法名(参数值1,参数名2：参数值2,…)

【程序 9-14】以下将在枚举中定义类型方法 traversalStr()，该方法可以遍历字符串中的字符。

```
01   import Foundation
02   enum NewEnum{
03       case member
04       //定义类型方法
05       static func traversalStr(str:String){
06           for item in str.characters{
07               print(item)
08           }
09       }
10   }
11   NewEnum.traversalStr("Hello")
```

此时运行程序，会看到如下的效果。

```
Hello
H
e
l
l
o
```

9.8.3 定义下标脚本

在枚举中，我们是可以定义下标脚本的。它的语法形式如下。

枚举对象名[下标值]

【程序 9-15】以下将在枚举 DayEnum 中定义下标脚本。

```
01   import Foundation
02   enum DayEnum:Int{
03       case Sunday=0
04       case Moday=1
05       case Tuesday=2
06       case Wednesday
07       case Thursday
08       case Firday
09       case Saturday
10       //定义下标脚本
11       subscript(index:Int)->String{
12           switch index{
13           case 0:
14               return "Sunday"
15           case 1:
16               return "Moday"
17           case 2:
18               return "Tuesday"
19           case 3:
20               return "Wednesday"
```

```
21          case 4:
22              return "Thursday"
23          case 5:
24              return "Firday"
25          case 6:
26              return "Saturday"
27          default:
28              return "没有对应的成员"
29          }
30      }
31  }
32  let dayEnum=DayEnum.Moday
33  print(dayEnum[0])
34  print(dayEnum[6])
35  print(dayEnum[7])
```

此时运行程序,会看到如下的效果。

Sunday
Saturday
没有对应的成员

9.9 递归枚举

递归枚举是一种枚举类型。它有一个或多个枚举成员使用该枚举类型的实例作为关联值。使用递归枚举时,编译器会插入一个间接层。开发者可以在枚举成员前加上 indirect 来表示该成员可递归。如果想要让枚举中的所有成员可递归,可以在定义枚举时,在关键字 enum 前面加上 indirect。

【程序 9-16】以下将实现简单的算术运算。

```
01  import Foundation
02  //枚举中的成员都是可递归的
03  indirect enum ArithmeticExpression {
04      case Number(Int)
05      case Addition(ArithmeticExpression, ArithmeticExpression)
06      case Multiplication(ArithmeticExpression, ArithmeticExpression)
07  }
08  func evaluate(expression: ArithmeticExpression) -> Int {
09      switch expression {
10      case .Number(let value):
11          return value
12      case .Addition(let left, let right):
13          return evaluate(left) + evaluate(right)
14      case .Multiplication(let left, let right):
15          return evaluate(left) * evaluate(right)
16      }
17  }
18  // 计算 (5 + 4) * 2
19  let five = ArithmeticExpression.Number(5)
20  let four = ArithmeticExpression.Number(4)
```

```
21    let sum = ArithmeticExpression.Addition(five, four)
22    let product = ArithmeticExpression.Multiplication(sum, ArithmeticExpression.Number(2))
23    print(evaluate(product))
```

此时运行程序，会看到如下的效果。

```
18
```

9.10　结构的构成

在现实生活中，一个人需要有姓名、工作单位、E-mail 地址、联系电话等信息。人们通过采用名片的形式，将这些信息印在一张纸上，这样便于管理个人信息。而在编程中，人们使用结构来代替名片，同样可以达到一样的效果。结构（struct）是由一系列具有相同类型或不同类型的数据构成的数据集合，也叫结构体。结构体和类有很多相同的地方。但结构比类使用起来更简单，运行效率也更高。一个结构通常由属性、方法以及下标脚本构成，如图 9-2 所示。

图 9-2　结构的构成

9.11　结构的创建与实例化

结构和类一样，在使用之前，需要进行创建以及实例化。本节将讲解结构的创建和实例化。

9.11.1　结构的创建

结构是通过关键字 struct 进行创建的，其语法形式如下。

```
struct 结构名称{
    …
}
```

9.11.2　结构体的实例化

结构的实例化对象和类的实例化对象相似，其语法形式如下。

```
let/var 变量名=结构体名称()
```

【程序 9-17】以下将定义一个结构,并将其进行实例化。

```
01  import Foundation
02  //创建结构体
03  struct NewStruct{
04
05  }
06  let newstruct=NewStruct()                        //实例化对象
```

9.12 定义结构中的内容

结构和类一样,也可以定义属性、方法以及下标脚本。以下就是对这些内容的讲解。

9.12.1 定义属性

在结构中是可以定义属性的。属性包含存储属性、计算属性和类型属性。以下就是对这 3 种属性的定义,以及使用属性的技巧和方式。

1. 存储属性

存储属性的定义在类中讲解过了,分为两种:一个是常量存储属性,另一种是变量存储属性。对存储属性的访问以及修改使用以下的形式。

结构对象.存储属性

【程序 9-18】以下将在结构中定义存储属性,并对存储属性进行访问以及修改。

```
01  import Foundation
02  struct NewStruct{
03      var width=100
04      var height=66
05  }
06  var newStruct=NewStruct()
07  //访问存储属性
08  print(newStruct.width)
09  print(newStruct.height)
10  //修改存储属性
11  newStruct.width=500
12  newStruct.height=600
13  //访问存储属性
14  print(newStruct.width)
15  print(newStruct.height)
```

此时运行程序,会看到如下的效果。

```
100
66
500
600
```

2. 计算属性

计算属性的定义在类中讲解过了,它的语法形式如下。

结构对象名.计算属性名

【程序 9-19】以下将在结构中定义一个计算属性 cal,此属性实现人民币和美元的转换。

```
01    import Foundation
02    struct WalletStruct{
03        var money=0.0
04        var cal:Double{
05            //定义计算属性 cal
06            get{                                    //定义 getter
07                let RMB=money*6.1
08                return RMB                          //返回以人民币为单位的金额
09            }
10            set(RMB){                               //定义 setter
11                money=RMB/6.1                       //返回以美元为单位的金额
12            }
13        }
14    }
15    var mywallet=WalletStruct()
16    mywallet.cal=(20)
17    //输出
18    print(mywallet.cal)
19    print(mywallet.money)
```

此时运行程序,会看到如下的效果。

```
20.0
3.27868852459016
```

3. 类型属性

类型属性的定义在类中讲解过了,只不过在定义类型属性时,关键字值可以为 static,它的语法形式如下。

结构名称.类型属性

【程序 9-20】以下将在结构中定义一个类型属性 SomeStructure。

```
01    import Foundation
02    struct SomeStructure{
03        //定义类型属性
04        static var str: String {
05            return "Struct"
06        }
07    }
08    print(SomeStructure.str)
```

此时运行程序,会看到如下的效果。

```
Struct
```

4. 添加属性监视器

开发者不仅可以在类中、枚举中添加属性监视器对属性的值进行监控，还可以在结构中添加属性监视器。

【程序 9-21】以下将在结构中添加属性监视器。

```
01  import Foundation
02  struct NewStruct{
03      var value:Int=0{
04          //添加属性监视器
05          willSet(newTotalSteps) {
06              print("新的值为 \(newTotalSteps)")
07          }
08          didSet(old) {
09              if value > old {
10                  print("与原来相比增减了 \(value - old) 个值")
11              }
12          }
13      }
14  }
15  var newstruct=NewStruct()
16  newstruct.value=0
17  newstruct.value=100
18  newstruct.value=100
19  newstruct.value=500
20  newstruct.value=2000
```

此时运行程序，会看到如下的效果。

新的值为 0
新的值为 100
与原来相比增减了 100 个值
新的值为 100
新的值为 500
与原来相比增减了 400 个值
新的值为 2000
与原来相比增减了 1500 个值

5. 使用属性初始化实例对象

在结构中，可以在实例化对象时，直接对属性进行赋值。这是在类中所不允许的。其语法形式如下。

let/var 结构对象名=结构名称(属性名1:内容,属性名2:内容)

【程序 9-22】以下将对结构的实例化对象进行初始化。

```
01  import Foundation
02  struct NewStruct{
03      var width=100
04      var height=66
05  }
```

```
06    let newstruct1=NewStruct()
07    print("width=\(newstruct1.width)")
08    print("height=\(newstruct1.height)")
09    let newstruct2=NewStruct(width:33,height:100)        //使用属性实例化对象
10    print("width=\(newstruct2.width)")
11    print("height=\(newstruct2.height)")
```

此时运行程序,会看到如下的效果。

```
width=100
height=66
width=33
height=100
```

9.12.2 定义方法

在结构中也可以定义实例方法和类型方法。以下就这两个方法在结构中的定义做介绍。

1. 定义实例方法

实例方法的定义在前面的章节中讲解过了,它的语法形式如下。

结构对象名.实例方法(参数值1,参数名2:参数值2,…)

【**程序 9-23**】以下将在结构中定义一个实例方法,该方法可以统计字符串中的元音字符、辅音字符以及其他字符的个数。

```
01    import Foundation
02    struct NewStruct{
03        //定义实例方法
04        func count(string: String) -> (vowels: Int, consonants: Int, others: Int) {
05            var vowels = 0, consonants = 0, others = 0
06            for character in string.characters {
07                switch String(character).lowercaseString {
08                case "a", "e", "i", "o", "u":
09                    ++vowels
10                case "b", "c", "d", "f", "g", "h", "j", "k", "l", "m",
11                    "n", "p", "q", "r", "s", "t", "v", "w", "x", "y", "z":
12                    ++consonants
13                default:
14                    ++others
15                }
16            }
17            return (vowels, consonants, others)        //返回元音、辅音和其他的个数
18        }
19    }
20    let newstruct=NewStruct()
21    let number=newstruct.count("I am boy")
22    print("\(number.vowels)个元音\n\(number.consonants)个辅音\n\(number.others)个其他")
```

此时运行程序,会看到如下的效果。

```
3个元音
3个辅音
2个其他
```

2. 定义类型方法

类型方法的定义在前面的章节中讲解过了，它的语法形式如下。

结构名.类型方法(参数值1,参数名2：参数值2,…)

【程序 9-24】 以下将在结构中定义一个类型方法，此方法获取数组中的最大值、最小值。

```
01  import Foundation
02  struct NewStruct{
03      //定义类型方法
04      static func minMax(array: [Int]) -> (min: Int, max: Int) {
05          var currentMin = array[0]
06          var currentMax = array[0]
07          for value in array[1..<array.count] {
08              if value < currentMin {
09                  currentMin = value
10              } else if value > currentMax {
11                  currentMax = value
12              }
13          }
14          return (currentMin, currentMax)
15      }
16  }
17  let getValue=NewStruct.minMax([8,9,20,0,-8,100])
18  print("数组中的最小值为：\(getValue.min)")
19  print("数组中的最大值为：\(getValue.max)")
```

此时运行程序，会看到如下的效果。

```
数组中的最小值为：-8
数组中的最大值为：100
```

9.12.3 定义下标脚本

在结构中也是可以定义下标脚本的，其中下标脚本的定义在前面的章节中已经讲解过了，对下标脚本的调用的语法形式如下。

结构对象名[下标值]

【程序 9-25】 以下将在结构中定义下标脚本，通过下标脚本获取语数外 3 科的成绩。

```
01  import Foundation
02  struct ScoreStruct {
03      let Math=90
04      let English=89
05      let Chinese=68
06      //定义下标脚本
07      subscript(index: Int) -> Int {
08          switch index{
09          case 0:
10              return Math
11          case 1:
```

```
12          return English
13      case 2:
14          return Chinese
15      default:
16          return 0
17      }
18  }
19  }
20  let scores=ScoreStruct()
21  var i=0
22  var results=0
23  //遍历访问
24  for i;i<3;++i{
25      print(scores[i])
26  }
```

此时运行程序，会看到如下的效果。

```
90
89
68
```

9.13 类、枚举、结构的区别

类、枚举类型、结构的区别如表 9-1 所示。

表 9-1　　　　　　　　　　　区　　别

名　称	类　型	定义类型属性和方法的关键字	继　承
类	引用类型	class	支持继承
枚举类型	数值类型	static	不支持继承
结构			

9.14 嵌 套 类 型

枚举常被用于为特定类或结构实现某些功能。类似地，也能够在某个复杂的类型中，方便地定义工具类或结构来使用。为了实现这种功能，Swift 允许开发者定义嵌套类型，可以在支持的类型中定义嵌套的枚举、类和结构体。

【程序 9-26】以下将定义一个结构 BlackjackCard，在此结构中包含两个嵌套定义的枚举类型 Suit 和 Rank。

```
01  import Foundation
02  struct BlackjackCard {
03      // 嵌套的 Suit 枚举
04      enum Suit: Character {
```

```
05          case Spades = "♠"
06          case Hearts = "♡"
07          case Diamonds = "◇"
08          case Clubs = "♣"
09      }
10      //嵌套的 Rank 枚举
11      enum Rank: Int {
12          case Two = 2, Three, Four, Five, Six, Seven, Eight, Nine, Ten
13          case Jack, Queen, King, Ace
14          struct Values {
15              let first: Int, second: Int?
16          }
17          var values: Values {
18              switch self {
19              case .Ace:
20                  return Values(first: 1, second: 11)
21              case .Jack, .Queen, .King:
22                  return Values(first: 10, second: nil)
23              default:
24                  return Values(first: self.rawValue, second: nil)
25              }
26          }
27      }
28      // BlackjackCard 的属性和方法
29      let rank: Rank
30      let suit: Suit
31      var description: String {
32          var output = "suit is \(suit.rawValue),"
33          output += " value is \(rank.values.first)"
34          if let second = rank.values.second {
35              output += " or \(second)"
36          }
37          return output
38      }
39  }
40  let theAceOfSpades = BlackjackCard(rank: .Ace, suit: .Spades)
41  print("theAceOfSpades: \(theAceOfSpades.description)")
```

此时运行程序，会看到如下的效果。

```
theAceOfSpades: suit is ♠, value is 1 or 11
```

在此代码中，Suit 枚举用来描述扑克牌的 4 种花色，并用一个 Character 类型的原始值表示花色符号。Rank 枚举用来描述扑克牌从 Ace～10，以及 J、Q、K，这 13 种牌，并用一个 Int 类型的原始值表示牌的面值。在 Rank 枚举在内部定义了一个嵌套结构体 Values。

如果开发者在外部引用嵌套类型时，在嵌套类型的类型名前加上其外部类型的类型名作为前缀。

以程序 9-26 为例，获取枚举类型 Suit 中的 Hearts 成员，此时需要添加以下的代码。

```
let heartsSymbol = BlackjackCard.Suit.Hearts.rawValue
print("heartsSymbol: \(heartsSymbol)")
```

此时运行程序，会看到如下的效果。

```
heartsSymbol: ♡
```

9.15 综合案例

本节将以以上讲解的内容为基础，为开发者讲解 2 个综合案例：第一个是输出对应音符发音，另一个是根据棱长计算正方体的表面积和体积。

9.15.1 输出对应音符发音

输出对应音符的发音，就是当音符为 1 时，输出它对应的发音 Do，要想实现这一功能，首先我们需要创建一个类型，在以上的内容中我们讲解了枚举类型和结构，这里需要创建一个枚举类型，因为我们需要定义很多的常数。然后可以使用音符发音和对应音符为创建的枚举类型定义成员，其中音符发音为成员名，音符为对应成员名的原始值，最后，使用 rawValue()方法，通过成员的原始值获取成员名称。

【程序 9-27】构建枚举类型，保存 Do、Re、Mi、Fa、So、La、Si，然后输入一个 1345714，输出对应发音。

```
01  import Foundation
02  enum MusicalNote:Int{
03      case Do=1
04      case Re=2
05      case Mi=3
06      case Fa=4
07      case So=5
08      case La=6
09      case Si=7
10  }
11  let array=[1,3,4,5,7,1,4]
12  for index in array{
13      let musicalNote=MusicalNote(rawValue: index)
14      print(musicalNote!)
15  }
```

此时运行程序，会看到如下的效果。

```
Do
Mi
Fa
So
Si
Do
Fa
```

9.15.2 根据棱长计算正方体的表面积和体积

要根据棱长计算正方体的表面积和体积，首先，需要知道棱长和正方体表面积、体积对应的公式。其中，正方体的表面积公式如下。

正方体的表面积=棱长*棱长*6

正方体的体积公式如下：

正方体的体积=棱长*棱长*棱长

然后，创建一个结构，在结构中定义一个存储属性用来存放正方体的棱长，最后使用实例方法对正方体的表面积、体积进行计算。在计算器需要使用到正方体的表面积以及体积公式。

【程序9-28】构建一个结构，求解棱长为10的正方体的表面积和体积。

```
01    import Foundation
02    struct Cube {
03        let edgeLength=10
04        //计算正方体的表面积
05        func surfaceArea(){
06            let cubeSurfaceArea=edgeLength*edgeLength*6
07            print("正方体的表面积为：\(cubeSurfaceArea)")
08        }
09        //计算正方体的体积
10        func volume(){
11            let cubeVolume=edgeLength*edgeLength*edgeLength
12            print("正方体的体积为：\(cubeVolume)")
13        }
14    }
15    let cube=Cube()
16    cube.surfaceArea()
17    cube.volume()
```

此时运行程序，会看到如下的效果。

正方体的表面积为：600
正方体的体积为：1000

9.16 上机实践

编写程序。有一个工程师，有存款2000美元。今日领取2000元人民币的开发费用，并支出1000元人民币的房租费用。构建一个结构表示该工程师的收支情况。

分析：

本题和第7章中的收支情况类似，开发者可以参考第7章中的收支情况完成本题。首先需要创建一个结构，然后在此结构中需要使用属性存放存款、收入以及支出等钱数。可能这些钱数的单位不会相等，可以使用计算属性进行单位转换。最后可以使用属性监视器对总钱数的增多减少进行统计。

第 10 章 构造器和析构器

在使用类、结构以及枚举之前需要有一个准备过程,这个过程被称为构造过程。在新实例可用前,必须要执行这一过程。具体操作包括设置实例中每个存储型属性的初始值,并执行其他必需的设置或初始化工作。构造过程可以通过构造器(也称构造方法)来实现。这些构造器可以看作是用来创建特定类型新实例的特殊方法。它们的主要任务是保证新实例在第一次使用前完成正确的初始化。类的实例也可以通过定义析构器(也称析构方法)在实例释放之前执行特定的清除工作。本章将讲解构造器和析构器的一些内容。

10.1 值类型的构造器

值类型的构造器主要是在数值类型的实例进行初始化时所使用的。本节将讲解 3 种值类型的构造器:默认构造器、自定义构造器以及构造器代理。

10.1.1 默认构造器

值类型的默认构造器只是针对结构的,它不适用于枚举类型。这个默认构造器将结构实例的属性都设为默认值。默认值都是在结构属性声明中指定的。其实值类型的默认构造器我们在前面的章节中见过,在对结构进行实例化时使用的就是值类型的默认构造器。

【程序 10-1】以下将创建一个结构,然后使用默认构造器对创建的实例进行初始化。

```
01    import Foundation
02    struct SizeStruct {
03        let width = 30.0
04        let height = 30.0
05    }
06    var size=SizeStruct()                          //使用默认构造器进行初始化
07    print(size.width)
08    print(size.height)
```

此时运行程序,会看到如下的效果。

30.0
30.0

针对结构类型,还有一种默认的构造器被称为逐一成员构造器。在枚举和结构一章中讲解的使用属性初始化实例对象使用的就是逐一成员构造器。逐一成员构造器是用来初始化结构体新实例里成员属性的快捷方法。我们在调用逐一成员构造器时，通过与成员属性名相同的参数名进行传值来完成对成员属性的初始赋值。

【程序 10-2】以下将创建一个结构，然后使用默认构造器和逐一成员构造器分别对实例化的两个对象进行初始化。

```
01   import Foundation
02   struct ScoresStruct {
03      var Chinese = 50
04      var mathematics = 65
05      var English = 70
06   }
07   var scores1=ScoresStruct()                                    //默认构造器
08   print("Chinese = \(scores1.Chinese)")
09   print("mathematics = \(scores1.mathematics)")
10   print("English = \(scores1.English)")
11   var scores2=ScoresStruct(Chinese:100,mathematics:80,English:90) //逐一成员构造器
12   print("Chinese = \(scores2.Chinese)")
13   print("mathematics = \(scores2.mathematics)")
14   print("English = \(scores2.English)")
```

此时运行程序，会看到如下的效果。

```
Chinese = 50
mathematics = 65
English = 70
Chinese = 100
mathematics = 80
English = 90
```

10.1.2　自定义构造器

本小节将讲解自定义构造器的一些内容。

1. 不带参数的自定义构造器

构造器在创建某个特定类型的新实例时被调用。它的最简形式类似于一个不带任何参数的实例方法，被称为不带参数的自定义构造器，其语法形式如下。

```
init() {
    // 在此处执行构造过程
}
```

【程序 10-3】以下将定义一个用来保存华氏温度的结构 Fahrenheit，在此结构的对象进行初始化时使用不带参数的自定义构造器。

```
01   import Foundation
02   struct Fahrenheit {
03      var temperature: Double
04      //不带参数的自定义构造器
05      init() {
06          temperature = 32.0
07      }
```

```
08    }
09    var f = Fahrenheit()
10    print("The default temperature is \(f.temperature)° Fahrenheit")
```

此时运行程序,会看到如下的效果。

```
The default temperature is 32.0° Fahrenheit
```

2. 带有参数的自定义构造器

在自定义构造器中是可以添加参数的,即构成带有参数的自定义构造器,其语法形式如下:

```
init(参数名1:数据类型,参数名2:数据类型,…) {
  …//在此处执行构造过程
}
```

带有参数的自定义构造器的调用形式如下:

```
let/var 对象名=值类型的类型名(参数名1:参数值,参数名2:参数值,…)
```

【程序 10-4】以下定义了一个包含摄氏度温度的结构 Celsius。在此结构的对象进行初始化时使用带有参数的自定义构造器。

```
01    import Foundation
02    struct Celsius {
03        var temperatureInCelsius: Double
04        //带有1个参数的自定义构造器
05        init(fromFahrenheit fahrenheit: Double) {
06            temperatureInCelsius = (fahrenheit - 32.0) / 1.8
07        }
08    }
09    let boilingPointOfWater = Celsius(fromFahrenheit: 212.0)          //调用
10    print(boilingPointOfWater.temperatureInCelsius)
```

此时运行程序,会看到如下的效果。

```
100.0
```

在此代码中,定义的构造器的参数其外部名字为 fromFahrenheit,内部名字为 fahrenheit。在使用带有参数的构造器时需要注意以下几点。

(1) 在使用自定义构造器以后,就不可以再使用默认的构造器了。

(2) 在一个值类型中,不可以使用具有相同参数名,并且参数个数一致的构造器。这样会导致程序出现错误,就像在函数中不可以使用相同的函数一样。

(3) 在一个值类型中定义了多个构造器,在调用时,也只可以为一个对象调用一个构造器,剩下的构造器是不会执行的。

【程序 10-5】以下定义了一个结构 Celsius,在此结构中定义了2个自定义构造器。

```
01    import Foundation
02    struct Celsius {
03        var temperatureInCelsius: Double
04        init(fromFahrenheit fahrenheit: Double) {
05            temperatureInCelsius = (fahrenheit - 32.0) / 1.8
```

```
06      }
07      init(fromKelvin kelvin: Double) {
08          temperatureInCelsius = kelvin - 273.15
09      }
10  }
11  let freezingPointOfWater = Celsius(fromKelvin: 273.15)
12  print(freezingPointOfWater.temperatureInCelsius)
```

此时运行程序，会看到如下的效果。

```
0.0
```

在此代码中虽然我们定义了两个构造器。但是因为在调用时，只调用了一个构造器 init(fromKelvin kelvin: Double)，所以另一个 init(fromFahrenheit fahrenheit: Double)就不会被执行。

（4）跟函数和方法中的参数相同，构造器中的参数也拥有一个在构造器内部使用的参数名字和一个在调用构造器时使用的外部参数名字。然而，构造器并不像函数和方法那样在括号前有一个可辨别的名字。因此在调用构造器时，主要通过构造器中的参数名和类型来确定应该被调用的构造器。正因为参数如此重要，如果在定义构造器时没有提供参数的外部名字，Swift 会为每个构造器的参数自动生成一个跟内部名字相同的外部名字。

【程序 10-6】以下定义了一个结构 Color，在此结构中定义了两个自定义构造器，当前此构造器中的参数是没有外部参数名的。

```
01  import Foundation
02  struct Color {
03      let red: Double
04      let green: Double
05      let blue: Double
06      //带有 3 个参数的自定义构造器
07      init(red: Double, green: Double, blue: Double) {
08          self.red   = red
09          self.green = green
10          self.blue  = blue
11      }
12      //带有 1 个参数的自定义构造器
13      init(white: Double) {
14          red   = white
15          green = white
16          blue  = white
17      }
18  }
19  let magenta = Color(red: 1.0, green: 0.0, blue: 1.0)        //调用自定义构造器
20  print("red = \(magenta.red)")
21  print("green = \(magenta.green)")
22  print("blue = \(magenta.blue)")
23  let halfGray = Color(white: 0.5)                            //调用自定义构造器
24  print("red = \(halfGray.red)")
25  print("green = \(halfGray.green)")
26  print("blue = \(halfGray.blue)")
```

此时运行程序，会看到如下的效果。

```
red = 1.0
green = 0.0
blue = 1.0
red = 0.5
green = 0.5
blue = 0.5
```

在此代码中，虽然我们在定义构造器的参数时没有定义外部参数名，但是 Swift 会为每个构造器的参数自动生成一个跟内部名字相同的外部名。

（5）如果开发者不希望为构造器的某个参数提供外部名字，可以使用下划线(_)来显式描述它的外部名，以此重写上面所说的默认行为。

【程序 10-7】以下定义了一个结构 Celsius，在此结构中定义了一个没有外部参数名的自定义构造器。

```
01  import Foundation
02  struct Celsius {
03      var temperatureInCelsius: Double
04      init(_ celsius: Double){
05          temperatureInCelsius = celsius
06      }
07  }
08  let bodyTemperature = Celsius(37.0)
09  print(bodyTemperature.temperatureInCelsius)
```

此时运行程序，会看到如下的效果。

```
37.0
```

10.1.3 构造器代理

构造器代理其实就是通过调用其他构造器来完成实例的部分构造过程。它能减少多个构造器间的代码重复，从而提高代码的可读性，以及减少编程时间。值类型（结构体和枚举类型）不支持继承，所以构造器代理的过程相对简单，因为它们只能代理给自己的其他构造器。根据调用构造器参数的有无，构造器代理也可以分为两种形式：不带参数的构造器代理和带有参数的构造器代理。以下就是对它们的详细介绍。

1. 不带参数的构造器代理

不带参数的构造器代理就是在调用另一个构造器时，该构造器是没有参数的，其形式如下：

```
init(){
…
}
init(参数名1.数据类型){
…
self.init()
…
}
```

【程序 10-8】以下定义了一个结构 Student，在此结构中，定义了两个构造器，其中，在一个构造器中，会调用另一个不带参数的构造器。

```
01  import Foundation
02  struct Student{
03      var id:Int=0
04      var age:Int=0
05      //定义没有参数的构造器
06      init(){
07          self.id=20151124
08      }
09      //定义一个具有参数的构造器
10      init(age:Int){
11          self.init()                              //调用没有参数的构造器
12          self.age=age
13      }
14  }
15  var value1=Student(age:18)
16  print(value1.id)
17  print(value1.age)
```

此时运行程序,会看到如下的效果。

```
20151124
18
```

2. 带有参数的构造器代理

带参数的构造器代理就是在调用另一个构造器时,该构造器是具有参数的,其形式如下:

```
init(参数名1:数据类型,参数名2.:数据类型,…){
    …
}
init(参数名2.数据类型){
    …
    self.init(参数名1:参数值,参数名2:参数值,…)
    …
}
```

【**程序 10-9**】以下定义了 3 个结构 Size、Point 和 Rect。在 Rect 中定义 2 个构造器,其中,在一个构造器中,会调用另一个带有参数的构造器。

```
01  import Foundation
02  //定义 Size 结构
03  struct Size {
04      var width = 0.0
05      var height = 0.0
06  }
07  //定义 Point 结构
08  struct Point {
09      var x = 0.0
10      var y = 0.0
11  }
12  //定义 Rect 结构
13  struct Rect {
14      var origin = Point()
15      var size = Size()
16      //自定义构造器
```

```
17      init(origin: Point, size: Size) {
18          self.origin = origin
19          self.size = size
20      }
21      //自定义构造器
22      init(center: Point, size: Size) {
23          let originX = center.x - (size.width / 2)
24          let originY = center.y - (size.height / 2)
25          self.init(origin: Point(x: originX, y: originY), size: size)    //构造器代理
26      }
27  }
28  let originRect = Rect(origin: Point(x: 2.0, y: 2.0),size: Size(width: 5.0, height: 5.0))
29  print("矩形的位置为: ")
30  print(originRect.origin.x)
31  print(originRect.origin.y)
32  print("矩形的尺寸为: ")
33  print(originRect.size.width)
34  print(originRect.size.height)
35  let centerRect = Rect(center: Point(x: 4.0, y: 4.0),size: Size(width: 3.0, height: 3.0))
36  print("矩形的原点为: ")
37  print(centerRect.origin.x)
38  print(centerRect.origin.y)
39  print("矩形的尺寸为: ")
40  print(centerRect.size.width)
41  print(centerRect.size.height)
```

此时运行程序，会看到如下的效果。

矩形的位置为:
2.0
2.0
矩形的尺寸为:
5.0
5.0
矩形的原点为:
2.5
2.5
矩形的尺寸为:
3.0
3.0

在此代码中第一个 Rect 构造器 init(origin:size:)，在功能上跟结构体在没有自定义构造器时获得的逐一成员构造器是一样的。这个构造器只是简单地将 origin 和 size 的参数值赋给对应的存储型属性。第二个 Rect 构造器 init(center:size:)稍微复杂一点。它先通过 center 和 size 的值计算出 origin 的坐标，然后再调用（或者说代理给）init(origin:size:)构造器来将新的 origin 和 size 值赋值到对应的属性中。

10.2 类的构造器

类的构造器只可以在类的实例进行初始化时使用。本节将讲解关于类的构造器的一些内容，如默认构造器、自定义构造器、构造器代理、类的两段式构造过程以及构造器的继承和重写等。

10.2.1 默认构造器

在类中也有默认的构造器，它和结构中默认构造器的功能一样，都是简单地创建一个所有属性值都为默认值的实例。在类一章中，我们使用的就是默认构造器来对实例化的对象进行的初始化。

【**程序 10-10**】以下定义了一个购物清单的类 ShoppingListItem，在此类进行初始化时使用的是默认构造器。

```
01  import Foundation
02  class ShoppingListItem {
03      var name: String = "milk"
04      var quantity = 1
05  }
06  var item = ShoppingListItem()                         //默认构造器
07  print(item.name)
08  print(item.quantity)
```

此时运行程序，会看到如下的效果。

```
milk
1
```

10.2.2 自定义构造器

在类中，除了可以有默认构造器，还可以有自定义构造器。在类中自定义构造器分为两种：一种是指定构造器，另一种是便利构造器。

1. 指定构造器

指定构造器是类中最主要的构造器。指定构造器将初始化类中提供的所有属性。指定构造器其实就是值类型的自定义构造器，可以分为两种：一种是不带参数的指定构造器，另一种是带有参数的指定构造器。以下对这两种构造器详细讲解。

（1）不带参数的指定构造器

不带参数的指定构造器的语法形式如下。

```
init() {
    …
}
```

不带参数的指定构造器的调用形式如下。

```
let/var 对象名=类名()
```

【**程序 10-11**】以下定义了一个购物清单的类 ShoppingListItem，在此类进行初始化时使用的是不带参数的指定构造器。

```
01  import Foundation
02  class ShoppingListItem {
03      var name: String
04      var quantity: Int
05      //不带参数的指定构造器
```

```
06      init(){
07          name="sugar"
08          quantity=2
09      }
10  }
11  var item = ShoppingListItem()
12  print(item.name)
13  print(item.quantity)
```

此时运行程序,会看到如下的效果。

```
sugar
2
```

(2)带有参数的指定构造器

带有参数的指定构造器的语法形式如下。

```
init(参数名1:数据类型,参数名2:数据类型,…) {
    …
}
```

带有参数的指定构造器的调用形式如下:

```
let/var 对象名=类名(参数名1:参数值,参数名2:参数值,…)
```

【程序 10-12】以下定义了一个购物清单的类 ShoppingListItem,在此类进行初始化时使用的是带有参数的指定构造器。

```
01  import Foundation
02  class ShoppingListItem {
03      var stopName: String
04      var stopQuantity: Int
05      //带有参数的指定构造器
06      init(name:String,quantity:Int){
07          stopName=name
08          stopQuantity=quantity
09      }
10  }
11  var item = ShoppingListItem(name: "食用盐", quantity: 5)
12  print(item.stopName)
13  print(item.stopQuantity)
```

此时运行程序,会看到如下的效果。

```
食用盐
5
```

注意　　每一个类都必须拥有至少一个指定构造器。

2. 便利构造器

便利构造器是类中特有的一个自定义构造器,它是比较次要的、辅助型的构造器。开发者可以定义便利构造器来调用同一个类中的指定构造器,并为其参数提供默认值,也可以定义便利构造器来创建一个特殊用途或特定输入的实例。该构造器也可以根据参数的有无分为：不带参数和有参数的便利构造器。以下就对它们的详细讲解。

（1）不带参数的便利构造器

不带参数的便利构造器的定义形式如下。

```
convenience init() {
    …
}
```

不带参数的便利构造器的调用形式如下。

```
let/var 对象名=类名()
```

【程序 10-13】 以下定义了一个食物类 Food，在此类进行初始化时使用的是指定构造器或者是不带参数的便利构造器。

```
01   import Foundation
02   class Food {
03       var name: String
04       init(name: String) {
05           self.name = name
06       }
07       //不带参数的便利构造器
08       convenience init() {
09           self.init(name: "[未命名]")
10       }
11   }
12   let namedMeat = Food(name: "Bacon")           //调用指定构造器
13   print(namedMeat.name)
14   let namednil = Food()                         //调用便利构造器
15   print(namednil.name)
```

此时运行程序，会看到如下的效果。

```
Bacon
[未命名]
```

（2）带有参数的便利构造器

带有参数的便利构造器的定义形式如下。

```
convenience init(参数名1.数据类型,参数名2.数据类型,…) {
    …
}
```

带有参数的便利构造器的调用形式如下。

```
let/var 对象名=类名(参数名1:参数值,参数名2:参数值,…)
```

【程序 10-14】 以下定义了一个学生 Student 类，在此类进行初始化时使用的是指定构造器或者是带有参数的便利构造器。

```
01   import Foundation
02   class Student{
```

```
03      var studentName:String
04      var studentId:Int
05      var studentAge:Int
06      init(name: String,id:Int,age:Int) {
07          studentName=name
08          studentId=id
09          studentAge=age
10      }
11      //定义带有参数的便利构造器
12      convenience init(id:Int,age:Int) {
13          self.init(name:"Tom",id:id,age:age)
14      }
15  }
16  let studentAlice=Student(name: "Alice", id: 20151124, age: 18)        //调用指定构造器
17  print("studentName=\(studentAlice.studentName)")
18  print("studentId=\(studentAlice.studentId)")
19  print("studentAge=\(studentAlice.studentAge)")
20  let studentTom=Student(id: 20151010, age: 20)                          //调用便利构造器
21  print("studentName=\(studentTom.studentName)")
22  print("studentId=\(studentTom.studentId)")
23  print("studentAge=\(studentTom.studentAge)")
```

此时运行程序，会看到如下的效果。

```
studentName=Alice
studentId=20151124
studentAge=18
studentName=Tom
studentId=20151010
studentAge=20
```

10.2.3 构造器代理

类的构造器代理实现规则和形式是非常麻烦的。因为类可以实现继承，对于类在继承时的构造器代理，我们会在构造器的继承和重载中讲解。以下主要讲解在基类（基类就是不继承任何的类）中的构造器代理，这是在类中比较简单的构造器代理。对于基类中的构造器代码其实我们在自定义构造器中已经存在了，在定义便利构造器时就使用到了构造器代理。如以下的代码。

```
01  import Foundation
02  class Food {
03      var name: String
04      init(name: String) {
05          self.name = name
06      }
07      //不带参数的便利构造器
08      convenience init() {
09          self.init(name: "[未命名]")
10      }
11  }
```

在此代码中，在便利构造器中就实现了对指定构造器的调用。

10.2.4 类的两段式构造过程

Swift 中类的构造过程包含两个阶段。第一个阶段，每个存储型属性通过引入它们的类的构造器来设置初始值。当每一个存储型属性值被确定后，第二阶段开始，它给每个类一次机会在新实例准备使用之前进一步定制它们的存储型属性。所以 Swift 中类的构造过程被称为两段式构造过程。两段式构造过程的使用可以让构造过程变得更加安全。因为在使用两段式构造过程时，编译器将执行 4 种有效的安全检查，以确保两段式构造过程能顺利完成：

- 安全检查 1：指定构造器必须保证它所在类的所有属性都必须先初始化完成，之后才能将其他构造任务向上代理给父类中的构造器。
- 安全检查 2：指定构造器必须先向上代理调用父类构造器，然后再为继承的属性设置新值。如果没这么做，指定构造器赋予的新值将被父类中的构造器所覆盖。
- 安全检查 3：便利构造器必须先代理调用同一类中的其他构造器，然后再为任意属性赋新值。如果没这么做，便利构造器赋予的新值将被同一类中其他指定构造器所覆盖。
- 安全检查 4：构造器在第一阶段构造完成之前，不能调用任何实例方法，不能读取任何实例属性的值，也不能引用 self 的值。

以下是两段式构造过程中基于上述安全检查的构造流程。

1. **阶段 1**

- 某个指定构造器或便利构造器被调用。
- 完成新实例内存的分配，但此时内存还没有被初始化。
- 指定构造器确保其所在类引入的所有存储型属性都已赋初值。存储型属性所属的内存完成初始化。
- 指定构造器将调用父类的构造器，完成父类属性的初始化。
- 这个调用父类构造器的过程沿着构造器链一直往上执行，直到到达构造器链的最顶部。
- 当到达了构造器链最顶部，且已确保所有实例包含的存储型属性都已经赋值，这个实例的内存被认为已经完全初始化。此时阶段 1 完成。

以下以一个图的形式为读者介绍构造的第一阶段，如图 10-1 所示。

在此图可以看到，构造从对子类中一个便利构造器的调用开始。这个便利构造器此时没法修改任何属性，它把构造任务代理给同一类中的指定构造器。如安全检查 1 所示，指定构造器将确保所有子类的属性都有值。然后它将调用父类的指定构造器，并沿着构造器链一直

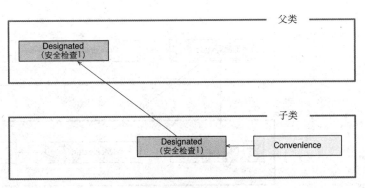

图 10-1　阶段 1

往上完成父类的构建过程。父类中的指定构造器确保所有父类的属性都有值。由于没有更多的父类需要构建，也就无需继续向上做构建代理。一旦父类中所有属性都有了初始值，实例的内存被认为是完全初始化，而阶段 1 也已完成。

2. 阶段2

- 从顶部构造器链一直往下，每个构造器链中类的指定构造器都有机会进一步定制实例。构造器此时可以访问 self、修改它的属性并调用实例方法等。
- 最终，任意构造器链中的便利构造器均可以有机会定制实例和使用 self。

以下以一个图的形式为读者介绍构造的第二阶段，如图10-2所示。

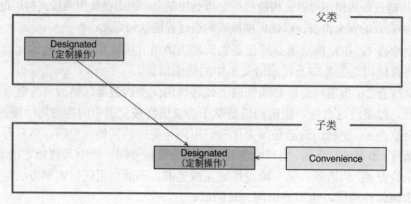

图 10-2　阶段2

在此图中可以看到，父类中的指定构造器现在有机会进一步来定制实例。一旦父类中的指定构造器完成调用，子类的指定构造器可以执行更多的定制操作。最终，一旦子类的指定构造器完成调用，最开始被调用的便利构造器便可以执行更多的定制操作。

10.2.5　构造器的继承和重载

在类的构造器代理中提到了，类的构造器代理实现规则和形式是非常麻烦的，因为类可以实现继承。以下是构造器之间的代理调用使用规则：

- 指定构造器必须要调用其直接父类中的指定构造器
- 便利构造器必须调用同一类中定义的其他构造器。
- 便利构造器必须最终以调用一个指定构造器结束。

这些规则可以使用图10-3来进行说明。

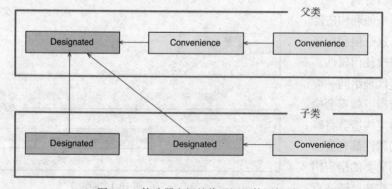

图 10-3　构造器之间的代理调用使用规则

在图中，父类中包含一个指定构造器和两个便利构造器。其中一个便利构造器调用了另外一个便利构造器，而后者又调用了唯一的指定构造器。这满足了上面提到的规则2和3。这个父类没有自己的父类,所以规则1没有用到。子类中包含两个指定构造器和一个便利构造器。便利构造器必须调用两个指定构造器中的任意一个,因为它只能调用同一个类里的其他构造器。这满足了上面提到的规则2和3。而两个指定构造器必须调用父类中唯一的指定构造器,这满足了规则1。以下将针对类的继承和重载(重写)来为开发者讲解构造器是如何实现继承和重载的。

1. 构造器的继承

子类在默认情况下不会继承父类的构造器,但是如果满足特定条件,父类构造器是可以被自动继承的。以下是实现自动继承的两个规则。

(1)规则1

如果子类没有定义任何指定构造器,它将自动继承所有父类的指定构造器。

【程序10-15】以下定义了一个存放基本信息的类 BasicInformation 和一个学生类 Student。其中,BasicInformation 定义了一个指定构造器,Student 类是一个空类,在其中没有定义任何指定构造器,让 Student 继承 BasicInformation,而从自动继承 BasicInformation 中的指定构造器。

```
01  import Foundation
02  class BasicInformation{
03      var personName:String
04      var personAge:Int
05      //定义指定构造器
06      init(){
07          personName="Tom"
08          personAge=18
09      }
10  }
11  class Student:BasicInformation{
12  
13  }
14  var studentTom=Student()                        //调用继承的指定构造器
15  print("personName=\(studentTom.personName)")
16  print("personAge=\(studentTom.personAge)")
```

此时运行程序,会看到如下的效果。

```
personName=Tom
personAge=18
```

(2)规则2

如果子类提供了所有父类指定构造器的实现——无论是通过规则1继承过来的,还是提供了自定义实现——它将自动继承所有父类的便利构造器。

【程序10-16】以下定义了一个存放基本信息的类 BasicInformation 和一个学生类 Student。让 Student 继承 BasicInformation,而从继承 BasicInformation 中的便利构造器。

```
01  import Foundation
02  class BasicInformation{
03      var personName:String
04      var personAge:Int
05      init(name:String,age:Int){
06          personName=name
07          personAge=age
08      }
```

```
09      //定义便利构造器
10      convenience init(){
11          self.init(name:"Alice",age:24)
12      }
13  }
14  class Student:BasicInformation{
15
16  }
17  var studentAlice=Student()                              //调用继承的便利构造器
18  print("personName=\(studentAlice.personName)")
19  print("personAge=\(studentAlice.personAge)")
```

此时运行程序,会看到如下的效果。

```
personName=Alice
personAge=24
```

2. 构造器的重载

在类中出了可以对属性、方法以及下标脚本进行重载外,还可以对父类中的构造器进行重载。以下就对指定构造器和便利构造器重载进行详细讲解。

(1)重载指定构造器

开发者如果想要重载父类中的指定构造器,就需要在子类中实现重载,不仅需要在指定构造器的前面加上 override,还需要在重载的构造器中调用父类的构造器。

【程序 10-17】以下将实现指定构造器的重载。

```
01  import Foundation
02  class BasicInformation{
03      var personName:String
04      var personAge:Int
05      //定义指定构造器
06      init(){
07          personName="Tom"
08          personAge=18
09      }
10  }
11  class Student:BasicInformation{
12      //重载指定构造器
13      override init(){
14          super.init()
15          personName="Alice"
16          personAge=50
17      }
18  }
19  var studentTom=Student()
20  print("personName=\(studentTom.personName)")
21  print("personAge=\(studentTom.personAge)")
```

此时运行程序,会看到如下的效果。

```
personName=Alice
personAge=50
```

（2）重载便利构造器

开发者如果想要重载父类中的便利构造器，就需要在子类中实现重载，并且重载时必须通过调用同一类中提供的其他指定构造器来实现。

【程序 10-18】以下将重载便利构造器。

```
01    import Foundation
02    class BasicInformation{
03        var personName:String
04        var personAge:Int
05        //定义指定构造器
06        init(name:String,age:Int){
07            personName=name
08            personAge=age
09        }
10        convenience init(){
11            self.init(name:"Tom",age:18)
12        }
13    }
14    class Student:BasicInformation{
15        init(name:String){
16            super.init(name: name, age: 20)
17        }
18        //重写便利构造器
19        convenience init(){
20            self.init(name: "Alice")
21        }
22    }
23    var studentAlice=Student()
24    print("personName=\(studentAlice.personName)")
25    print("personAge=\(studentAlice.personAge)")
```

此时运行程序，会看到如下的效果。

```
personName=Alice
personAge=20
```

10.2.6 必要构造器

在类的构造器前添加 required 修饰符，可以定义一个必要构造器，它表明所有该类的子类都必须实现该构造器。在子类重写父类的必要构造器时，必须在子类的构造器前也添加 required 修饰符，表明该构造器要求也应用于继承链后面的子类。在重写父类中必要的指定构造器时，不需要添加 override 修饰符。

【程序 10-19】以下将定义一个必要构造器，然后在子类中重写这个构造器。

```
01    import Foundation
02    class classA {
03        //定义必要构造器
04        required init() {
05            let a = 10
06            print(a)
07        }
```

```
08    }
09    class classB: classA {
10        //重写必要构造器
11        required init() {
12            let b = 30
13            print(b)
14        }
15    }
16    let res = classA()
17    let print = classB()
```

此时运行程序，会看到如下的效果。

```
10
30
10
```

10.3 可失败构造器

如果一个类、结构体或枚举类型的对象，在构造过程中可能失败，则为其定义一个可失败构造器。这里所指的"失败"是指，如给构造器传入无效的参数值，或缺少某种所需的外部资源，又或是不满足某种必要的条件等。开发者可以在一个类、结构体或是枚举类型的定义中，添加一个或多个可失败构造器。本节将讲解定义可失败构造器、枚举类型的可失败构造器、类的可失败构造器等内容。

10.3.1 定义可失败构造器

可失败构造器的定义就是在 init 关键字后面添加问号?就可以了。可失败构造器会创建一个类型为自身类型的可选类型的对象。开发者通过 return nil 语句来表明可失败构造器在何种情况下应该"失败"。

【程序 10-20】定义了一个名为 Animal 的结构，在此结构中定义了一个可失败构造器。这个可失败构造器检查传入的参数是否为一个空字符串。如果为空字符串，则构造失败。否则，species 属性被赋值，构造成功。

```
01    import Foundation
02    struct Animal {
03        let species: String
04        //定义可失败构造器
05        init?(species: String) {
06            if species.isEmpty {
07                return nil
08            }
09            self.species = species
10        }
11    }
12    //通过该可失败构造器来构建一个 Animal 的实例，并检查构造过程是否成功
13    let someCreature = Animal(species: "Giraffe")
14    if let giraffe = someCreature {
```

```
15       print("An animal was initialized with a species of \(giraffe.species)")
16   }
17   //给该可失败构造器传入一个空字符串作为其参数
18   let anonymousCreature = Animal(species: "")
19   if anonymousCreature == nil {
20       print("The anonymous creature could not be initialized")
21   }
```

此时运行程序，会看到如下的效果。

```
An animal was initialized with a species of Giraffe
The anonymous creature could not be initialized
```

10.3.2　枚举类型的可失败构造器

开发者可以通过一个带一个或多个参数的可失败构造器来获取枚举类型中特定的枚举成员。如果提供的参数无法匹配任何枚举成员，则构造失败。

【**程序 10-21**】以下定义了一个名为 TemperatureUnit 的枚举类型，在此枚举中定义了一个可失败构造器。这个可失败构造器检查传入的参数是否为一个空字符。如果为空字符，则构造失败。否则，构造成功。

```
01   import Foundation
02   enum TemperatureUnit {
03       case Kelvin, Celsius, Fahrenheit
04       //定义可失败构造器
05       init?(symbol: Character) {
06           switch symbol {
07           case "K":
08               self = .Kelvin
09           case "C":
10               self = .Celsius
11           case "F":
12               self = .Fahrenheit
13           default:
14               return nil
15           }
16       }
17   }
18   /*利用可失败构造器在 3 个枚举成员中获取一个相匹配的枚举成员，
19   当参数的值不能与任何枚举成员相匹配时，则构造失败*/
20   let fahrenheitUnit = TemperatureUnit(symbol: "F")
21   if fahrenheitUnit != nil {
22       print("This is a defined temperature unit, so initialization succeeded.")
23   }
24   let unknownUnit = TemperatureUnit(symbol: "X")
25   if unknownUnit == nil {
26       print("This is not a defined temperature unit, so initialization failed.")
27   }
```

此时运行程序，会看到如下的效果。

```
This is a defined temperature unit, so initialization succeeded.
This is not a defined temperature unit, so initialization failed.
```

带原始值的枚举类型会自带一个可失败构造器 init?(rawValue:)。该可失败构造器有一个名为 rawValue 的参数，其类型和枚举类型的原始值类型一致。如果该参数的值能够和某个枚举成员的原始值匹配，则该构造器会构造相应的枚举成员，否则构造失败。

【程序 10-22】以下定义了一个名为 TemperatureUnit 的枚举类型，并且此枚举类型带有原始值。

```
01  import Foundation
02  enum TemperatureUnit: Character {
03      case Kelvin = "K"
04      case Celsius = "C"
05      case Fahrenheit = "F"
06  }
07  let fahrenheitUnit = TemperatureUnit(rawValue: "F")
08  if fahrenheitUnit != nil {
09      print("This is a defined temperature unit, so initialization succeeded.")
10  }
11  let unknownUnit = TemperatureUnit(rawValue: "X")
12  if unknownUnit == nil {
13      print("This is not a defined temperature unit, so initialization failed.")
14  }
```

此时运行程序，会看到如下的效果。

```
This is a defined temperature unit, so initialization succeeded.
This is not a defined temperature unit, so initialization failed.
```

10.3.3 类的可失败构造器

值类型（也就是结构体或枚举）的可失败构造器，可以在构造过程中的任意时间点触发构造失败。例如在前面的例子中，结构 Animal 的可失败构造器在构造过程一开始就触发了构造失败，甚至在 species 属性被初始化前。而对类而言，可失败构造器只能在类引入的所有存储型属性被初始化后，以及构造器代理调用完成后，才能触发构造失败。

【程序 10-23】以下定义了一个类 Product，在此类中定义了一个可失败构造器。这个可失败构造器检查传入的参数是否为一个空字符串。如果为空字符串，则构造失败。否则，name 属性被赋值，构造成功。

```
01  import Foundation
02  class Product {
03      let name: String!
04      //定义可失败构造器
05      init?(name: String) {
06          self.name = name
07          if name.isEmpty {
08              return nil
09          }
10      }
11  }
12  if let bowTie = Product(name: "bowTie") {
13      print("The product's name is \(bowTie.name)")
14  }else{
```

```
15      print("The product's name is nil")
16  }
17  if let nilProduct = Product(name: "") {
18      print("The product's name is \(nilProduct.name)")
19  }else{
20      print("The product's name is nil")
21  }
```

此时运行程序，会看到如下的效果。

```
The product's name is bowTie
The product's name is nil
```

10.3.4 构造失败的传递

类、结构体、枚举的可失败构造器可以横向代理到类型中的其他可失败构造器。类似地，子类的可失败构造器也能向上代理到父类的可失败构造器。无论是向上代理还是横向代理，如果开发者代理到的其他可失败构造器触发构造失败，整个构造过程将立即终止，接下来的任何构造代码不会再被执行。

【程序 10-24】以下定义了一个 Product 和一个 CartItem 的 Product 类的子类。这个类建立了一个在线购物车中的物品的模型。它有一个名为 quantity 的常量存储型属性，并确保该属性的值至少为 1。

```
01  import Foundation
02  class Product {
03      let name: String!
04      //定义可失败构造器
05      init?(name: String) {
06          self.name = name
07          if name.isEmpty {
08              return nil
09          }
10      }
11  }
12  class CartItem: Product {
13      let quantity: Int!
14      //定义可失败构造器
15      init?(name: String, quantity: Int) {
16          self.quantity = quantity
17          super.init(name: name)
18          if quantity < 1 {
19              return nil
20          }
21      }
22  }
23  /*构造一个 name 的值为非空字符串,
24  quantity 的值不小于 1 的 CartItem 实例,则可成功构造*/
25  if let twoSocks = CartItem(name: "sock", quantity: 2) {
26      print("Item: \(twoSocks.name), quantity: \(twoSocks.quantity)")
27  }
28  /*构造一个 quantity 的值为 0 的 CartItem 实例,
29  则 CartItem 的可失败构造器会触发构造失败*/
```

```
30    if let zeroShirts = CartItem(name: "shirt", quantity: 0) {
31        print("Item: \(zeroShirts.name), quantity: \(zeroShirts.quantity)")
32    } else {
33        print("Unable to initialize zero shirts")
34    }
35    /*构造一个 name 的值为空字符串的 CartItem 实例,
36    则父类 Product 的可失败构造器会触发构造失败*/
37    if let oneUnnamed = CartItem(name: "", quantity: 1) {
38        print("Item: \(oneUnnamed.name), quantity: \(oneUnnamed.quantity)")
39    } else {
40        print("Unable to initialize one unnamed product")
41    }
```

此时运行程序,会看到如下的效果。

```
Item: sock, quantity: 2
Unable to initialize zero shirts
Unable to initialize one unnamed product
```

10.3.5　重写一个可失败构造器

和其他构造器一样,父类中的可失败构造器在子类中也是可以进行重写的。或者你也可以用子类的非可失败构造器重写一个父类的可失败构造器。

【程序 10-25】以下定义了 3 个类 Document、AutomaticallyNamedDocument 和 UntitledDocument,其中类 AutomaticallyNamedDocument 和 UntitledDocument 是类 Document 的子类。在子类中重写父类中的可失败构造器。

```
01   import Foundation
02   class Document {
03       var name: String?
04       init() {}
05       //定义可失败构造器
06       init?(name: String) {
07           self.name = name
08           if name.isEmpty {
09               return nil
10           }
11       }
12   }
13   class AutomaticallyNamedDocument: Document {
14       //重写构造器
15       override init() {
16           super.init()
17           self.name = "[Untitled]"
18       }
19       //重写父类中的可失败构造器
20       override init(name: String) {
21           super.init()
22           if name.isEmpty {
23               self.name = "[Untitled]"
24           } else {
25               self.name = name
26           }
```

```
27        }
28    }
29    class UntitledDocument: Document {
30        //重写父类中的可失败构造器
31        override init() {
32            super.init(name: "[Untitled]")!
33        }
34    }
35    let automaticallyNamedDocument = AutomaticallyNamedDocument(name: "")
36    print(automaticallyNamedDocument.name!)
37    let untitledDocument = UntitledDocument()
38    print(untitledDocument.name!)
```

此时运行程序，会看到如下的效果。

```
[Untitled]
[Untitled]
```

当开发者用子类的非可失败构造器重写父类的可失败构造器时，向上代理到父类的可失败构造器的唯一方式是对父类的可失败构造器的返回值进行强制解析。

10.3.6 可失败构造器 init!

通常来说我们通过在 init 关键字后添加问号的方式（init?）来定义一个可失败构造器，但你也可以通过在 init 后面添加惊叹号的方式来定义一个可失败构造器（(init!)），该可失败构造器将会构建一个对应类型的隐式解包可选类型的对象。用户可以在 init?中代理到 init!，反之亦然。你也可以用 init?重写 init!，反之亦然。

【程序 10-26】以下定义了一个类 Product，在此类中定义了一个可失败构造器。这个可失败构造器检查传入的参数是否为一个空字符串。如果为空字符串，则构造失败。否则，name 属性被赋值，构造成功。

```
01    import Foundation
02    class Product {
03        let name: String!
04        init!(name: String) {
05            self.name = name
06            if name.isEmpty {
07                return nil
08            }
09        }
10    }
11    if let bowTie = Product(name: "bowTie") {
12        print("The product's name is \(bowTie.name)")
13    }else{
14        print("The product's name is nil")
15    }
16    if let nilProduct = Product(name: "") {
17        print("The product's name is \(nilProduct.name)")
18    }else{
19        print("The product's name is nil")
20    }
```

此时运行程序，会看到如下的效果。

```
The product's name is bowTie
The product's name is nil
```

10.4 构造器的特殊情况

在构造器中存在着一些比较特殊的情况，例如可选属性类型等。本节将讲解在构造器中主要存在的两种特殊情况。

10.4.1 可选属性类型

开发者在定义类型时，如果包含逻辑上允许取值为空的存储型属性，都需要将它定义为可选类型。无论存储型属性是因为无法在初始化时赋值，还是因为它可以在之后某个时间点可以赋值为空。可选类型的属性将自动初始化为空 nil，表示这个属性是故意在初始化时设置为空的。

【程序 10-27】以下定义了类 SurveyQuestion，它包含一个可选字符串属性 response。

```
01   import Foundation
02   class SurveyQuestion {
03       var text: String
04       var response: String?                    //可选属性类型
05       init(text: String) {
06           self.text = text
07       }
08       func ask() {
09           print(text)
10       }
11   }
12   let cheeseQuestion = SurveyQuestion(text: "Do you like cheese?")
13   cheeseQuestion.ask()
14   print(cheeseQuestion.response)
15   cheeseQuestion.response = "Yes, I do like cheese."
16   print(cheeseQuestion.response)
```

此时运行程序，会看到如下的效果。

```
Do you like cheese?
nil
Optional("Yes, I do like cheese.")
```

在本代码中调查问题的答案在回答前是无法确定的，因此我们将属性 response 声明为 String? 类型，或者说是可选字符串类型 optional String。当 SurveyQuestion 实例化时，它将自动赋值为 nil，表明此字符串暂时还没有值。

10.4.2 修改常量属性

你可以在构造过程中的任意时间点修改常量属性的值，只要在构造过程结束时是一个确定的值。一旦常量属性被赋值，它将永远不可更改。

【程序 10-28】 以下将定义一个 SurveyQuestion 类，在此类中存在一个常量属性 text，尽管 text 属性现在是常量，仍然可以在类的构造器中设置它的值。

```
01  import Foundation
02  class SurveyQuestion {
03      let text: String
04      init(text: String) {
05          self.text = text
06      }
07      func ask() {
08          print(text)
09      }
10  }
11  let beetsQuestion = SurveyQuestion(text: "How about beets?")
12  beetsQuestion.ask()
13  let cheeseQuestion = SurveyQuestion(text: "Do you like cheese?")
14  cheeseQuestion.ask()
```

此时运行程序，会看到如下的效果。

```
How about beets?
Do you like cheese?
```

10.5 设置默认值

在 Swift 中的类型中，需要为属性设置默认值（如果是可选类的属性就不需要设置默认值），否则程序就会出现错误。本节将讲解 4 种设置默认值的方法，分别为在定义时直接赋值、在构造器中赋值、使用闭包设置属性的默认值以及使用函数设置默认值。

10.5.1 在定义时直接赋值

在定义属性时直接为属性赋值，是开发者设置默认值的一种最常用的方式，也是最简单的一种方法。

【程序 10-29】 以下定义了一个 Fahrenheit 结构。在此结构中定义了一个 temperature 属性，并且此属性在定义时已经赋值了。

```
01  import Foundation
02  struct Fahrenheit {
03      var temperature = 32.0
04  }
05  let fahrenheit=Fahrenheit()
06  print(fahrenheit.temperature)
```

此时运行程序，会看到如下的效果。

```
32.0
```

10.5.2 在构造器中赋值

使用构造器为属性进行赋值，其实我们在本章的 10.5 节之前的章节中就见过了。

【程序 10-30】以下定义了一个 Fahrenheit 结构，在此结构中定义了一个 temperature 属性，此属性的默认值在构造器中进行设置。

```
01  import Foundation
02  struct Fahrenheit {
03      var temperature: Double
04      init() {
05          temperature = 32.0
06      }
07  }
08  var f = Fahrenheit()
09  print("The default temperature is \(f.temperature)° Fahrenheit")
```

此时运行程序，会看到如下的效果。

```
The default temperature is 32.0° Fahrenheit
```

在此代码中，这个结构体定义了一个不带参数的构造器 init，并在里面将存储型属性 temperature 的值初始化为 32.0。

10.5.3　使用闭包设置属性的默认值

如果某个存储型属性的默认值需要一些定制或设置，你可以使用闭包为其提供定制的默认值。每当某个属性所在类型的新实例被创建时，对应的闭包会被调用，而它们的返回值会当作默认值赋值给这个属性。使用闭包设置默认值的语法形式如下：

```
let\var 属性名:数据类型 = {
    …
    return 某一值
}()
```

注意

闭包结尾的大括号后面接了一对空的小括号。这用来告诉 Swift 立即执行此闭包。如果开发者忽略了这对括号，相当于将闭包本身作为值赋值给了属性，而不是将闭包的返回值赋值给属性。

【程序 10-31】以下定义了一个结构体 Checkerboard，它构建了西洋跳棋游戏的棋盘。在此结构中定义了一个数组类型的 boardColors 属性，此属性的默认值通过闭包设置。

```
01  import Foundation
02  struct Checkerboard {
03      var boardColors: [Bool] = {
04          //使用闭包设置默认值
05          var temporaryBoard = [Bool]()
06          var isBlack = false
07          for i in 1...10 {
08              for j in 1...10 {
09                  temporaryBoard.append(isBlack)
10                  isBlack = !isBlack
11              }
12              isBlack = !isBlack
13          }
14          return temporaryBoard
15      }()
16  }
17  let board = Checkerboard()
18  print(board.boardColors)
```

此时运行程序，会看到如下的效果。

```
[false, true, false, true, false, true, false, true, false, true, true, false, true,
false, true, false, true, false, true, false, false, true, false, true, false, true, false,
true, false, true, true, false, true, false, true, false, true, false, true, false, false,
true, false, true, false, true, false, true, false, true, true, false, true, false, true,
false, true, false, true, false, false, true, false, true, false, true, false, true, false,
true, true, false, true, false, true, false, true, false, true, false, true, false, false,
true, false, true, false, true, false, true, true, false, true, false, true, false, true,
false, true, false]
```

10.5.4 使用函数设置默认值

如果某个存储型属性的默认值需要一些定制或设置，开发者除了可以使用闭包为其提供定制的默认值外，还可以使用函数为其定制默认值。

【程序 10-32】以下定义了一个 NewStruct 结构，在此结构中定义了一个 value 的属性，此属性的默认值使用函数 min 进行设置。

```
01    import Foundation
02    struct NewStruct{
03        var value=min(10,5)                           //使用函数设置默认值
04    }
05    let newstruct=NewStruct()
06    print(newstruct.value)
```

此时运行程序，会看到如下的效果。

5

10.6 析 构 器

析构器只适用于类类型，当一个类的实例被释放之前，析构器会被立即调用。本节将讲解什么是析构、析构器的定义、使用析构器以及构造器和析构器的区别。

10.6.1 理解析构器

每一个新生入学时，学校会为新生准备学生证、借阅证、饭卡等等，如图 10-4 所示。

在学校愉快地度过了 4 年后，就要毕业了。当学生毕业时，则需要将学生证、借阅证、饭卡等交回，如图 10-5 所示。

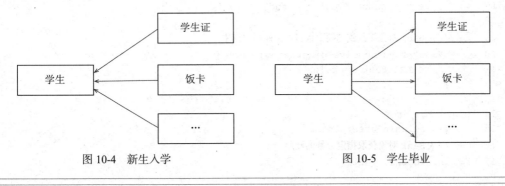

图 10-4　新生入学　　　　　　　　　　图 10-5　学生毕业

在计算机中也存在类似的情况，在创建一个对象时，需要为其分配 CPU、内存等资源，如图 10-6 所示。

当此对象不再使用后，就需要将分配的资源进行释放，如图 10-7 所示。析构器就是来完成资源释放工作的。

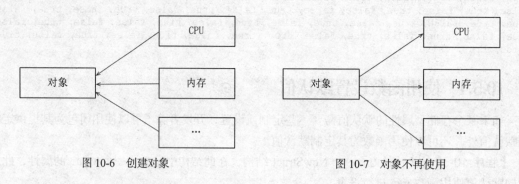

图 10-6　创建对象　　　　　　　　　　　图 10-7　对象不再使用

10.6.2　析构器的定义

析构器需要用关键字 deinit 来定义，类似于构造器需要使用 init 来定义，其语法形式如下：

```
deinit {
    // 执行析构过程
}
```

10.6.3　使用析构器

完成了析构器的定义后，就可以在类中使用了。

【**程序 10-33**】以下将实现一个简单的游戏。定义了两个类：一个为 Bank，它管理一种虚拟硬币，确保流通的硬币数量永远不可能超过 10000。在游戏中有且只能有一个 Bank 存在，因此 Bank 用类来实现，并使用类型属性和类型方法来存储和管理其当前状态。另一个类为 Player，它描述了游戏中的一个玩家。每一个玩家在任意时间都有一定数量的硬币存储在他们的钱包中，通过玩家的 coinsInPurse 属性来表示。

```
01    import Foundation
02    class Bank {
03        static var coinsInBank = 10_000
04        static func vendCoins(var numberOfCoinsToVend: Int) -> Int {
05            numberOfCoinsToVend = min(numberOfCoinsToVend, coinsInBank)
06            coinsInBank -= numberOfCoinsToVend
07            return numberOfCoinsToVend
08        }
09        //将 Bank 对象接收到的硬币数目加回硬币存储中
10        static func receiveCoins(coins: Int) {
11            coinsInBank += coins
12        }
13    }
14    class Player {
15        var coinsInPurse: Int
16        //从 Bank 对象获取指定数量的硬币
17        init(coins: Int) {
```

```
18          coinsInPurse = Bank.vendCoins(coins)
19      }
20      //Bank对象获取一定数量的硬币，并把它们添加到玩家的钱包
21      func winCoins(coins: Int) {
22          coinsInPurse += Bank.vendCoins(coins)
23      }
24      //析构器，该方法的功能是提醒游戏结束，并将玩家的所有硬币都返还给Bank对象
25      deinit {
26          Bank.receiveCoins(coinsInPurse)
27          print("Game Over")
28      }
29  }
30  var playerOne: Player? = Player(coins: 100)
31  print("A new player has joined the game with \(playerOne!.coinsInPurse) coins")
32  print("There are now \(Bank.coinsInBank) coins left in the bank")
33  playerOne!.winCoins(2_000)
34  print("PlayerOne won 2000 coins & now has \(playerOne!.coinsInPurse) coins")
35  print("The bank now only has \(Bank.coinsInBank) coins left")
36  playerOne = nil
37  print("PlayerOne has left the game")
38  print("The bank now has \(Bank.coinsInBank) coins")
```

此时运行程序，会看到如下的效果。

```
A new player has joined the game with 100 coins
There are now 9900 coins left in the bank
PlayerOne won 2000 coins & now has 2100 coins
The bank now only has 7900 coins left
Game Over
PlayerOne has left the game
The bank now has 10000 coins
```

在此代码中，第30行代码，创建了一个Player的实例。在创建一个Player实例的时候，会向Bank对象请求100个硬币，如果有足够的硬币可用的话，这个Player实例存储在一个名为playerOne的可选类型的变量中（这里使用了一个可选类型的变量，因为玩家可以随时离开游戏，设置为可选使你可以追踪玩家当前是否在游戏中）。

第31行代码是打印钱包中的硬币数量，因为playerOne是可选的，所以访问其coinsInPurse属性来打印钱包中的硬币数量时，使用感叹号（!）来解析。

第33行代码是玩家赢得比赛，获取了2000枚硬币，所以玩家的钱包中现在有2100枚硬币，而Bank对象只剩余7,900枚硬币。

第36行代码是玩家已经离开了游戏，这通过将可选类型的playerOne变量设置为nil来表示，意味着"没有Player实例"。当这一切发生时，playerOne变量对Player实例的引用被破坏了。没有其他属性或者变量引用Player实例，因此该实例会被释放，以便回收内存。在这之前，该实例的析构器被自动调用，玩家的硬币被返还给银行，并输出游戏Game Over字符串。

10.6.4 使用析构器的注意事项

在使用析构器时需要注意以下3点，这样可以避免程序出现错误。
1. 析构器只可以定义在类中
析构器只可以使用在类中，不可以使用在结构或者枚举等类型中。否则，程序就会出现错误。

如以下的代码。

```
01  import Foundation
02  struct NewStruct{
03      //析构器
04      deinit {
05          print("释放资源")
06      }
07  }
08  var newStruct: NewStruct? = NewStruct()
09  newStruct = nil
```

在此代码中，将析构器定义在了结构 NewStruct 中，导致程序出现了以下的错误。

```
Deinitializers may only be declared within a class
```

2. 只可以定义一个析构器

在一个类中只可以定义一个析构器，否则程序就会出现错误。如以下的代码。

```
01  import Foundation
02  class NewClass{
03      //析构器
04      deinit{
05          print("释放内容1")
06      }
07      //析构器
08      deinit{
09          print("释放内容2")
10      }
11  }
12  var newClass:NewClass?=NewClass()
13  newClass=nil
```

在此代码中定义了两个析构器，导致程序出现了以下的错误。

```
Invalid redeclaration of 'deinit'
```

3. 不可以自己去调用析构器

析构器的调用是隐式调用，不可以是显式调用，即对象去调用析构器。否则，会导致程序出现错误。如以下的代码。

```
01  import Foundation
02  class NewClass{
03      //析构方法
04      deinit{
05          print("释放内容1")
06      }
07  }
08  var newclass:NewClass?=NewClass()
09  newclass=nil
10  newclass.deinit            //调用析构方法
```

在此代码中使用显示调用了析构器,导致程序出现了以下的错误。

```
Expected member name following '.'
Expected '{' for deinitializer
```

10.6.5 构造器和析构器的区别

构造器和析构器的区别如表 10-1 所示。

表 10-1　　　　　　　　　　构造方法和析构器的区别

区　　别	构　造　方　法	析　构　器
定义的关键字	Init	deinit
参数	多个	无
方法个数	多个	1个
调用	显式调用	自动调用(隐式调用)
作用	创建对象,实现初始化	释放对象,回收资源

10.7　综　合　案　例

本节将以以上讲解的内容为基础,为开发者讲解两个综合案例:第一个是游戏属性,第二个是模拟下线通知。

10.7.1　游戏属性

在一个游戏中都会有各种各样的属性,如体力、精力、敏捷、耐力等,这些属性在一个新用户进入后,都会自动进行设置。如想要实现这一功能,可以使用两种方法实现:一种是直接为属性进行赋值,另一种是使用构造器。

【程序 10-34】在一个游戏中,有 3 种职业。每种职业都有体力、精力、敏捷、耐力 4 种属性。对于牧师职业,4 种属性分别为 60、80、50、70。当玩家创建这样的一个角色,系统就会自动设置好 4 项属性。请使用构造器实现该功能。

```
01  import Foundation
02  class Priest {
03      var physicalStrength:Int
04      var energy:Int
05      var agile:Int
06      var endurance:Int
07      init(){
08          physicalStrength=60
09          energy=80
10          agile=50
11          endurance=70
12      }
13  }
14  let newPriest=Priest()
```

```
15    print("体力=\(newPriest.physicalStrength)")
16    print("精力=\(newPriest.energy)")
17    print("敏捷=\(newPriest.agile)")
18    print("耐力=\(newPriest.endurance)")
```

此时运行程序，会看到如下的效果。

体力=60
精力=80
敏捷=50
耐力=70

10.7.2 模拟下线通知

在网络聊天软件中，当一个用户关闭应用时，需要向服务器发送下线通知。要实现此功能，需要使用到析构器来实现。

【程序 10-35】使用析构器采用输入字符串"用户已下线"的方式模拟下线通知的功能。

```
01    import Foundation
02    class UserLogin {
03        init(){
04            print("用户已上线")
05        }
06        deinit{
07            print("用户已下线")
08        }
09    }
10    var user:UserLogin?=UserLogin()
11    user=nil
```

此时运行程序，会看到如下的效果。

用户已上线
用户已下线

10.8 上机实践

编写程序，新生入学，每个人都有机会获取贫困补助金。如果满足条件，就可以获取该补助金。这里我们将满足获取贫困补助金的条件设置为平均收入小于 5000 元。

分析：

本题可以使用可失败构造器实现。首先需要创建学生类 student，然后使用可失败构造器构建贫困补助金发放机制。

第11章 扩展和协议

扩展和协议在很多的面向对象的编程语言中都存在，当前 Swift 也不例外。使用扩展和协议，可以在面向对象的编程语言中对已有的类型进行扩展和修改。本章将讲解有关扩展和协议的一些内容。

11.1 扩 展

扩展就是为一个已有的类、结构体、枚举类型或者协议类型添加新功能。本节将讲解扩展的定义、扩展属性、扩展构造器、扩展方法以及扩展下标脚本等内容。

11.1.1 扩展的定义

扩展需要使用关键字 extension 进行定义，其语法形式如下。

```
extension 类型 {
    …
}
```

11.1.2 扩展属性

扩展可以为已有类型添加属性，其中添加的属性包括两种，分别为计算属性和类型属性。本小节将对这两种属性的添加进行详细的讲解。

1. 计算属性

扩展可以向类型中添加计算属性。

【程序 11-1】以下将对 Double 类型进行扩展，添加 5 个计算属性，从而提供与距离单位协作的基本支持。

```
01  import Foundation
02  extension Double {
03      //定义计算属性 km, 实现千米和米的转换
04      var km: Double {
05          return self * 1_000.0
06      }
07      var m : Double {
08          return self
```

```
09        }
10        //定义计算属性 cm，实现米和厘米的转换
11        var cm: Double {
12            return self / 100.0
13        }
14        //定义计算属性 mm，实现米和毫米的转换
15        var mm: Double {
16            return self / 1_000.0
17        }
18        //定义计算属性 ft，实现米和英尺的转换
19        var ft: Double {
20            return self / 3.28084
21        }
22    }
23    //将 25.4 毫米换算为米
24    let oneInch = 25.4.mm
25    print("One inch is \(oneInch) meters")
26    //将 3 英尺换算为米
27    let threeFeet = 3.ft
28    print("Three feet is \(threeFeet) meters")
```

此时运行程序，会看到如下的效果。

```
One inch is 0.0254 meters
Three feet is 0.914399970739201 meters
```

2. 类型属性

扩展可以向已有的类型中添加类型属性。

【程序 11-2】以下定义了一个 Size 结构，并对 Size 结构进行扩展，向 Size 结构中添加两个类型属性。

```
01    import Foundation
02    struct Size {
03
04    }
05    //扩展，向结构 Size 添加类型属性
06    extension Size{
07        static var width:Float{
08            return 22.0
09        }
10        static var heigt:Float{
11            return 15.0
12        }
13    }
14    print(Size.width)
15    print(Size.heigt)
```

此时运行程序，会看到如下的效果。

```
22.0
15.0
```

扩展可以添加新的计算属性和类型属性,但是不可以添加存储属性,也不可以为已有属性添加属性监视器。

11.1.3 扩展构造器

　　扩展可以为已有类型添加新的构造器。这可以让你扩展其他类型,将你自己的定制类型作为其构造器参数,或者提供该类型的原始实现中未提供的额外初始化选项。

　　【程序 11-3】以下定义了 3 个结构,分别为:Size、Point 和 Rect。并对 Rect 结构进行扩展,向 Size 结构中添加构造器。

```
01  import Foundation
02  struct Size {
03      var width = 0.0
04      var height = 0.0
05  }
06  struct Point {
07      var x = 0.0
08      var y = 0.0
09  }
10  struct Rect {
11      var origin = Point()
12      var size = Size()
13
14  }
15  //扩展,向结构中添加构造器
16  extension Rect {
17      init(center: Point, size: Size) {
18          let originX = center.x - (size.width / 2)
19          let originY = center.y - (size.height / 2)
20          self.init(origin: Point(x: originX, y: originY), size: size)
21      }
22  }
23  let centerRect = Rect(center: Point(x: 4.0, y: 4.0),
24      size: Size(width: 3.0, height: 3.0))
25  print("centerRect的原点为:\(centerRect.origin)")
26  print("centerRect的大小为:\(centerRect.size)")
```

此时运行程序,会看到如下的效果。

```
centerRect的原点为:Point(x: 2.5, y: 2.5)
centerRect的大小为:Size(width: 3.0, height: 3.0)
```

在使用扩展为已有的类添加新的构造器时,需要注意以下两点。

1. 不可以添加指定构造器

　　扩展可以向已有的类中添加便利构造器,但是不可以添加指定构造器,否则程序会出现错误。如以下的代码。

```
01  import Foundation
02  class Student{
03      var name="NULL"
```

```
04      var age=0
05  }
06  //扩展,向类中添加指定构造器
07  extension Student{
08      init(name:String,age:Int){
09          self.init()
10          self.name=name
11          self.age=age
12      }
13  }
14  let student=Student(name:"Tom",age:20)
15  print("name=\(student.name)")
16  print("age=\(student.age)")
```

在此代码中,由于在扩展中添加了指定构造器,导致程序出现了以下的错误。

```
Designated initializer cannot be declared in an extension of 'Student'; did you mean this to be a convenience initializer?
```

2. 不可以添加析构器

扩展不可以向类中添加新的析构器;否则,程序就会出现错误。如以下的代码。

```
01  import Foundation
02  class Student{
03      var name="NULL"
04      var age=0
05  }
06  //扩展,向类中添加析构器
07  extension Student{
08      deinit{
09          print("释放内容")
10      }
11  }
12  let student=Student()
13  print("name=\(student.name)")
14  print("age=\(student.age)")
```

在此代码中,由于在扩展中添加了析构器,导致程序出现了以下的错误。

```
einitializers may only be declared within a class
```

11.1.4 扩展方法

扩展可以向已有的类型中添加方法,其中包括实例方法和类型方法。以下就是对这两种方法进行添加的讲解。

1. 实例方法

扩展可以向已有的类型中添加实例方法。

【程序11-4】以下将为已有的类型 Int 进行扩展,向 Int 类型中添加一个实例方法。此方法输出 n 遍"Hello"字符串。

```
01  import Foundation
02  extension Int {
```

```
03      func printHello(){
04          for _ in 0..<self{
05              print("Hello")
06          }
07      }
08  }
09  5.printHello()
```

此时运行程序，会看到如下的效果。

```
Hello
Hello
Hello
Hello
Hello
```

通过扩展添加的实例方法也可以修改该实例本身。在结构体和枚举类型中，修改 self 或其属性的方法必须将该实例方法标注为 mutating。

【程序 11-5】以下实现的功能是向 Int 类型中添加一个新的方法 square()，此方法可以修改 self。

```
01  import Foundation
02  extension Int {
03      mutating func square() {
04          self = self * self
05      }
06  }
07  var someInt = 3
08  someInt.square()
09  print(someInt)
```

此时运行程序，会看到如下的效果。

```
9
```

2. 类型方法

扩展可以向已有的类型中添加类型方法。

【程序 11-6】以下定义了一个 NewClass 类，并扩展 NewClass，向 NewClass 中添加类型方法。此方法输出 1~10 之间的偶数。

```
01  import Foundation
02  class NewClass{
03      //类型方法 add，实现的功能是计算两个数的和
04      class func add(value1:Int,value2:Int)->Int{
05          let sum=value1+value2
06          return sum
07      }
08  }
09  //扩展向 NewClass 类添加类型方法 printstr()
10  extension NewClass {
11      class func printstr(i:Int){
12          var index=0
13          for index=1;index<=i;++index{
14              if(index%2==0){
```

```
15            print(index)
16        }
17    }
18  }
19 }
20 print(NewClass.add(10,value2:200))
21 NewClass.printstr(10)
```

此时运行程序，会看到如下的效果。

```
210
2
4
6
8
10
```

11.1.5 扩展下标脚本

扩展可以向已有的类型中添加下标脚注。

【程序 11-7】以下定义了一个 DayEnum 枚举，并扩展此枚举，向此枚举中添加下标脚本。

```
01  import Foundation
02  enum DayEnum:Int{
03      case Sunday=0
04      case Moday=1
05      case Tuesday=2
06      case Wednesday
07      case Thursday
08      case Firday
09      case Saturday
10  }
11  extension DayEnum{
12      //定义下标
13      subscript(index:Int)->String{
14          switch index{
15          case 0:
16              return "Sunday"
17          case 1:
18              return "Moday"
19          case 2:
20              return "Tuesday"
21          case 3:
22              return "Wednesday"
23          case 4:
24              return "Thursday"
25          case 5:
26              return "Firday"
27          case 6:
28              return "Saturday"
29          default:
30              return "没有对应的成员"
31          }
32      }
```

```
33    }
34    let dayEnum=DayEnum.Sunday
35    print(dayEnum[0])
36    print(dayEnum[1])
37    print(dayEnum[3])
38    print(dayEnum[20])
```

此时运行程序,会看到如下的效果。

```
Sunday
Moday
Wednesday
没有对应的成员
```

11.1.6 扩展嵌套类型

扩展可以为已有的类、结构体和枚举添加新的嵌套类型。

【**程序 11-8**】以下为 Int 类型添加了嵌套枚举 Kind,它表示特定整数的类型。具体来说,就是表示整数是正数、零或者负数。

```
01  import Foundation
02  extension Int {
03      //嵌套枚举
04      enum Kind {
05          case Negative
06          case Zero
07          case Positive
08      }
09      var kind: Kind {
10          switch self {
11          case 0:
12              return .Zero
13          case let x where x > 0:
14              return .Positive
15          default:
16              return .Negative
17          }
18      }
19  }
20  func printIntegerKinds(numbers: [Int]) {
21      for number in numbers {
22          switch number.kind {
23          case .Negative:
24              print("- ")
25          case .Zero:
26              print("0 ")
27          case .Positive:
28              print("+ ")
29          }
30      }
31  }
32  printIntegerKinds([3, 19, -27, 0, -6, 0, 7])
```

此时运行程序,会看到如下的效果。

```
+
++
-
0
-
0
+
```

11.2 协 议

协议用于声明完成某项任务或功能所必需的方法和属性。这些方法和属性并不在协议中具体实现,而只用来描述这些实现应该是什么样的。本节将讲解协议的定义、协议的属性以及协议的成员声明。

11.2.1 协议的定义

协议的定义方式与类、结构体和枚举的定义非常相似,它需要使用到关键字 protocol,其语法形式如下。

```
protocol 协议名称 {
    …
}
```

11.2.2 协议的实现

类、结构体或枚举都可以采纳协议。协议定义好以后,类、结构体或枚举为协议定义的这些要求提供具体实现。协议在类、结构体或枚举中实现的语法都是一样的,以结构为例,协议在结构中的实现形式如下。

```
struct 结构名称:协议名 {
    …
}
```

虽然协议在类、结构体或枚举中实现的语法都是一样的,但是也存在着一些特殊情况,以下就是对这些特殊情况的介绍。

1. 对多个协议进行实现

在类型中,除了可以对一个协议进行实现外,还可以对多个协议进行实现。实现多个协议时,各协议之间用","逗号分隔。以类为例,其语法形式如下。

```
class 类名:协议名1,协议名2,协议名3,…{
    …
}
```

同样的方式适用于其他类型。

2. 协议在指定类型的枚举中实现

对于一个具有指定类型的枚举类型来说，在":"冒号后面首先跟着的是枚举类型指定的数据类型，然后才是协议名称，其实现形式如下。

```
enum 枚举类型名:数据类型,协议名{
    …
}
```

其中，数据类型和协议名之间使用逗号分隔。

3. 协议在子类中实现

如果一个类含有父类的同时也采用了协议，应当把父类放在所有的协议之前，其形式如下。

```
class 类名:父类名,协议名{
    …
}
```

11.2.3 协议的成员声明——属性

在协议中可以声明特定名称和类型的实例属性（存储属性和计算属性）或类型属性。协议不指定属性是存储属性还是计算属性，它只指定属性的名称和类型。此外，协议还指定属性是只读的还是可读可写的。本小节将讲解两种属性在协议中的声明。

1. 实例属性

实例属性包括计算属性和存储属性，它的声明形式如下。

```
protocol 协议名称{
    var 属性名称:数据类型{get}              //声明一个只读的实例属性
    var 属性名称:数据类型{get set}          //声明一个可读写的实例属性
}
```

【程序 11-9】以下定义了一个协议 WalletProtocol，在协议中声明了两个属性，一个是只读属性，一个是可读可写属性。让协议在类 WalletClass 中进行实现。

```
01  import Foundation
02  //定义协议 WalletProtocol
03  protocol WalletProtocol{
04      var name: String { get }             //声明只读的实例属性 name
05      var cal:Double {get set}             //声明可读写的实例属性 cal
06  }
07  //定义协议的遵循者 WalletClass 类
08  class WalletClass:WalletProtocol{
09      var money=0.0
10      //定义协议中只读的实例属性 name
11      var name: String{
12          return "Alice"
13      }
14      //定义协议中可读可写的实例属性 cal
15      var cal:Double{
16          get{                             //定义 getter
```

```
17              let RMB=money*6.1
18              return RMB                          //返回以人民币为单位的金额
19          }
20          set(RMB){                               //定义 setter
21              money=RMB/6.1                       //返回以美元为单位的金额
22          }
23      }
24  }
25  let walletClass=WalletClass()
26  print(walletClass.name)
27  walletClass.cal=18.8
28  print(walletClass.cal)
29  print(walletClass.money)
```

此时运行程序，会看到如下的效果。

```
Alice
18.8
3.08196721311475
```

2. 类型属性

类型属性的声明和实例属性的声明一般相同，只不过需要添加一个代表类型的关键字，其中类型属性定义形式如下。

```
protocol 协议名{
    static var 属性名1: 数据类型 { get }             //声明一个只读的类型属性
    static var 属性名2: 数据类型 { get set }         //声明一个可读写的类型属性
}
```

【**程序 11-10**】以下定义了一个协议 AgeProtocol，在协议中声明了一个只读的类型属性。让协议在类 AgeClass 中进行实现。

```
01  import Foundation
02  //定义协议 AgeProtocol
03  protocol AgeProtocol{
04      static var age:Int{get}                     //声明只读的类型属性
05  }
06  //定义协议的遵循者 NewClass 类
07  class AgeClass:AgeProtocol{
08      //定义只读的类型属性
09      class var age:Int{
10          return 100
11      }
12  }
13  print(AgeClass.age)
```

此时运行程序，会看到如下的效果。

```
100
```

在协议中声明类型属性时,总是使用 static 关键字作为前缀。当类类型采纳协议时,除了 static 关键字,还可以使用 class 关键字作为前缀。

11.2.4 协议的成员声明——方法

在协议中可以声明方法,它可以为其遵循者(即实现协议的类型)提供实现某些指定的实例方法或类方法。这些方法作为协议的一部分,像普通的方法一样清晰地放在协议的定义中,而不需要大括号和方法体。以下就是在协议中声明方法的详细介绍。

1. 实例方法

在协议中声明实例方法的语法形式如下。

```
protocol 协议名 {
    func 方法名(参数名1.数据类型,参数名2.属性类型,…) -> 返回值的数据类型
}
```

实例方法在协议中声明好以后,需要在遵循者中进行实现。

【程序 11-11】以下定义了一个协议 RandomNumberGenerator,在协议中声明了一个实例方法。让协议在类 LinearCongruentialGenerator 中进行实现。

```
01  import Foundation
02  //定义协议 RandomNumberGenerator
03  protocol RandomNumberGenerator {
04      func random() -> Double                              //声明方法
05  }
06  //定义协议的遵循者 LinearCongruentialGenerator 类
07  class LinearCongruentialGenerator:RandomNumberGenerator{
08      var lastRandom = 42.0
09      let m = 139968.0
10      let a = 3877.0
11      let c = 29573.0
12      //定义方法 random()
13      func random() -> Double {
14          lastRandom = ((lastRandom * a + c) % m)
15          return lastRandom / m
16      }
17  }
18  let generator = LinearCongruentialGenerator()
19  print("Here's a random number: \(generator.random())")
```

此时运行程序,会看到如下的效果。

```
Here's a random number: 0.37464991998171
```

2. 类型方法

在协议中声明类型方法的语法形式如下。

```
protocol 协议名 {
    static func 方法名(参数名1.数据类型,参数名2.属性类型,…) -> 返回值的数据类型
}
```

类型方法在协议中声明好以后，需要在遵循者中进行实现。

【程序11-12】以下定义了一个协议 RangeProtocol，在协议中声明了一个类型方法。让协议在类 NewClass 中进行实现。

```
01    import Foundation
02    //定义协议 RangeProtocol
03    protocol RangeProtocol{
04        static func printRange(start:Int,end:Int)              //声明类型方法
05    }
06    class NewClass:RangeProtocol{
07        //定义类型方法 printRange()
08        class func printRange(start:Int,end:Int){
09            for index in start...end{
10                print(index)
11            }
12        }
13    }
14    NewClass.printRange(0, end: 5)
```

此时运行程序，会看到如下的效果。

```
0
1
2
3
4
5
```

在协议中声明类型方法时，总是使用 static 关键字作为前缀。当类类型采纳协议时，除了 static 关键字，还可以使用 class 关键字作为前缀。

11.2.5 协议的成员声明——可变方法

有时需要在方法中改变方法所属的实例。这时需要使用可变方法。可变方法的定义就是在方法的前面添加 mutating 关键字。它表示可以在该方法中修改实例及其属性的所属类型。在协议中可变方法也是可以进行声明的。其语法形式如下。

```
protocol 协议名 {
    mutating func 方法名(参数名1:数据类型,参数名2:数据类型,…)
}
```

【程序11-13】以下定义了一个协议 Togglable，在协议中声明了一个可变方法。让协议在类 NewClass 中进行实现。

```
01    import Foundation
02    protocol Togglable {
03        mutating func toggle()                                 //声明可变方法
04    }
05    enum OnOffSwitch: Togglable {
06        case Off
```

```
07      case On
08   //定义可变方法
09   mutating func toggle() {
10      switch self {
11      case Off:
12          self = On
13      case On:
14          self = Off
15      }
16   }
17 }
18 var lightSwitch = OnOffSwitch.Off
19 print(lightSwitch)
20 lightSwitch.toggle()
21 print(lightSwitch)
```

此时运行程序，会看到如下的效果。

```
Off
On
```

在此代码中，OnOffSwitch 枚举遵循了 Togglable 协议。On、Off 两个成员用于表示当前状态。当当前的状态为 On 时，就会将状态改为 Off 状态。

11.2.6 协议的成员声明——构造器

开发者可以在协议中声明构造器，在符合协议的类中实现构造器。不管是作为指定构造器，还是作为便利构造器，都必须为构造器的实现标上 required 修饰符。

【程序 11-14】以下定义了一个协议 StudentProtocol，在协议中声明了一个构造器方法。让协议在类 StudentClass 中进行实现。

```
01 import Foundation
02 protocol StudentProtocol {
03    init()                                          //声明构造器
04 }
05 class StudentClass:StudentProtocol {
06    var studentName:String
07    var studentId:Int
08    var studentAge:Int
09    //定义构造器
10    required init() {
11       studentName="Tom"
12       studentId=20151126
13       studentAge=20
14    }
15 }
16 let studentTom=StudentClass()
17 print("studentName=\(studentTom.studentName)")
18 print("studentId=\(studentTom.studentId)")
19 print("studentAge=\(studentTom.studentAge)")
```

此时运行程序，会看到如下的效果。

```
studentName=Tom
studentId=20151126
studentAge=20
```

11.3 可选协议

在以上的内容中不难看出,在协议中声明的成员,协议的遵循者必须要实现,如果对某一成员不进行实现,就会导致程序出现错误。但是在实际的编程中,要求开发者在协议中声明的成员,在它的遵循者中只要求实现个别几个,这时再使用以上提到的协议,就会添加代码量以及添加代码编写时间,所以上面提到的协议就不太适合了,这时需要使用一个新的协议——可选协议。本节将讲解可选协议的定义、成员声明以及调用。

11.3.1 定义可选协议

可选协议的定义需要使用@objc 关键字,其定义形式如下。

```
@objc protocol 协议名 {
    …
}
```

11.3.2 声明可选成员

开发者可以在可选协议中声明可选成员。声明可选成员其实很简单,就是在声明的属性、方法等的前方加上关键字 optiona。以声明一个可选的只读属性为例,它的声明形式如下。

```
@objc protocol 协议名 {
    optional var 属性名:数据类型{get}
}
```

【程序 11-15】以下定义了一个可选协议 CounterDataSource,在此协议中声明了一个可选方法和一个指定的实例属性。在协议遵循者 Counter 类中实现可选方法的定义。

```
01  import Foundation
02  @objc protocol CounterDataSource {
03      optional static func printStr(str:String)
04      optional var fixedIncrement: Int { get }
05  }
06  class Counter:CounterDataSource {
07      @objc class func printStr(str: String) {
08          for c in str.characters{
09              print(c)
10          }
11      }
12  }
13  Counter.printStr("auspicious")
```

此时运行程序,会看到如下的效果。

auspicious

可选协议只可以在类中实现。否则，程序就会出现错误。

11.3.3 调用可选协议

可选协议中的可选成员在调用时需要使用可选链接。

【**程序 11-16**】以下将定义一个可选协议 CounterDataSource，在此协议中声明了一个可选方法和一个可选的实例属性。在协议遵循者 ThreeSource 和 TowardsZeroSource 中分别实现可选方法和可选属性的定义，并在 Counter 中通过可选成员的调用实现赋值功能。

```
01  import Foundation
02  @objc protocol CounterDataSource {
03      optional func incrementForCount(count: Int) -> Int
04      optional var fixedIncrement: Int { get }
05  }
06  class Counter {
07      var count = 0
08      var dataSource: CounterDataSource?
09      func increment() {
10          if let amount = dataSource?.incrementForCount?(count) {
11              count += amount
12          } else if let amount = dataSource?.fixedIncrement {
13              count += amount
14          }
15      }
16  }
17  class ThreeSource: CounterDataSource {
18      @objc let fixedIncrement = 3
19  }
20  class TowardsZeroSource: CounterDataSource {
21      @objc func incrementForCount(count: Int) -> Int {
22          if count == 0 {
23              return 0
24          } else if count < 0 {
25              return 1
26          } else {
27              return -1
28          }
29      }
30  }
31  var counter = Counter()
32  counter.dataSource = ThreeSource()
```

```
33    print("counter.dataSource 为 ThreeSource 的实例时运行结果如下:")
34    for _ in 1...5 {
35        counter.increment()
36        print(counter.count)
37    }
38    counter.count = -5
39    counter.dataSource = TowardsZeroSource()
40    print("counter.dataSource 为 TowardsZeroSource 的实例时运行结果如下:")
41    for _ in 1...5 {
42        counter.increment()
43        print(counter.count)
44    }
```

此时运行程序，会看到如下的效果。

counter.dataSource 为 ThreeSource 的实例时运行结果如下。
3
6
9
12
15
counter.dataSource 为 TowardsZeroSource 的实例时运行结果如下。
-4
-3
-2
-1
0

在此代码中，Counter 类中的 count 属性用于存储当前的值，increment()方法用来为 count 赋值。此方法可以通过可选链接，尝试从两种可选成员中获取 count。由于 dataSource 可能为 nil，因此在 dataSource 后边加上了?标记来表明只在 dataSource 非空时才去调用 incrementForCount()方法。即使 dataSource 存在，但是也无法保证可以实现 incrementForCount()方法，因此在 incrementForCount()方法后边也加有?标记。

11.4 使用协议

尽管协议本身并不实现任何功能，但是协议可以被当作类型来使用。本节将讲解协议类型的使用，其中包括协议类型作为常量、变量等的数据类型、协议类型的返回值或参数以及协议类型作为集合的元素类型。

11.4.1 协议作为常量、变量等的数据类型

协议可以作为常量、变量以及属性的数据类型。

【程序 11-17】以下将协议作为变量的数据类型。

```
01    import Foundation
02    //定义协议
03    protocol InformationProtocol {
04        var name: String{get}
```

```
05      var id: Int{get}
06      var age: Int{get}
07  }
08  //定义协议的遵循者StudentInformation类
09  class StudentInformation:InformationProtocol{
10      var name:String="Alice"
11      var id:Int=20151127
12      var age:Int=20
13  }
14  var studentTom:InformationProtocol=StudentInformation()        //协议作为变量的类型
15  print("name=\(studentTom.name)")
16  print("id=\(studentTom.id)")
17  print("age=\(studentTom.age)")
```

此时运行程序，会看到如下的效果。

```
name=Alice
id=20151127
age=20
```

11.4.2 协议作为返回值或参数类型

协议可以作为函数、方法或构造器中的参数类型或返回值类型。

【程序11-18】以下实现了桌游骰子游戏，它将协议作为了构造器的参数类型。

```
01  import Foundation
02  protocol RandomNumberGenerator {
03      func random() -> Double
04  }
05  class LinearCongruentialGenerator: RandomNumberGenerator {
06      var lastRandom = 42.0
07      let m = 139968.0
08      let a = 3877.0
09      let c = 29573.0
10      func random() -> Double {
11          lastRandom = ((lastRandom * a + c) % m)
12          return lastRandom / m
13      }
14  }
15  //定义了一个Dice类，用来代表桌游中拥有 N 个面的骰子
16  class Dice {
17      let sides: Int
18      let generator: RandomNumberGenerator
19      //在构造器中，使用了协议作为参数的类型
20      init(sides: Int, generator: RandomNumberGenerator) {
21          self.sides = sides
22          self.generator = generator
23      }
24      //用来模拟骰子的面值
25      func roll() -> Int {
26          return Int(generator.random() * Double(sides)) + 1
27      }
28  }
29  //随机数生成器来创建一个六面骰子
```

```
30    var d6 = Dice(sides: 6, generator: LinearCongruentialGenerator())
31    for _ in 1...5 {
32        print("Random dice roll is \(d6.roll())")
33    }
```

此时运行程序，会看到如下的效果。

```
Random dice roll is 3
Random dice roll is 5
Random dice roll is 4
Random dice roll is 5
Random dice roll is 4
```

11.4.3　协议作为集合的元素类型

协议可以作为数组、字典或其他容器中的元素类型。

【程序 11-19】以下将协议作为属性中元素的类型。

```
01    import Foundation
02    //定义协议
03    protocol NameProtocol {
04        var name: String{get}
05    }
06    class TomName:NameProtocol{
07        var name:String{
08            return "Tom"
09        }
10    }
11    class AliceName:NameProtocol{
12        var name:String{
13            return "Alice"
14        }
15    }
16    //协议作为数组中元素的类型
17    let array:[NameProtocol]=[TomName(),AliceName(),
18    TomName(),AliceName(),AliceName()]
19    var i=0
20    //遍历
21    for i;i<5;++i {
22        print("array[\(i)]=\(array[i].name)")
23    }
```

此时运行程序，会看到如下的效果。

```
array[0]=Tom
array[1]=Alice
array[2]=Tom
array[3]=Alice
array[4]=Alice
```

11.5　在扩展中使用协议

协议也可以在扩展中实现。这样，它可以实现在扩展中定义协议成员，也可以实现通过扩展补充协议声明等功能。以下将讲解在扩展中实现协议、定义协议成员以及扩展协议声明等内容。

11.5.1　在扩展中实现协议

协议在扩展中实现的语法形式如下。

```
extension 类型名: 协议名 {
    …
}
```

在一个扩展中也可以实现多个协议，其语法形式如下。

```
extension 类型名: 协议名1,协议名2,协议名3,… {
    …
}
```

11.5.2　定义协议成员

协议的成员可以在协议的扩展遵循者去实现定义。

【**程序 11-20**】以下在协议 TraversalStringsProtocol 中声明了一个实例方法，此方法可以遍历字符串中的字符，然后在扩展遵循者 TraversalStringsClass 中实现实例方法的定义。

```
01  import Foundation
02  protocol TraversalStringsProtocol {
03      func traversalStrings(str:String)
04  }
05  class TraversalStringsClass{
06  }
07  extension TraversalStringsClass: TraversalStringsProtocol {
08      func traversalStrings(str: String) {
09          for character in str.characters{
10              print(character)
11          }
12      }
13  }
14  let traversalStringsClass=TraversalStringsClass()
15  traversalStringsClass.traversalStrings("happiness")
```

此时运行程序，会看到如下的效果。

```
h
a
p
p
i
n
```

e
s
s

11.5.3 扩展协议声明

当一个类型已经实现了协议中的所有要求，却没有声明时，可以通过扩展来补充协议声明。
【程序 11-21】以下将在类的扩展中实现对协议的采纳。

```
01    import Foundation
02    //定义协议
03    protocol NameProtocol {
04        var name:String{get}
05    }
06    //定义结构
07    struct NameClass {
08        var person:String
09        init(str:String){
10            person=str
11        }
12        var name:String{
13            return person
14        }
15    }
16    extension NameClass:NameProtocol {
17
18    }
19    let nameTom=NameClass(str: "Tom")
20    print(nameTom.name)
21    let nameAlice=NameClass(str: "Alice")
22    print(nameAlice.name)
```

此时运行程序，会看到如下的效果。

```
Tom
Alice
```

11.6 协议的继承

协议和类一样，也是可以实现继承的。它可以继承一个或者多个协议，其语法形式如下。

```
protocol 协议名n: 协议名1, 协议名2,… {
    … 成员声明
}
```

多个协议之间需要使用","逗号分隔。

【程序 11-22】以下通过对协议的继承，实现对一个人的基本信息的获取。

```
01  import Foundation
02  //定义协议
03  protocol NameProtocol {
04      var name:String{get}
05  }
06  protocol AgeProtocol {
07      var age:Int{get}
08  }
09  protocol IdProtocol {
10      var Id:Int{get}
11  }
12  //实现继承
13  protocol InformationProtocol:NameProtocol,AgeProtocol,IdProtocol{
14      var sex:String{get}
15  }
16  //定义结构
17  struct InformationClass:InformationProtocol {
18      var name:String{
19          return "Tom"
20      }
21      var age:Int{
22          return 20
23      }
24      var Id:Int{
25          return 20151127
26      }
27      var sex:String{
28          return "male"
29      }
30  }
31  let informationTom=InformationClass()
32  print("name=\(informationTom.name)")
33  print("age=\(informationTom.age)")
34  print("Id=\(informationTom.Id)")
35  print("sex=\(informationTom.sex)")
```

此时运行程序，会看到如下的效果。

```
name=Tom
age=20
Id=20151127
sex=male
```

在实现协议的继承时，需要注意以下3点。
1. 成员必须实现

如果一个协议2继承了协议1，说明协议1中的成员也被协议2继承。所以在协议2的遵循者中必须要对协议1和2中的成员依次定义。否则，程序就会出现错误。如以下的代码。

```
01  import Foundation
02  //定义协议
03  protocol NameProtocol {
04      var name:String{get}
05  }
```

```
06    protocol InformationProtocol:NameProtocol{
07        var sex:String{get}
08    }
09    //定义结构
10    struct InformationClass:InformationProtocol {
11        var sex:String{
12            return "male"
13        }
14    }
15    let informationTom=InformationClass()
```

在此代码中，由于没有对协议中成员 name 的定义，所以导致程序出现以下的错误：

```
Type 'InformationClass' does not conform to protocol 'NameProtocol'
```

2. 可选协议不可继承非可选协议

在继承时，一个非可选协议可以继续一个可选协议，但是一个可选协议不可以继承一个非可选协议。否则，程序就会出现错误。如以下的代码。

```
01    import Foundation
02    protocol SuperProtocol {
03        var value: Int { get }
04    }
05    //定义可选类型，并继承非可选类型 SuperProtocol
06    @objc protocol SubProtocol:SuperProtocol{
07    }
```

在此代码中，由于可选协议继承了一个非可选协议，所以导致程序出现以下的错误。

```
@objc protocol 'SubProtocol' cannot refine non-@objc protocol 'SuperProtocol'
```

3. 类类型专属协议

开发者可以在协议的继承列表中，通过添加 class 关键字来限制协议只能被类类型采纳，而结构体或枚举不能采纳该协议。class 关键字必须第一个出现在协议的继承列表中，在其他继承的协议之前。

```
protocol 协议名n: class, 协议1, 协议2, … {
    // 这里是类类型专属协议的定义部分
}
```

11.7 协议合成

有时候需要同时采纳多个协议，开发者可以将多个协议采用 protocol<SomeProtocol, AnotherProtocol> 这样的格式进行组合，称为协议合成（protocol composition）。开发者可以在<>中罗列任意多个想要采纳的协议，以逗号分隔。

【程序 11-23】以下将祝福某人生日快乐，在此代码中使用到了协议合成。

```
01    import Foundation
```

```
02  protocol Named {
03      var name: String { get }
04  }
05  protocol Aged {
06      var age: Int { get }
07  }
08  struct Person: Named, Aged {
09      var name: String
10      var age: Int
11  }
12  //输出祝福
13  func wishHappyBirthday(celebrator: protocol<Named, Aged>) {
14      print("Happy birthday \(celebrator.name) - you're \(celebrator.age)!")
15  }
16  let birthdayPerson = Person(name: "Malcolm", age: 21)
17  wishHappyBirthday(birthdayPerson)
```

此时运行程序,会看到如下的效果。

```
Happy birthday Malcolm - you're 21!
```

11.8 检查协议的一致性

开发者可以使用类型转换中描述的 is 和 as 操作符来检查协议一致性,判断是否符合某协议,并且可以转换到指定的协议类型。检查和转换到某个协议类型在语法上和类型的检查和转换完全相同。

is 操作符:用来检查实例是否符合某个协议,若符合则返回 true,否则返回 false。

as?操作符:返回一个可选值,当实例符合某个协议时,返回类型为协议类型的可选值,否则返回 nil。

as!操作符:将实例强制向下转换到某个协议类型,如果强转失败,会引发运行时错误。

【程序 11-24】以下使用 as?来判断实例是否遵循了 HasArea 协议。

```
01  import Foundation
02  //协议 HasArea
03  @objc protocol HasArea {
04      var area: Double { get }
05  }
06  //类 Circle,遵守协议 HasArea
07  class Circle: HasArea {
08      let pi = 3.1415927
09      var radius: Double
10      //可读的计算属性
11      @objc var area: Double {
12          return pi * radius * radius
13      }
14      //定义指定构造器
15      init(radius: Double) {
16          self.radius = radius
17      }
18  }
```

```
19    //类 Country, 遵守协议 HasArea
20    class Country: HasArea {
21        @objc var area: Double
22        //定义指定构造器
23        init(area: Double) {
24            self.area = area
25        }
26    }
27    //类 Animal
28    class Animal {
29        var legs: Int
30        //定义指定构造器
31        init(legs: Int) {
32            self.legs = legs
33        }
34    }
35    let objects = [Circle(radius: 2.0),Country(area: 243610),Animal(legs: 4)]
36    //遍历数组
37    let aa:[AnyObject] = [Circle(radius: 2.0),Country(area: 243610),Animal(legs: 4)]
38    for item:AnyObject in aa {
39        //判断是否遵守协议 HasArea
40        if let objectWithArea = item as? HasArea {
41            print(objectWithArea.area)
42        }else{
43            print("没有遵守协议 HasArea")
44        }
45    }
```

此时运行程序，会看到如下的效果。

```
12.5663708
243610.0
没有遵守协议 HasArea
```

11.9 委　　托

委托是一种设计模式，它允许类或结构体将一些需要它们负责的功能委托给其他类型的实例。委托模式的实现很简单：定义协议来封装那些需要被委托的功能，这样就能确保采纳协议的类型能提供这些功能。委托模式可以用来响应特定的动作，或者接收外部数据源提供的数据，而无需关心外部数据源的类型。

【程序 11-25】以下将实现委托模式，由于代码比较长，我们进行了拆分。

```
01    import Foundation
02    //定义委托
03    protocol RandomNumberGenerator {
04        func random() -> Double
05    }
```

在此代码中定义了一个 random 方法。再定义一个 LinearCongruentialGenerator 类，此类中需要实现随机数算法。代码如下。

```
06    class LinearCongruentialGenerator: RandomNumberGenerator {
07        var lastRandom = 42.0
08        let m = 139968.0
09        let a = 3877.0
10        let c = 29573.0
11        //实现随机数算法
12        func random() -> Double {
13            lastRandom = ((lastRandom * a + c) % m)
14            return lastRandom / m
15        }
16    }
```

再定义一个 Dice 类，用来代表桌游中的拥有 N 个面的骰子，代码如下。

```
17    class Dice {
18        let sides: Int
19        let generator: RandomNumberGenerator
20        //定义指定构造器
21        init(sides: Int, generator: RandomNumberGenerator) {
22            self.sides = sides
23            self.generator = generator
24        }
25        //定义方法，用来模拟骰子的面值
26        func roll() -> Int {
27            return Int(generator.random() * Double(sides)) + 1
28        }
29    }
```

在此代码中 Dice 的实例含有 sides 和 generator 两个属性，sides 是整型，用来表示骰子有几个面，generator 为骰子提供一个随机数生成器。其次定义两个基于骰子游戏的两个协议，代码如下。

```
30    //协议 DiceGame
31    protocol DiceGame {
32        var dice: Dice { get }
33        func play()
34    }
35    //协议 DiceGameDelegate
36    protocol DiceGameDelegate {
37        func gameDidStart(game: DiceGame)
38        func game(game: DiceGame, didStartNewTurnWithDiceRoll diceRoll:Int)
39        func gameDidEnd(game: DiceGame)
40    }
```

在此代码中 DiceGame 协议可以在任意含有骰子的游戏中实现，DiceGameDelegate 协议可以用来追踪 DiceGame 的游戏过程。然后再定义一个协议 DiceGame 的遵循者 SnakesAndLadders 类，此类实现的是蛇梯棋的游戏，使用了 Dice 作为了骰子。代码如下。

```
41    class SnakesAndLadders: DiceGame {
42        let finalSquare = 25
43        let dice = Dice(sides: 6, generator: LinearCongruentialGenerator())
```

```
44      var square = 0
45      var board: [Int]
46      //定义指定构造器,用来初始化游戏
47      init() {
48          board = [Int](count: finalSquare + 1, repeatedValue: 0)
49          board[03] = +08
50          board[06] = +11
51          board[09] = +09
52          board[10] = +02
53          board[14] = -10
54          board[19] = -11
55          board[22] = -02
56          board[24] = -08
57      }
58      var delegate: DiceGameDelegate?
59      //定义play()方法,此方法使用协议规定的dice属性提供骰子摇出的值
60      func play() {
61          square = 0
62          delegate?.gameDidStart(self)
63          //使用标签语句循环
64          gameLoop: while square != finalSquare {
65              let diceRoll = dice.roll()
66              //调用game()方法
67              delegate?.game(self,didStartNewTurnWithDiceRoll: diceRoll)
68              switch square + diceRoll {
69              case finalSquare:
70                  break gameLoop
71              case let newSquare where newSquare > finalSquare:
72                  continue gameLoop
73              default:
74                  square += diceRoll
75                  square += board[square]
76              }
77          }
78          delegate?.gameDidEnd(self)
79      }
80  }
```

在此代码中采用了 DiceGame 协议,并且提供了 dice 属性和 play()实例方法用来遵循协议。在 play()内,放置了 DicegameDelegate 协议提供了 3 个方法用来追踪游戏过程。分别在游戏开始时、新一轮开始时、游戏结束时被调用,此时就实现了委托功能。然后在定义一个 DiceGameTracker 类遵循了 DiceGameDelegate 协议,实现对协议中 3 个方法的实现。代码如下。

```
81  class DiceGameTracker: DiceGameDelegate {
82      var numberOfTurns = 0
83      //定义gameDidStart()方法
84      func gameDidStart(game: DiceGame) {
85          numberOfTurns = 0
86          if game is SnakesAndLadders {
87              print("开始新的蛇梯棋游戏")
88          }
89          print("游戏使用了\(game.dice.sides)面的骰子")
90      }
```

```
91      //定义game()方法
92      func game(game: DiceGame, didStartNewTurnWithDiceRoll diceRoll: Int) {
93          ++numberOfTurns
94          print("Rolled a \(diceRoll)")
95      }
96      //定义gameDidEnd()方法
97      func gameDidEnd(game: DiceGame) {
98          print("游戏一共转到 \(numberOfTurns) 轮")
99      }
100 }
```

在此代码中,DiceGameTracker 实现了 DiceGameDelegate 协议规定的 3 个方法,用来记录游戏已经进行的轮数。当游戏开始时,numberOfTurns 属性被赋值为 0;在每新一轮中递加;游戏结束后,输出打印游戏的总轮数。最后是 DiceGameTracker 和 SnakesAndLadders 进行实例化,并调用 play()方法。代码如下。

```
101 let tracker = DiceGameTracker()
102 let game = SnakesAndLadders()
103 game.delegate = tracker
104 game.play()
```

此时运行程序,会看到如下的效果。

开始新的蛇梯棋游戏
游戏使用了 6 面的骰子
Rolled a 3
Rolled a 5
Rolled a 4
Rolled a 5
游戏一共转到 4 轮

11.10 综合案例

本节将围绕类的扩展为开发者讲解一个综合案例。公司有一个前台文员,每天工作包括收快递、发快递、接待访客。由于工作繁忙,公司招聘一名新的文员,不仅要负责上面的工作,还需要负责打印文件的工作。使用类的扩展来表示这种逻辑业务。要想实现类的扩展表示这种逻辑业务,首先需要创建一个类,这个类表示前台文员每天需要做的工作。然后再扩展这个类,实现新文员的工作。

【程序 11-26】以下将使用代码完成上述功能。

```
01  import Foundation
02  class FrontDeskClerk{
03      func receiveExpress(){
04          print("前台文员需要收快递")
05      }
06      func madeExpress(){
07          print("前台文员需要发快递")
```

```
08        }
09        func receiveVisitors(){
10            print("前台文员需要接待访客")
11        }
12    }
13    //扩展新文员的工作
14    extension FrontDeskClerk{
15        func printFile(){
16            print("新进前台文员还需要负责打印文件的工作")
17        }
18    }
19    let newClerk=FrontDeskClerk()
20    newClerk.receiveExpress()
21    newClerk.madeExpress()
22    newClerk.receiveVisitors()
23    newClerk.printFile()
```

此时运行程序，会看到如下的效果。

前台文员需要收快递
前台文员需要发快递
前台文员需要接待访客
新进前台文员还需要负责打印文件的工作

11.11 上机实践

编写代码，公司指定各项规章制度。普通员工需要遵循工作作息制度，而开发人员还需要遵循保密制度，使用代码表示这种逻辑业务。

分析：

本题需要使用到类和协议。首先，需要定义一个可选协议，在此协议中定义方法和一个可选方法，这两个方法代表了公司的制度。然后定义两个类：一个表示普通员工，另一个表示开发人员。最后，让这些类去遵守定义的协议，即制度。这样就可以表示出这种逻辑业务了。

第 12 章
Swift 语言的其他主题

本章将讲解在 Swift 中的一些其他内容，其中包括自动引用计数、运算符重载、泛型、错误处理等内容。

12.1 自动引用计数

在 Swift 中，使用自动引用计数（ARC）机制来跟踪和管理开发者的应用程序的内存，并且可以帮助开发者更好地分析程序。通常情况下，Swift 内存管理机制会一直起作用，开发者无需自己来考虑内存的管理。ARC 会在类的实例不再被使用时，自动释放其占用的内存。本节将讲解自动引用计数是如何工作的，什么情况会阻止自动引用计数的工作以及解决办法。

12.1.1 自动引用计数的工作机制

当开发者每一次创建一个类的新的实例时，ARC 会分配一大块内存用来存储实例相关的信息，如实例的类型信息，实例所有相关的属性值。当实例不再被使用时，ARC 将会释放此实例所占的内存，并将释放的内存另作它用。这样可以确保不再使用的实例不会一直占用内存空间。

【程序 12-1】以下展示了自动引用计数的工作机制。

```
01  import Foundation
02  class Person {
03      let name: String
04      init(name: String) {
05          self.name = name
06          print("\(name) is being initialized")
07      }
08      deinit {
09          print("\(name) is being deinitialized")
10      }
11  }
12  var reference1: Person?=Person(name: "John Appleseed")
13  reference1 = nil
```

此时运行程序，会看到如下的效果。

```
John Appleseed is being initialized
John Appleseed is being deinitialized
```

在此代码中，当创建 Person 的实例 reference1 时，ARC 将会为 reference1 实例分配一大块内存。当不再使用 reference1 实例时，即将例 reference1 实例设置为 nil 时，ARC 将会释放分配给 reference1 实例的内存，使此内存可以另作他用。

当 ARC 收回和释放了正在被使用中的实例后，该实例的属性和方法将不能再被访问和调用。实际上，如果试图访问这个实例，程序很有可能会崩溃或者是出现错误。为了确保使用中的实例不会被销毁，ARC 会跟踪和计算每一个实例正在被多少属性、常量和变量所引用。哪怕实例的引用数为一，ARC 都不会销毁这个实例。因为开发者将实例赋值给属性，常量或者是变量，都会对此实例创建强引用。之所以称之为强引用，是因为它会将实例牢牢地保留住，只要强引用还在，实例是不允许被销毁的。如以下的代码。

```
01    import Foundation
02    class Person {
03        let name: String
04        init(name: String) {
05            self.name = name
06            print("\(name) is being initialized")
07        }
08        deinit {
09            print("\(name) is being deinitialized")
10        }
11    }
12    var reference1: Person?
13    var reference2: Person?
14    var reference3: Person?
15    reference1 = Person(name: "John Appleseed")
16    reference2 = reference1
17    reference3 = reference1
18    reference1 = nil
19    reference2 = nil
```

此时运行程序，会看到如下的效果。

```
John Appleseed is being initialized
```

在此代码中，Person 类的实例被赋值给 reference1 变量，所以 reference1 到 Person 类的实例之间建立了一个强引用。正是因为这个强引用，ARC 会保证 Person 实例被保存在内存中不被销毁。同样的 Person 实例也赋值给 reference2、reference3 这两个变量，该实例又会多出两个强引用，此时的强引用有 3 个。然后将 reference1、reference2 设置为 nil，即断开两个强引用，此时还有一个强引用，即引用计数为一，这时 ARC 也不会销毁这个实例。

12.1.2 循环强引用的产生

在编程中，开发者可能会写出这样的代码，在程序中使用 2 个或者 3 个强引用。而这些强引用在不知不觉中就形成了循环（彼此之间进行了关联）强引用。循环强引用是不会因为其中的某一个实例停止使用而进行销毁的，这样将会导致内存资源的泄漏以及浪费。本节将讲解两种造成循环强引用的原因。

1. 类实例之间的循环强引用

在两个类实例互相保留对方的强引用，并让对方不被销毁。这就构成所谓的类实例之间的循环强引用。

【程序12-2】 以下将实现类实例之间的循环强引用。

```
01  import Foundation
02  //定义 Person 类
03  class Person {
04      let name: String                              //声明属性
05      //定义指定构造器
06      init(name: String) {
07          self.name = name
08      }
09      var apartment: Apartment?                     //声明属性
10      //定义析构方法
11      deinit {
12          print("\(name) 被释放")
13      }
14  }
15  //定义类 Apartment
16  class Apartment {
17      let number: Int                               //声明属性
18      //定义指定构造器
19      init(number: Int) {
20          self.number = number
21      }
22      var tenant: Person?                           //声明属性
23      //定义析构方法
24      deinit {
25          print("Apartment #\(number) 被释放")
26      }
27  }
28  //创建对象
29  var john: Person?=Person(name: "John Appleseed")
30  var number73: Apartment?=Apartment(number: 73)
31  //访问对象中的属性值
32  print(john?.name)
33  print(number73?.number)
34  //为对象中的属性赋值
35  john!.apartment = number73
36  number73!.tenant = john
37  //设置 nil
38  john = nil
39  number73 = nil
```

此时运行程序，会看到如下的效果。

```
Optional("John Appleseed")
Optional(73)
```

在代码的第 29、30 行，创建了两个类 Person 和 Apartment。然后实例化两个类的对象并赋值给 john 和 number73。此时有两个引用出现，变量 john 现在有一个指向 Person 实例的强引用，而变量 number73 有一个指向 Apartment 实例的强引用。

在代码的第 35、36 行，实现的功能是将这两个实例关联在一起，这样人就能有公寓住了，而公寓也有了房客了。将这两个实例关联在一起之后，一个循环强引用被创建了。Person 实例现在有了一个指向 Apartment 实例的强引用，而 Apartment 实例也有了一个指向 Person 实例的强引用。因此，当你断开 john 和 number73 变量所持有的强引用时，引用计数并不会降为 0，实例也不会被 ARC 销毁。

2. 闭包引起的循环强引用

当开发者将一个闭包赋值给类实例的某个属性，并且在这个闭包体中又使用了实例，或者是闭包体中可能访问了实例的某个属性，例如 self.someProperty，或者闭包中调用了实例的某个方法，例如 self.someMethod。这两种情况都导致了闭包"捕获"self，从而产生了循环强引用。

【程序 12-3】以下将实现闭包引起的循环强引用。

```
01    import Foundation
02    //定义类 HTMLElement
03    class HTMLElement {
04        //定义属性
05        let name: String
06        let text: String?
07        //定义延迟属性，并使用闭包赋值
08        lazy var asHTML:() -> String = {
09            //判断 text 属性
10            if let text = self.text {
11                return "<\(self.name)>\(text)</\(self.name)>"
12            } else {
13                return "<\(self.name) />"
14            }
15        }
16        //定义指定构造器
17        init(name: String, text: String? = nil) {
18            self.name = name
19            self.text = text
20        }
21        //定制析构方法
22        deinit {
23            print("\(name) 被释放")
24        }
25    }
26    //创建对象并调用 asHTML 属性
27    var paragraph: HTMLElement? = HTMLElement(name: "p", text: "hello, world")
28    print(paragraph!.asHTML())
29    paragraph = nil
```

此时运行程序，会看到如下的效果。

<p>hello, world</p>

在此代码中，name 属性来表示这个元素的名称，可选属性 text 用来设置和展现 HTML 元素的文本。延迟属性 asHTML 引用了一个闭包，将 name 和 text 组合成 HTML 字符串片段。该属性是() -> String 类型，或者可以理解为一个没有参数，返回 String 的函数。

闭包实现的功能是赋值给了 asHTML 属性，这个闭包返回一个代表 HTML 标签的字符串。如

果 text 值存在，该标签就包含可选值 text；如果 text 不存在，该标签就不包含文本。开发者可以向使用实例方法一样去使用 asHTML 属性。使用 HTMLElement 创建的实例和 asHTML 默认值的闭包之间的循环强引用，所以在将 paragraph 设置为 nil 时，ARC 没有释放 HTMLElement 创建的实例。

12.1.3　循环强引用的解决方法

本小节将针对 12.1.2 小节中产生的两种循环强引用提出解决方法。

1. 解决类实例之间的循环强引用

对于类实例之间产生的循环强引用的解决办法有两种：弱引用、无主引用。以下就是对这两种办法的详细介绍。

（1）弱引用

弱引用不会牢牢保留住引用的实例，并且不会阻止 ARC 销毁被引用的实例。这种行为阻止了引用变为循环强引用。在声明的属性或者变量前面加上关键字 weak 便可以定义弱引用，其语法形式如下。

```
week var 属性名/变量名:数据类型
```

弱引用经常使用在实例的生命周期中，某些时候引用没有值的情况下，可以使用它阻止循环强引用。

【程序 12-4】 以下将使用弱引用来阻止在类实例之间产生的循环强引用。

```
01  import Foundation
02  //定义类 Person
03  class Person {
04      let name: String
05      //定义指定构造器
06      init(name: String) {
07          self.name = name
08      }
09      var apartment: Apartment?
10      //定义析构构造器
11      deinit {
12          print("\(name) 被释放")
13      }
14  }
15  //定义类 Apartment
16  class Apartment {
17      let number: Int                          //定义属性
18      //定义指定构造器
19      init(number: Int) {
20          self.number = number
21      }
22      weak var tenant: Person?                 //定义属性
23      //定义析构方法
24      deinit {
25          print("Apartment #\(number) 被释放")
26      }
```

```
27    }
28    //创建对象
29    var john: Person? = Person(name: "John Appleseed")
30    var number73: Apartment? = Apartment(number: 73)
31    //为属性赋值
32    john!.apartment = number73
33    number73!.tenant = john
34    //设置 nil
35    john = nil
36    number73=nil
```

此时运行程序，会看到如下的效果。

```
John Appleseed 被释放
Apartment #73 被释放
```

在此代码中，首先定义了两个类 Person 和 Apartment。其次对者两个类的对象进行了实例化。然后，为这两个类的属性进行了赋值，此时就形成了循环强引用。Person 实例依然留住对 Apartment 实例的强引用，但是 Apartment 实例只是对 Person 实例的弱引用。这意味着当开发者断开 john 变量所保持的强引用时，再也没有指向 Person 实例的强引用了。由于再也没有指向 Person 实例的强引用，该实例会被销毁，即将 john 设置为 nil。唯一剩下的指向 Apartment 实例的强引用来自于变量 number73。如果开发者断开这个强引用，再也没有指向 Apartment 实例的强引用了。由于再也没有指向 Apartment 实例的强引用，该实例也会被销毁，即将 number73 设置为 nil。

（2）无主引用

和弱引用类似，无主引用不会保留住引用的实例。和弱引用不同的是，无主引用是永远有值的。因此，无主引用总是被定义为非可选类型。开发者可以在声明属性或者变量/常量时，在前面加上关键字 unowned 表示这是一个无主引用，如语法形式如下。

unowned let/var 属性/常量/变量:类型

【程序 12-5】以下将使用无主引用来阻止在类实例之间产生的循环强引用。

```
01    import Foundation
02    //定义类 Customer
03    class Customer {
04        let name: String
05        var card: CreditCard?
06        //定义指定构造器
07        init(name: String) {
08            self.name = name
09        }
10        //定义析构方法
11        deinit {
12            print("\(name) 被释放")
13        }
14    }
15    //定义类 CreditCard
16    class CreditCard {
17        let number: Int
```

```
18        unowned let customer: Customer              //实现 unowned 定义属性
19        //定义指定构造器
20        init(number: Int, customer: Customer) {
21            self.number = number
22            self.customer = customer
23        }
24        //定义析构方法
25        deinit {
26            print("Card #\(number) 被释放")
27        }
28    }
29    var john: Customer? = Customer(name: "John Appleseed")
30    john!.card=CreditCard(number: 1234_5678_9012_3456, customer: john!)
31    john = nil
```

此时运行程序,会看到如下的效果。

```
John Appleseed 被释放
Card #1234567890123456 被释放
```

在此代码中,首先定义了两个类 Customer 和 CreditCard。其次对 Customer 类的对象进行了实例化。然后,将新创建的 CreditCard 实例赋值为 Customer 的 card 属性。此时就形成了循环强引用,Customer 实例持有对 CreditCard 实例的强引用,而 CreditCard 实例持有对 Customer 实例的无主引用。由于 customer 的无主引用,当断开 john 变量持有的强引用时,再也没有指向 Customer 实例的强引用了。由于再也没有指向 Customer 实例的强引用,该实例被销毁了。其后,再也没有指向 CreditCard 实例的强引用,该实例也随之被销毁了。

(3)无主引用以及隐式解析可选属性

弱引用适用于两个属性的值都允许为 nil,并会潜在地产生循环强引用的情况;无主引用主要适用于一个属性的值允许为 nil,而另一个属性的值不允许为 nil,并会潜在地产生循环强引用。但是还有第三种情况,就是两个属性都必须有值,并且初始化完成后不能为 nil。在这种情况下,需要一个类使用无主属性,而另外一个类使用隐式解析可选属性。这会使两个属性在初始化完成后能被直接访问,同时避免了循环强引用。

【程序 12-6】以下使用了无主引用和隐式解析可选属性。

```
01    import Foundation
02    //定义类 Country
03    class Country {
04        //定义存储属性
05        let name: String
06        var capitalCity: City?=nil                       //隐式解析可选属性
07        //定义指定构造器
08        init(name: String, capitalName: String) {
09            self.name = name
10            self.capitalCity = City(name: capitalName, country: self)
11        }
12    }
13    //定义类 City
14    class City {
```

```
15      //定义存储属性
16      let name: String
17      unowned let country: Country
18      //定义指定构造器
19      init(name: String, country: Country) {
20          self.name = name
21          self.country = country
22      }
23  }
24  var country = Country(name: "Canada", capitalName: "Ottawa")        //实例化对象
25  print("contryname=\(country.name)")
26  print("capitalName=\(country.capitalCity!.name)")
```

此时运行程序，会看到如下的效果。

```
contryname=Canada
capitalName=Ottawa
```

在此代码中，首先创建了两个类 Country 和 City。为了建立两个类的依赖关系，City 的构造方法有一个 Country 实例的参数，并且将实例保存为 country 属性。在 Country 的构造方法中调用了 City 的构造方法。只有当 Country 的实例完全初始化完后，Country 的构造方法才能把 self 传给 City 的构造方法。

为了满足这种需求，通过在类型结尾处加上感叹号（City!）的方式，将 Country 的 capitalCity 属性声明为隐式解析可选类型的属性。这表示像其他可选类型一样，capitalCity 属性的默认值为 nil，但是不需要展开它的值就能访问它。

由于 capitalCity 默认值为 nil，一旦 Country 的实例在构造函数中给 name 属性赋值后，整个初始化过程就完成了。这代表一旦 name 属性被赋值后，Country 的构造方法就能引用并传递隐式的 self。Country 的构造方法在赋值 capitalCity 时，就能将 self 作为参数传递给 City 的构造方法。这就意味着开发者可以通过一条语句同时创建 Country 和 City 的实例，而不产生循环强引用，并且 capitalCity 的属性能被直接访问，而不需要通过感叹号来展开它的可选值。

2. 解决闭包引起的循环强引用

在定义闭包时，同时定义捕获列表作为闭包的一部分，通过这种方式可以解决闭包和类实例之间的循环强引用。捕获列表定义了闭包体内捕获一个或者多个引用类型的规则。跟解决两个类实例间的循环强引用一样，声明每个捕获的引用为弱引用或无主引用，而不是强引用。应当根据代码关系来决定使用弱引用还是无主引用。

（1）捕获列表

捕获列表中的每个元素都是由 weak 或者 unowned 关键字和实例的引用（如 self 或 someInstance）成对组成的。每一对都在方括号中，通过逗号分开。其定义形式如下。

```
[关键字 self]
```

其中，关键字是 weak 或者 unowned。捕获列表放置在闭包参数列表和返回类型之前，其语法形式如下。

```
lazy var 属性名:数据类型 -> 返回值类型 = {
    [关键字 self] (参数名1:数据类型, 参数名2: 数据类型) -> 返回值类型 in
```

```
    …
}
```

如果闭包没有指定参数列表或者返回类型，那么可以将捕获列表放在闭包开始的地方，跟着是关键字 in，其语法形式如下。

```
lazy var 属性值 () -> 返回值类型 = {
    [unowned self] in
    …
}
```

（2）弱引用和无主引用

当闭包和捕获的实例总是互相引用，并且总是同时销毁时，将闭包内的捕获定义为无主引用。相反，当捕获引用有时可能会是 nil 时，将闭包内的捕获定义为弱引用。弱引用总是可选类型，并且当引用的实例被销毁后，弱引用的值会自动置为 nil。这可以让开发者在闭包内检查它们是否存在。

【**程序 12-7**】以下使用捕获列表来解决循环强引用。

```
01  import Foundation
02  //定义 HTMLElement
03  class HTMLElement {
04      //定义属性
05      let name: String
06      let text: String?
07      //定义延迟属性
08      lazy var asHTML: () -> String = {
09          [unowned self] in
10          if let text = self.text {
11              return "<\(self.name)>\(text)</\(self.name)>"
12          } else {
13              return "<\(self.name) />"
14          }
15      }
16      //定义指定构造器
17      init(name: String, text: String? = nil) {
18          self.name = name
19          self.text = text
20      }
21      //定义析构方法
22      deinit {
23          print("\(name) is being deinitialized")
24      }
25  }
26  var paragraph: HTMLElement? = HTMLElement(name: "p", text: "hello, world")
27  print(paragraph!.asHTML())
28  paragraph = nil
```

此时运行程序，会看到如下的效果。

```
<p>hello, world</p>
p is being deinitialized
```

12.2 运算符重载

类和结构可以为现有的运算符提供自定义的实现，这通常被称为运算符重载。本节将讲解关于运算符重载的相关内容，其中包括为什么使用运算符重载、算术运算符的重载、一元减/加运算符的重载、复合赋值运算符的重载、自增自减运算符的重载、比较运算符的重载以及自定义运算符的重载。

12.2.1 为什么使用运算符重载

通常情况下，运算符只允许进行数据与数据之间的运算，这种普通的运算，有时是无法满足实际需求的，如以下的这个例子。

【程序 12-8】在学校里，教师根据职称有不同的工资、奖金、补助，如表 12-1 所示。

表 12-1　　　　　　　　　　教 师 待 遇

级　别	1	2	3	4
职称	助教	讲师	副教授	教授
工资	2000	2500	3000	3500
奖金	500	1000	1500	2000
补助	300	500	1000	1500

在此程序中，当教师的级别发生变化时，相应的工资、奖金、补助都会改变。在这种情况下，普通的运算符是不能满足这样的运算的。因此，需要重新定义运算符的规则，这样就产生了运算符重载。通过运算符重载可以扩展运算符在类或者结构中的作用，让开发者可以更加灵活地使用不同的运算符。

12.2.2 算术运算符的重载

算术运算符分为了+、-、*、/ 4 种，它们都属于中置运算符。它的重载语法形式如下。

```
func 算术运算符 (参数名1:数据类型,参数名2:数据类型) -> 返回值的数据类型 {
    …
    return 返回数据
}
```

【程序 12-9】以下将重载"+"加法运算符，实现两个结构的加法运算。

```
01    import Foundation
02    //定义结构
03    struct Vector2D {
04        var x = 0.0
05        var y = 0.0
06    }
07    //加法运算符的重载
08    func + (left: Vector2D, right: Vector2D) -> Vector2D {
09        return Vector2D(x: left.x + right.x, y: left.y + right.y)
```

```
10    }
11    //实例化对象
12    let vector = Vector2D(x: 3.0, y: 1.0)
13    let anotherVector = Vector2D(x: 2.0, y: 6.0)
14    let combinedVector = vector + anotherVector              //实现加法运算
15    //输出
16    print("x=\(combinedVector.x)")
17    print("y=\(combinedVector.y)")
```

此时运行程序，会看到如下的效果。

```
x=5.0
y=7.0
```

12.2.3 一元负号/正号运算符的重载

在操作数之前加一个"-"号，此"-"号就被叫作一元负号运算符。它的作用是将正数变为负数，将负数变为正数。在一个操作数之前加一个"+"号，此"+"号就被叫作一元正号运算符。一元正号运算符没有实际作用。一元负号/正号运算符也是可以重载的，以下就是这两个运算符的重载。

1. 一元负号运算符的重载

一元负号运算符的重载的语法形式如下。

```
prefix func - (参数名:数据类型)->数据类型{
    return 返回数据
}
```

其中，prefix 表示此运算符是前置运算符。

【程序 12-10】以下将重载"-"一元负号运算符，将结构中的存储属性的数值变为负数，然后再变为正数。

```
01    import Foundation
02    //定义结构
03    struct Vector2D {
04        var x = 0.0
05        var y = 0.0
06    }
07    //运算符的重载
08    prefix func - (vector: Vector2D) -> Vector2D {
09        return Vector2D(x: -vector.x, y: -vector.y)
10    }
11    let positive = Vector2D(x: 3.0, y: 4.0)
12    let negative = -positive
13    print("x=\(negative.x)")
14    print("y=\(negative.y)")
15    let alsoPositive = -negative
16    print("x=\(alsoPositive.x)")
17    print("y=\(alsoPositive.y)")
```

此时运行程序，会看到如下的效果。

```
x=-3.0
y=-4.0
x=3.0
y=4.0
```

2. 一元正号运算符的重载

一元正号运算符的重载的语法形式如下。

```
prefix func + (参数名:数据类型)->数据类型{
    return 返回数据
}
```

【程序 12-11】以下将重载 "+" 一元正号运算符。

```
01   import Foundation
02   //定义结构
03   struct Vector2D {
04       var x = 0.0
05       var y = 0.0
06   }
07   //运算符的重载
08   prefix func + (vector: Vector2D) -> Vector2D {
09       return Vector2D(x: vector.x, y: vector.y)
10   }
11   let positive = Vector2D(x: -3.0, y: -4.0)
12   let negative = +positive
13   print("x = \(negative.x)")
14   print("y = \(negative.y)")
```

此时运行程序，会看到如下的效果。

```
x = -3.0
y = -4.0
```

12.2.4 复合赋值运算符的重载

向 "+=" 运算符、"-=" 运算符这类复合赋值运算符也是可以实现重载的，其语法形式如下。

```
func 复合运算符 (inout 参数名1:数据类型, 参数名2:数据类型) {
    …
}
```

其中，需要将运算符的左参数设置成 inout，因为这个参数会在运算符重载函数内直接修改它的值。

【程序 12-12】以下将实现 "+=" 加后赋值运算符的重载。

```
01   import Foundation
02   //定义结构
03   struct Vector2D {
04       var x = 0.0
05       var y = 0.0
06   }
```

```
07    //加法运算符的重载
08    func + (left: Vector2D, right: Vector2D) -> Vector2D {
09        return Vector2D(x: left.x + right.x, y: left.y + right.y)
10    }
11    //复合赋值运算符的重载
12    func += (inout left: Vector2D, right: Vector2D) {
13        left = left + right
14    }
15    var original = Vector2D(x: 1.0, y: 2.0)
16    let vectorToAdd = Vector2D(x: 3.0, y: 4.0)
17    original += vectorToAdd                              //实现两个结构的相加,并赋值
18    print(original.x)
19    print(original.y)
```

此时运行程序,会看到如下的效果。

```
4.0
6.0
```

12.2.5　自增自减运算符的重载

本小节将讲解自增自减运算符的重载。

1. 自增运算符重载

自增运算符的重载可以分为前缀自增运算符的重载和后缀自增运算符的重载。以下是对这两个重载的介绍。

（1）前缀自增运算符的重载

前缀自增运算符的重载的语法形式如下。

```
prefix func ++ (inout 参数名:数据类型) -> 返回值的数据类型 {
    …
    return 返回数据
}
```

【程序 12-13】以下将重载前缀自增运算符,让结构中的存储属性自动加 1。

```
01    import Foundation
02    //定义结构
03    struct Vector2D {
04        var x = 0.0
05        var y = 0.0
06    }
07    //定义加法运算符的重载
08    func + (left: Vector2D, right: Vector2D) -> Vector2D {
09        return Vector2D(x: left.x + right.x, y: left.y + right.y)
10    }
11    //定义加法复合赋值运算符的重载
12    func += (inout left: Vector2D, right: Vector2D) {
13        left = left + right
14    }
15    //定义前缀自增运算符的重载
16    prefix func ++ (inout vector: Vector2D) -> Vector2D {
```

```
17         vector += Vector2D(x: 1.0, y: 1.0)
18         return vector
19     }
20     var toIncrement = Vector2D(x: 6.0, y: 6.0)
21     print("结构中的初始内容如下：")
22     print(toIncrement.x)
23     print(toIncrement.y)
24     print("实现自增运算后，结构中的内容如下：")
25     //实现前缀自增
26     print(++toIncrement.x)
27     print(++toIncrement.y)
28     print(toIncrement.x)
29     print(toIncrement.y)
```

此时运行程序，会看到如下的效果。

```
结构中的初始内容如下：
6.0
6.0
实现自增运算后，结构中的内容如下：
7.0
7.0
7.0
7.0
```

（2）后缀自增运算符的重载

后缀自增运算符的重载的语法形式如下。

```
postfix func ++ (inout 参数名:数据类型) -> 返回值的数据类型 {
    …
    return 返回数据
}
```

其中，postfix 表示此运算符的重载是后缀的。

【程序 12-14】以下将重载后缀自增运算符，让结构中的存储属性自动加 1。

```
01     import Foundation
02     //定义结构
03     struct Vector2D {
04         var x = 0.0
05         var y = 0.0
06     }
07     //实现加法运算符的重载
08     func + (left: Vector2D, right: Vector2D) -> Vector2D {
09         return Vector2D(x: left.x + right.x, y: left.y + right.y)
10     }
11     //实现加法复合赋值运算符的重载
12     func += (inout left: Vector2D, right: Vector2D) {
13         left = left + right
14     }
15     //定义后缀自增运算符的重载
16     postfix func ++ (inout vector: Vector2D) -> Vector2D {
17         vector += Vector2D(x: 1.0, y: 1.0)
```

```
18        return vector
19    }
20    var toIncrement = Vector2D(x: 6.0, y: 6.0)
21    print("结构中的初始内容如下：")
22    print(toIncrement.x)
23    print(toIncrement.y)
24    print("实现自增运算后，结构中的内容如下：")
25    //实现后缀自增功能，并输出
26    print(toIncrement.x++)
27    print(toIncrement.y++)
28    print(toIncrement.x)
29    print(toIncrement.y)
```

此时运行程序，会看到如下的效果。

结构中的初始内容如下：
6.0
6.0
实现自增运算后，结构中的内容如下：
6.0
6.0
7.0
7.0

2. 自减运算符重载

自减运算符的重载可以分为前缀自减运算符的重载和后缀自减运算符的重载。以下是对这两个重载的介绍。

（1）前缀自减运算符的重载

前缀自减运算符的重载的语法形式如下。

prefix func -- (inout 参数名:数据类型) -> 返回值的数据类型 {
　　…
　　return 返回数据
}

【程序 12-15】以下将重载前缀自减运算符，让结构中的存储属性自动减 1。

```
01    import Foundation
02    //定义结构
03    struct Vector2D {
04        var x = 0.0
05        var y = 0.0
06    }
07    //定义减法运算符的重载
08    func - (left: Vector2D, right: Vector2D) -> Vector2D {
09        return Vector2D(x: left.x - right.x, y: left.y - right.y)
10    }
11    //定义减法复合赋值运算符的重载
12    func -= (inout left: Vector2D, right: Vector2D) {
13        left = left - right
14    }
15    //定义前缀自减运算符的重载
```

```
16  prefix func -- (inout vector: Vector2D) -> Vector2D {
17      vector -= Vector2D(x: 1.0, y: 1.0)
18      return vector
19  }
20  var toIncrement = Vector2D(x: 6.0, y: 6.0)
21  print("结构中的初始内容如下：")
22  print(toIncrement.x)
23  print(toIncrement.y)
24  print("实现自减运算后，结构中的内容如下：")
25  print(--toIncrement.x)
26  print(--toIncrement.y)
27  print(toIncrement.x)
28  print(toIncrement.y)
```

此时运行程序，会看到如下的效果。

```
结构中的初始内容如下：
6.0
6.0
实现自减运算后，结构中的内容如下：
5.0
5.0
5.0
5.0
```

(2) 后缀自减运算符的重载

后缀自减运算符的重载的语法形式如下。

```
postfix func -- (inout 参数名:数据类型) -> 返回值的数据类型 {
    …
    return 返回数据
}
```

【程序 12-16】以下将重载后缀自减运算符，让结构中的存储属性自动减 1。

```
01  import Foundation
02  //定义结构
03  struct Vector2D {
04      var x = 0.0
05      var y = 0.0
06  }
07  //定义减法运算符的重载
08  func - (left: Vector2D, right: Vector2D) -> Vector2D {
09      return Vector2D(x: left.x - right.x, y: left.y - right.y)
10  }
11  //定义减法复合赋值运算符的重载
12  func -= (inout left: Vector2D, right: Vector2D) {
13      left = left - right
14  }
15  //定义后缀自减运算符的重载
16  postfix func -- (inout vector: Vector2D) -> Vector2D {
17      vector -= Vector2D(x: 1.0, y: 1.0)
18      return vector
```

```
19      }
20      var toIncrement = Vector2D(x: 6.0, y: 6.0)
21      print("结构中的初始内容如下：")
22      print(toIncrement.x)
23      print(toIncrement.y)
24      print("实现自增运算后，结构中的内容如下：")
25      //实现后缀自减
26      print(toIncrement.x--)
27      print(toIncrement.y--)
28      print(toIncrement.x)
29      print(toIncrement.y)
```

此时运行程序，会看到如下的效果。

结构中的初始内容如下：
6.0
6.0
实现自增运算后，结构中的内容如下：
6.0
6.0
5.0
5.0

12.2.6 比较运算符的重载

比较运算符也是可以进行重载的。例如使用"=="相等运算符可以实现判断两个类型是否相等，"!="不相等运算符类型可以判断两个类型是否不相等等等。比较运算符进行重载的语法形式如下。

```
func 比较运算符 (参数名1:数据类型, 参数名2：数据类型) -> 数据类型{
    return 返回的数据
}
```

【程序 12-17】以下将重载"=="运算符、"!="运算符以及">"运算符。对创建的两个结构进行比较运算。

```
01  import Foundation
02  //定义结构
03  struct Vector2D {
04      var x = 0.0
05      var y = 0.0
06  }
07  //定义"=="运算符的重载
08  func == (left: Vector2D, right: Vector2D) -> Bool {
09      return (left.x == right.x) && (left.y == right.y)
10  }
11  //定义"!="运算符的重载
12  func != (left: Vector2D, right: Vector2D) -> Bool {
13      return !(left.x == right.x)
14  }
15  //定义">"运算符的重载
```

```
16    func > (left: Vector2D, right: Vector2D) -> Bool {
17        if (left.x == right.x){
18            return (left.y > right.y)
19        }
20        return (left.x > right.x)
21    }
22    //实例化对象
23    let one = Vector2D(x: 2.0, y: 3.0)
24    let two = Vector2D(x: 2.0, y: 3.0)
25    let three=Vector2D(x: 3.0, y: 3.0)
26    //判断 one 和 two 对象是否相等
27    if one==two{
28        print("one 和 two 结构相等")
29    }else{
30        print("one 和 two 结构不相等")
31    }
32    //判断 one 和 three 对象是否不相等
33    if one != three{
34        print("one 和 three 结构不相等")
35    }else{
36        print("one 和 three 结构相等")
37    }
38    //判断 two 对象是否大于 three 对象
39    if two>three{
40        print("two 结构大于 three 结构")
41    }else{
42        print("two 结构小于 three 结构")
43    }
```

此时运行程序，会看到如下的效果。

one 和 two 结构相等
one 和 three 结构不相等
two 结构小于 three 结构

12.2.7 自定义运算符的重载

自定义运算符是由开发者定义的。它分为前置自定义运算符、中置自定义运算符、后置自定义运算符这 3 种。本小节就是对这 3 种自定义运算符重载的介绍。

1. 前置自定义运算符的重载

前置自定义运算符的定义形式如下。

```
prefix operator 自定义运算符 {…}
```

重载的形式如下。

```
prefix func 自定义运算符(inout 参数名: 数据类型) -> 数据类型 {
    …
    return 返回数据
}
```

其中，operator 关键字用来定义自定义运算符，prefix 关键字表示此运算符是前置运算符。
【**程序 12-18**】以下将实现前置自定义运算符 "+++" 的重载，让结构中的属性值翻倍。

```
01  import Foundation
02  //定义结构
03  struct Vector2D {
04      var x = 0.0
05      var y = 0.0
06  }
07  prefix operator +++ {}            //定义前置自定义运算符
08  //定义加法运算符的重载
09  func + (left: Vector2D, right: Vector2D) -> Vector2D {
10      return Vector2D(x: left.x + right.x, y: left.y + right.y)
11  }
12  //定义加法复合赋值运算符的重载
13  func += (inout left: Vector2D, right: Vector2D) {
14      left = left + right
15  }
16  //定义自定义运算符的重载
17  prefix func +++ (inout vector: Vector2D) -> Vector2D {
18      vector += vector
19      return vector
20  }
21  var toBeDoubled = Vector2D(x: 8.0, y: 5.0)
22  print("结构中的初始内容如下：")
23  print(toBeDoubled.x)
24  print(toBeDoubled.y)
25  print("实现前置自定义运算符+++的运算后，结构中的内容如下：")
26  +++toBeDoubled
27  print(toBeDoubled.x)
28  print(toBeDoubled.y)
```

此时运行程序，会看到如下的效果。

结构中的初始内容如下：
8.0
5.0
实现前置自定义运算符+++的运算后，结构中的内容如下：
16.0
10.0

2. 中置自定义运算符的重载

中置自定义运算符的定义形式如下。

```
infix operator 自定义运算符 {…}
```

重载的形式如下。

```
func 自定义运算符 (参数名1：数据类型, 参数名2：数据类型) -> 数据类型 {
    …
    return 返回数据
}
```

【程序 12-19】 以下将实现中置自定义运算符 "*-" 的重载,让结构中的第一个属性的值相乘,第二个属性的值向减。

```
01   import Foundation
02   //定义结构
03   struct Vector2D {
04       var x = 0.0
05       var y = 0.0
06   }
07   infix operator *- {}                              //定义中置自定义运算符
08   //定义自定义运算符的重载
09   func *- (left: Vector2D, right: Vector2D) -> Vector2D {
10       return Vector2D(x: left.x * right.x, y: left.y - right.y)
11   }
12   let firstVector = Vector2D(x: 2.0, y: 2.0)
13   let secondVector = Vector2D(x: 3.0, y: 4.0)
14   let plusMinusVector = firstVector *- secondVector
15   print(plusMinusVector.x)
16   print(plusMinusVector.y)
```

此时运行程序,会看到如下的效果。

```
6.0
-2.0
```

3. 后置自定义运算符的重载

后置自定义运算符的定义形式如下。

```
postfix operator 自定义运算符 {…}
```

重载的形式如下。

```
postfix func 自定义运算符(inout 参数名:数据类型) -> 数据类型 {
    …
    return 返回数据
}
```

其中,postfix 表示定义的自定义运算符是后置运算符。

【程序 12-20】 以下将实现后置自定义运算符 "***" 的重载,让结构中的属性值乘以 2。

```
01   import Foundation
02   struct Vector2D {
03       var x = 0.0
04       var y = 0.0
05   }
06   postfix operator *** {}                           //定义后置自定义运算符
07   //定义乘法运算符的重载
08   func * (left: Vector2D, right: Vector2D) -> Vector2D {
09       return Vector2D(x: left.x * right.x, y: left.y * right.y)
10   }
11   //定义乘法复合赋值运算符的重载
```

```
12    func *= (inout left: Vector2D, right: Vector2D) {
13        left = left * right
14    }
15    //定义自定义运算符的重载
16    postfix func *** (inout vector: Vector2D) -> Vector2D {
17        vector *= Vector2D(x: 2.0, y: 2.0)
18        return vector
19    }
20    var toIncrement = Vector2D(x: 3.0, y: 4.0)
21    print("结构中的初始内容如下：")
22    print(toIncrement.x)
23    print(toIncrement.y)
24    print("实现后置自定义运算符***的运算后，结构中的内容如下：")
25    toIncrement***
26    print(toIncrement.x)
27    print(toIncrement.y)
```

此时运行程序，会看到如下的效果。

```
结构中的初始内容如下：
3.0
4.0
实现后置自定义运算符***的运算后，结构中的内容如下：
6.0
8.0
```

12.3 泛　　型

泛型是 Swift 引入的一个新的特性，许多 Swift 标准库是通过泛型代码构建的。使用它可以确保开发者可以写出灵活的、可重用的函数，或定义出任何你所确定好需求的类型。这样，就可以提供代码的重用性，并且避免了代码的重复。本节将讲解泛型的相关内容。

12.3.1 泛型函数

泛型函数可以适用于任何类型，其定义形式如下：

```
func 函数名<T>(参数名1:T, 参数名2:T,参数名3:T,…)->返回值类型 {
    …
    return 返回值
}
```

其中，T 表示一个占位类型名（类型参数）。当然，T 也可以被换为其他的字符或字符串。

【程序12-21】以下将实现任意类型两个数的交换。

```
01  import Foundation
02  //定义泛型函数 swapTwoValue
03  func swapTwoValue<T>(inout a: T, inout b: T){
04      let temporaryA = a
05      a = b
```

```
06          b = temporaryA
07      }
08      var someInt = 3
09      var anotherInt = 107
10      print("交换前: someInt = \(someInt), anotherInt = \(anotherInt)")
11      swapTwoValue(&someInt, b: &anotherInt)              //实现两个整数的交换
12      print("交换后: someInt = \(someInt), anotherInt = \(anotherInt)")
13      var someString = "Swift"
14      var anotherString = "iOS 8"
15      print("交换前: someString = \(someString), anotherString = \(anotherString)")
16      swapTwoValue(&someString, b: &anotherString)        //实现两种字符串的交换
17      print("交换后: someString = \(someString), anotherString = \(anotherString)")
18      var someDouble = 13.5555
19      var anotherDouble = 65.5555
20      print("交换前: someDouble = \(someDouble), anotherDouble = \(anotherDouble)")
21      swapTwoValue(&someDouble, b: &anotherDouble)        //实现两个双精度数据的交换
22      print("交换后: someDouble = \(someDouble), anotherDouble = \(anotherDouble)")
```

此时运行程序，会看到如下的效果。

```
交换前: someInt = 3, anotherInt = 107
交换后: someInt = 107, anotherInt = 3
交换前: someString = Swift, anotherString = iOS 8
交换后: someString = iOS 8, anotherString = Swift
交换前: someDouble = 13.5555, anotherDouble = 65.5555
交换后: someDouble = 65.5555, anotherDouble = 13.5555
```

12.3.2 泛型类型

除了泛型函数，Swift还允许开发者定义泛型类型。这些自定义的类、结构和枚举可以适用于任何类型，以下将主要讲解这3种泛型类型。

1. 泛型枚举

泛型枚举的定义形式如下。

```
enum 枚举名称<T>{
    …
}
```

【**程序12-22**】以下将定义一个泛型枚举，让其输出任意类型的内容。

```
01  import Foundation
02  //定义泛型枚举
03  enum NewEnum<T>{
04      //定义类型方法
05      static func printvalue(value:T){
06          print(value)
07      }
08  }
09  //调用类型方法
```

```
10    NewEnum.printvalue("Hello")              //输出字符串
11    NewEnum.printvalue(10)                   //输出整型
12    NewEnum.printvalue(10.2222)              //输出浮点型
```

此时运行程序，会看到如下的效果。

```
Hello
10
10.2222
```

2．泛型结构

泛型结构定义的形式如下。

```
struct 结构名称<T>{
    …
}
```

创建某一类型的结构对象的形式如下。

```
let/var 对象名=结构名称<数据类型>()
```

【程序 12-23】 以下将实现栈的进栈出栈功能。

```
01   import Foundation
02   //定义泛型结构 Stack
03   struct Stack<T> {
04       var items = [T]()
05       //定义可变方法
06       mutating func push(item: T) {
07           items.append(item)
08       }
09       //定义可变方法
10       mutating func pop() -> T {
11           return items.removeLast()
12       }
13   }
14   var stackOfStrings = Stack<String>()
15   print("入栈")
16   //进栈
17   stackOfStrings.push("one")
18   stackOfStrings.push("two")
19   stackOfStrings.push("three")
20   stackOfStrings.push("four")
21   for index in stackOfStrings.items {
22       print(index)
23   }
24   print("出栈")
25   //出栈
26   let fromTheTop = stackOfStrings.pop()
27   for index in stackOfStrings.items {
28       print(index)
29   }
```

此时运行程序，会看到如下的效果。

```
入栈
one
two
three
four
出栈
one
two
three
```

3. 泛型类

泛型类的定义形式如下。

```
class 类名<T>{
    …
}
```

创建某一类型的类对象的形式如下。

```
let/var stringclass=类名<数据类型>()
```

【程序12-24】以下将定义一个泛型类，让它可以输出任意类型的内容。

```
01    import Foundation
02    //定义泛型类 NewClass
03    class NewClass<T>{
04        //定义实例方法 printvalue
05        func printvalue(value:T){
06            print(value)
07        }
08    }
09    let stringclass=NewClass<String>()         //实例化对象
10    stringclass.printvalue("Swift")            //输出内容
11    let intclass=NewClass<Int>()               //实例化对象
12    intclass.printvalue(10)                    //输出内容
```

此时运行程序，会看到如下的效果。

```
Swift
10
```

12.3.3 泛型类的层次结构

泛型类可以是类的层次结构的一部分，所以泛型类可以用作基类或者派生类。泛型层次结构与非泛型层次结构的主要不同在于：在泛型层次结构中，泛型基类所在的任意类型参数都必须通过派生类沿着层次结构向上传递。泛型类的层次结构有两种：一种是使用泛型基类的层次结构，另一种是使用泛型派生类的层次结构。以下就对这两种层次结构的详细讲解。

1. 使用泛型基类

泛型类可以用作基类。

【程序12-25】以下演示使用泛型基类的层次结构。

```
01  import Foundation
02  //创建泛型类 NewClass1
03  class NewClass1<T>{
04      var obj1:T
05      //定义指定构造器
06      init(o:T){
07          obj1=o
08      }
09      //定义方法，获取属性的值
10      func getobj1()->T{
11          return obj1
12      }
13  }
14  //创建泛型类 NewClass2，将此类作为泛型类 NewClass1 的子类
15  class NewClass2<T>:NewClass1<T>{
16      var obj2:T
17      //定义指定构造器
18      override init(o: T) {
19          obj2=o
20          super.init(o:o)
21      }
22      //定义方法，获取属性的值
23      func getobj2()->T{
24          return obj2
25      }
26  }
27  var newclass2=NewClass2<String>(o:"Hello")
28  //输出内容
29  print(newclass2.obj2)
30  print(newclass2.obj1)
```

此时运行程序，会看到如下的效果。

```
Hello
Hello
```

2. 使用泛型派生类

非泛型类也可以作为泛型派生类的基类。

【程序12-26】以下将展示使用泛型派生类的层次结构。

```
01  import Foundation
02  //创建类 NewClass，此类是非泛型类
03  class NewClass{
04      var i:Int
05      //定义指定构造器
06      init(i:Int){
07          self.i=i
08      }
```

```
09      //定义方法，获取属性的值
10      func Geti()->Int{
11          return i
12      }
13  }
14  //创建泛型类 NewClass2，将此类作为类 NewClass 的子类
15  class NewClass2<T>:NewClass{
16      var b:T
17      //定义指定构造器
18      init(o:T,a:Int){
19          self.b=o
20          super.init(i:a)
21      }
22      //定义方法，获取属性的值
23      func Getb()->T{
24          return b
25      }
26  }
27  var newClass2=NewClass2<String>(o:"Hello",a:10)
28  //输出
29  print(newClass2.Getb())
30  print(newClass2.Geti())
```

此时运行程序，会看到如下的效果。

```
Hello
10
```

12.3.4 扩展一个泛型类型

泛型类型也是可以进行扩展的，当开发者扩展一个泛型类型的时候，并不需要在扩展的定义中提供类型参数列表。更加方便的是，原始类型定义中声明的类型参数列表在扩展里是可以使用的，并且这些来自原始类型中的参数名称会被用作原始定义中类型参数的引用。

【程序 12-27】以下将扩展泛型结构，泛型结构中添加获取栈顶部元素的功能。

```
01  import Foundation
02  struct IntStack {
03      var items = [Int]()
04      mutating func push(item: Int) {
05          items.append(item)
06      }
07  }
08  struct Stack<Element> {
09      var items = [Element]()
10      mutating func push(item: Element) {
11          items.append(item)
12      }
13      mutating func pop() -> Element {
14          return items.removeLast()
15      }
16  }
17  //扩展泛型类型 Stack
18  extension Stack {
```

```
19      //获取顶部元素
20      var topItem: Element? {
21          return items.isEmpty ? nil : items[items.count - 1]
22      }
23  }
24  var stackOfStrings = Stack<String>()
25  ////进栈
26  stackOfStrings.push("uno")
27  stackOfStrings.push("dos")
28  stackOfStrings.push("tres")
29  stackOfStrings.push("cuatro")
30  //判断栈中顶部的元素
31  if let topItem = stackOfStrings.topItem {
32      print("The top item on the stack is \(topItem).")
33  }
```

此时运行程序，会看到如下的效果。

```
The top item on the stack is cuatro.
```

12.3.5 具有多个类型参数的泛型

在泛型中可以拥有多个类型泛型，这些类型参数需要使用","逗号分隔开。

【程序 12-28】以下将在泛型类中定义 3 个类型参数，让它们可以输出不同的值。

```
01  import Foundation
02  //定义泛型类 NewClass
03  class NewClass<T,U,W>{
04      func printvalue(value1:T,value2:U,value3:W){
05          print(value1)
06          print(value2)
07          print(value3)
08      }
09  }
10  let newclass=NewClass<Int,String,Double>()
11  newclass.printvalue(200,value2:"iOS",value3:66.66)
```

此时运行程序，会看到如下的效果。

```
200
iOS
66.66
```

12.3.6 类型约束

类型约束指定了一个必须继承自指定类的类型参数，或者遵循一个特定的协议或协议构成。对于类型约束，开发者可以在类型参数名后面写一个类型约束，并通过":"冒号将其分割。对于泛型函数的类型约束的定义形式如下。

```
func 函数名称<T: SomeClass, U: SomeProtocol,…>(someT: T, someU: U) {
    …
}
```

其中，第一个类型参数 T 必须是 SomeClass 子类的类型约束，第二个类型参数 U 必须遵循 SomeProtocol 协议的类型约束。对于泛型函数的类型约束同时也适用于其他泛型类型。

【程序 12-29】以下将定义一个泛型函数 findIndex()，此函数的功能是查找包含一给定数据类型值的数组。

```
01    import Foundation
02    //定义泛型函数，此函数的类型参数 T 必须要遵守 Equatable 协议
03    func findIndex<T: Equatable>(array: [T], valueToFind: T) -> Int? {
04        //遍历数据
05        for (index, value) in array.enumerate() {
06            //判断是否相等
07            if value == valueToFind {
08                return index
09            }
10        }
11        return nil
12    }
13    //判断在数据[3.14159, 0.1, 0.25]中是否包含 9.3
14    let doubleIndex = findIndex([3.14159, 0.1, 0.25], valueToFind: 9.3)
15    print(doubleIndex)
16    //判断在数据["Mike", "Malcolm", "Andrea"]中是否包含"Andrea"
17    let stringIndex = findIndex(["Mike", "Malcolm", "Andrea"], valueToFind: "Andrea")
18    print(stringIndex)
```

此时运行程序，会看到如下的效果。

```
nil
Optional(2)
```

12.3.7　关联类型

当定义一个协议时，有的时候声明一个或多个关联类型作为协议定义的一部分是非常有用的。一个关联类型作为协议的一部分，给定了类型的一个占位名（或别名）。作用于关联类型上实际类型在协议被实现前是不需要指定的。本小节将讲解有关关联类型的内容。

1. 定义关联类型

关联类型的定义需要使用到 typealias 关键字，其语法形式如下。

```
typealias 类型名
```

【程序 12-30】以下使用关联类型实现进栈出栈的功能。

```
01    import Foundation
02    //定义协议
03    protocol Container {
04        typealias ItemType                              //定义关联类型
05        mutating func append(item: ItemType)
06        var count: Int { get }
07        subscript(i: Int) -> ItemType { get }
08    }
09    //定义泛型结构，并遵守协议 Container
```

```
10    struct Stack<T>: Container {
11        var items = [T]()
12        //定义可变方法push(),实现进栈的功能
13        mutating func push(item: T) {
14            items.append(item)
15        }
16        //定义可变方法pop(),实现出栈的功能
17        mutating func pop() -> T {
18            return items.removeLast()
19        }
20        //定义可变方法append(),实现进栈的功能
21        mutating func append(item: T) {
22            self.push(item)
23        }
24        //定义计算属性
25        var count: Int {
26            return items.count
27        }
28        //定义下标脚本
29        subscript(i: Int) -> T {
30            return items[i]
31        }
32    }
33    var pushstack = Stack<Int>()
34    //进栈
35    pushstack.push(1)
36    pushstack.push(2)
37    pushstack.push(3)
38    pushstack.push(4)
39    pushstack.push(5)
40    pushstack.push(6)
41    print("现在一共有\(pushstack.count)个元素")
42    //出栈
43    var popstack=pushstack.pop()
44    print("出栈后剩余\(pushstack.count)个元素")
```

此时运行程序,会看到如下的效果。

现在一共有6个元素
出栈后剩余5个元素

2. 扩展已存在类型为关联类型

开发者可以将已存在的类型扩展为关联类型。

【**程序12-31**】以下定义了一个协议Container,在此协议中定义了关联类型ItemType。然后,又定义了一个泛型结构Stack,接着在扩展Stack结构,并遵守协议Container。实现进栈功能。代码如下:

```
01    import Foundation
02    //定义协议
03    protocol Container {
04        typealias ItemType
05        mutating func append(item: ItemType)
06    }
```

```
07    //定义泛型结构 Stack
08    struct Stack<T>{
09        var items = [T]()
10    }
11    //扩展泛型结构,并遵守 Container 协议
12    extension Stack: Container {
13        //定义可变方法 push(),实现进栈的功能
14        mutating func push(item: T) {
15            items.append(item)
16        }
17        //定义可变方法 append (),实现进栈的功能
18        mutating func append(item: T) {
19            self.push(item)
20        }
21    }
22    var pushstack = Stack<Int>()
23    //进栈
24    pushstack.push(1)
25    pushstack.push(2)
26    pushstack.append(3)
27    print("遍历栈中的元素:")
28    //遍历并输出
29    for index in pushstack.items{
30        print(index)
31    }
```

此时运行程序,会看到如下的效果。

```
遍历栈中的元素:
1
2
3
```

3. 约束关联类型

类型约束能够确保类型符合泛型函数或类的定义约束。对于关联类型来说约束也是非常有用的。对于关联类型的约束需要使用 where 语句。一个 where 语句能够使一个关联类型遵循一个特定的协议,以及(或)哪个特定的类型参数和关联类型可以是相同的。开发者可以写一个 where 语句,紧跟在类型参数列表后面。where 语句后跟一个或者多个针对关联类型的约束,以及(或)一个或多个类型和关联类型间的等价关系。在泛型函数中约束关联类型的语法形式如下。

```
func 函数名<T where 约束内容1,约束内容2,…>
```

其中,T 表示类型参数名。对于泛型类型来说,它的约束关联类型和泛型函数的约束关联类型的语法形式一样。

【程序 12-32】以下定义了一个名为 allItemsMatch 的泛型函数,用来检查两个 Container 实例是否包含相同顺序的相同元素。

```
01    import Foundation
02    //定义协议 Container
03    protocol Container {
04        typealias ItemType
```

```
05      mutating func append(item: ItemType)
06      var count: Int { get }
07      subscript(i: Int) -> ItemType { get }
08  }
09  //定义泛型结构 Stack
10  struct Stack<T>: Container {
11      var items = [T]()
12      //定义可变方法 push,实现进栈的功能
13      mutating func push(item: T) {
14          items.append(item)
15      }
16      //定义可变方法 append,实现进栈的功能
17      mutating func append(item: T) {
18          self.push(item)
19      }
20      //定义计算属性 count
21      var count: Int {
22          return items.count
23      }
24      //定义下标脚本
25      subscript(i: Int) -> T {
26          return items[i]
27      }
28  }
29  //定义泛型函数
30  func allItemsMatch<C1: Container, C2: Container where C1.ItemType == C2.ItemType,
31   C1.ItemType: Equatable>(someContainer: C1, anotherContainer: C2) -> Bool {
32      // 检查两个 Container 的元素个数是否相同
33      if someContainer.count != anotherContainer.count {
34          return false
35      }
36      //检查两个 Container 相应位置的元素彼此是否相等
37      for i in 0..<someContainer.count {
38          if someContainer[i] != anotherContainer[i] {
39              return false
40          }
41      }
42      // 如果所有元素检查都相同则返回 true
43      return true
44  }
45  var stackOfStrings1 = Stack<String>()
46  //进栈
47  stackOfStrings1.push("one")
48  stackOfStrings1.push("two")
49  stackOfStrings1.push("three")
50  var stackOfStrings2 = Stack<String>()
51  //进栈
52  stackOfStrings2.push("1")
53  stackOfStrings2.push("2")
54  //判断
55  if allItemsMatch(stackOfStrings1, anotherContainer:stackOfStrings1){
56      print("所有项都匹配")
57  }else{
```

```
58        print("不是所有项都匹配")
59    }
60    //判断
61    if allItemsMatch(stackOfStrings1, anotherContainer:stackOfStrings2){
62        print("所有项都匹配")
63    }else{
64        print("不是所有项都匹配")
65    }
```

此时运行程序,会看到如下的效果。

所有项都匹配
不是所有项都匹配

12.4 错 误 处 理

在很多的编程语言中,都会包含错误处理功能,它是响应错误以及从错误中恢复的过程,在 Swift 中也提供了错误处理。本节将讲解有关错误处理的相关内容。

12.4.1 抛出错误

抛出一个错误可以让开发者表明有意外情况发生,导致正常的执行流程无法继续执行。抛出错误使用 throws 关键字。

如果开发者想要在一个函数或者方法中抛出错误,需要在声明时写上 throws 关键字,该关键字需要写在参数列表的后面。如果函数或者方法指明了返回值类型,throws 关键词需要写在箭头(->)的前面。如以下的代码。

```
func vend(itemNamed name: String) throws                    //没有返回值
func canThrowErrors() throws -> String                      //有返回值
```

【程序 12-33】以下将使用 throws 关键字实现抛出错误的功能。

```
01  import Foundation
02  enum VendingMachineError: ErrorType {
03      case InvalidSelection                               //选择无效
04      case InsufficientFunds(coinsNeeded: Int)            //金额不足
05      case OutOfStock                                     //缺货
06  }
07  struct Item {
08      var price: Int
09      var count: Int
10  }
11  class VendingMachine {
12      var inventory = [
13          "Candy Bar": Item(price: 12, count: 7),
14          "Chips": Item(price: 10, count: 4),
15          "Pretzels": Item(price: 7, count: 11)
16      ]
17      var coinsDeposited = 0
```

```swift
18      func dispenseSnack(snack: String) {
19          print("Dispensing \(snack)")
20      }
21      //抛出错误
22      func vend(itemNamed name: String) throws {
23          guard var item = inventory[name] else {
24              throw VendingMachineError.InvalidSelection
25          }
26          guard item.count > 0 else {
27              throw VendingMachineError.OutOfStock
28          }
29          guard item.price <= coinsDeposited else {
30              throw VendingMachineError.InsufficientFunds(coinsNeeded: item.price -
31  coinsDeposited)
32          }
33          coinsDeposited -= item.price
34          --item.count
35          inventory[name] = item
36          dispenseSnack(name)
37      }
38  }
39  let favoriteSnacks = [
40      "Alice": "Chips",
41      "Bob": "Licorice",
42      "Eve": "Pretzels",
43  ]
44  func buyFavoriteSnack(person: String, vendingMachine: VendingMachine) throws {
45      let snackName = favoriteSnacks[person] ?? "Candy Bar"
46      try vendingMachine.vend(itemNamed: snackName)
47  }
```

12.4.2 捕获错误和处理错误

使用 do catch 语句实现错误的捕获和处理，其语法形式如下。

```
do {
    try 抛出错误的函数或者方法
    语句
} catch 模式 {
    语句
}
```

其中，在语法形式中提到的模式可以是错误情况的模式，也可以是变量、常量或者没有内容等。

【程序 12-34】以下将以程序 12-33 为例。在程序抛出错误后，使用 do catch 语句实现错误的捕获和处理。

```swift
48  var vendingMachine = VendingMachine()
49  vendingMachine.coinsDeposited = 8
50  //捕获并处理错误
51  do {
52      try buyFavoriteSnack("Alice", vendingMachine: vendingMachine)
53  } catch VendingMachineError.InvalidSelection {
54      print("Invalid Selection.")
55  } catch VendingMachineError.OutOfStock {
```

```
56          print("Out of Stock.")
57      } catch VendingMachineError.InsufficientFunds(let coinsNeeded) {
58          print("Insufficient funds. Please insert an additional \(coinsNeeded) coins.")
59      }
```

此时运行程序，会看到如下的效果。

```
Insufficient funds. Please insert an additional 2 coins.
```

12.4.3 清理动作

开发者可以使用 defer 语句在即将离开当前代码块时执行一系列语句。该语句让开发者能执行一些必要的清理工作，不管是以何种方式离开当前代码块的。defer 语句有一个 defer 关键字和语句构成，其语法形式如下。

```
defer {
    语句
}
```

【程序 12-35】以下将实现字符串的输出。

```
01  import Foundation
02  func printString() {
03      defer {
04          print("First")
05      }
06      defer {
07          print("Second")
08      }
09      defer {
10          print("Third")
11      }
12  }
13  printString()
```

此时运行程序，会看到如下的效果。

```
Third
Second
First
```

在一个程序中，如果有多个 defer 语句，它们是按照相反的顺序执行的。

12.5 综合案例

本节将围绕运算符重载为开发讲解一个综合案例：一款游戏具有道具合成功能。每个道具包含负载、强度、价值、磨损度属性。将两个道具合并为一个新道具，遵循的规则如下：

（1）两个道具的负载相加作为新道具的负载；

（2）取两个道具的较大的强度作为新道具的强度；

（3）两道具的价值和的 80% 作为新道具的价值；

（4）取两道具的磨损度的较小值作为新道具的磨损度。

通过"+"加法运算符实现该功能。要通过"+"加法运算符将两个道具合并为一个新道具，需要使用到加法运算符的重载。首先需要创建一个结构，这个结构表示道具，其中会包含道具的 4 个属性（即负载、强度、价值、磨损度）。然后实现加法运算符的重载，最后实现两个道具的加法运算，即两个结构的加法运算。

【程序 12-36】以下将使用代码完成上述功能。

```
01  import Foundation
02  struct GameProps {
03      var load = 0.0
04      var strength = 0.0
05      var value = 0.0
06      var worn = 0.0
07  }
08  //实现加法运算符的重载
09  func + (left: GameProps, right: GameProps) -> GameProps {
10      let l = left.load + right.load
11      let s = left.strength > right.strength ? left.strength : right.strength
12      let v = (left.value + right.value)*0.8
13      let w = left.worn < right.worn ? left.worn : right.worn
14      return GameProps(load: l, strength: s, value: v, worn: w)
15  }
16  let gameProps = GameProps(load: 100.0, strength: 500.0, value: 200.0, worn: 50.0)
17  let otherGameProps = GameProps(load: 700.0, strength: 600.0, value: 400.0, worn: 100.0)
18  let synthesisGameProps = gameProps + otherGameProps        //实现运算
19  //输出内容
20  print("新道具的负载为：\(synthesisGameProps.load)")
21  print("新道具的强度为：\(synthesisGameProps.strength)")
22  print("新道具的价值为：\(synthesisGameProps.value)")
23  print("新道具的磨损度为：\(synthesisGameProps.worn)")
```

此时运行程序，会看到如下的效果。

新道具的负载为：800.0
新道具的强度为：600.0
新道具的价值为：480.0
新道具的磨损度为：50.0

12.6　上机实践

编写代码，在商场中有一款产品促销。顾客使用 80 元就可以购买。如果具有礼品券，就使用没有使用过的礼品券密码，也可以购买。使用代码表示两种购买的过程。

分析：

本题需要使用泛型函数来实现。泛型函数可以适用于任何类型。首先，需要定义一个具有一个参数的泛型函数，此泛型函数会输出"购买成功"的字符串。然后，调用这个泛型函数，在调用时，需要将泛型函数的参数设置为 80 元，或者是礼品券密码，这里的密码是一个字符串。

第 13 章
使用 Swift 开发 iOS 应用

Swift 编程语言最为重要的功能就是可以用于编写 iOS、WatchOS、OS X 应用。其中，编写 iOS 应用的比例要大于 WatchOS 和 OS X 应用。本章将讲解如何使用 Swift 去开发 iOS 应用。

13.1 创 建 项 目

和在前面讲解的编写程序一样，要使用 Swift 开发 iOS 应用，首先需要创建一个项目。本节将创建一个项目名为 HelloiOS 的项目。它的具体操作步骤如下。

（1）打开 Xcode，弹出"Welcome to Xcode"对话框，选择"Create a new Xcode project"选项，弹出"Choose a template for your new project:"对话框，如图 13-1 所示。

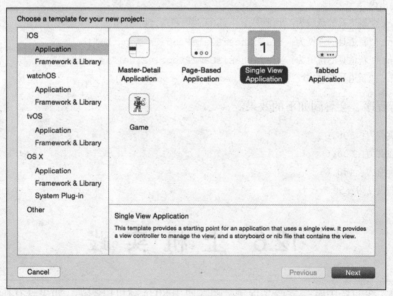

图 13-1 "Choose a template for your new project:" 对话框

（2）选择 iOS|Application 中的 Single View Application 模板，单击"Next"按钮后，弹出"Choose options for your new project:"对话框，如图 13-2 所示。

（3）填入 Product Name（项目名）、选择 Language（编程语言）和设备 Devices（设备），如表 13-1 所示。

第 13 章 使用 Swift 开发 iOS 应用

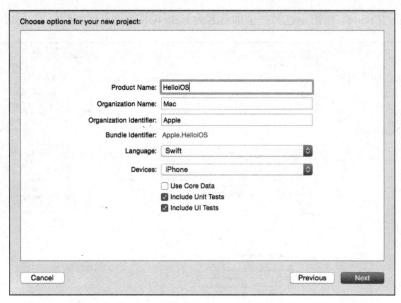

图 13-2 "Choose options for your new project:" 对话框

表 13-1　　　　　　　　　　　　　填写的内容

需要填写的项	填入的内容
Product Name	HelloiOS
Language	Swift
Devices	iPhone

（4）内容设置完毕后，单击"Next"按钮，打开项目的"保存位置"对话框，如图 13-3 所示。

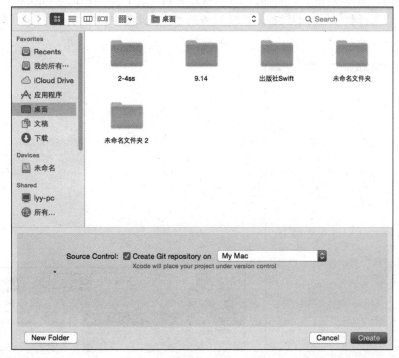

图 13-3 "保存位置"对话框

305

（5）单击"Create"按钮，这时一个项目名为 HelloiOS 的项目就创建好了，如图 13-4 所示。

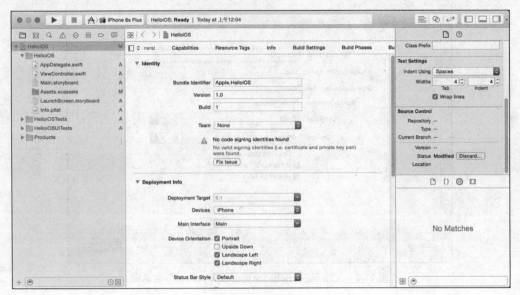

图 13-4　HelloiOS 的项目

13.2　运行程序

创建好项目之后，就可以运行这个项目中的程序了。单击"运行"按钮，由于默认的程序是不会出现错误的，所以程序会正常运行，开发者会看到如图 13-5 所示的运行效果。

开发者可以选择程序运行的设备，如图 13-6 所示。在此图中，我们将程序运行的设备设置为了 iPhone 6。

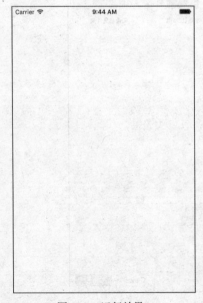

图 13-5　运行效果　　　　　　　　　　图 13-6　选择运行设备

13.3 模拟器的操作

在图 13-5 中看到的就是 iOS 模拟器。iOS 模拟器是在没有 iPhone 或 iPad 设备时,对程序进行检测的设备。本节将讲解一些有关模拟器操作的内容,其中包括退出应用程序、设置应用程序的图标以及其他内容。

13.3.1 模拟器与真机的区别

iOS 模拟器可以模仿真实的 iPhone 或 iPad 等设备的各种功能,如表 13-2 所示。

表 13-2　　　　　　　　　　　　　　iOS 模拟器

方　　面	功　　能
旋转屏幕	向上旋转
	向下旋转
	向右、向左
手势支持	轻拍
	触摸与按下
	轻拍两次
	猛击
	轻弹
	托
	捏

iOS 模拟器只能实现表中的这些功能,其他的功能是实现不了的,如打电话、发送信息、获取位置数据、照相、用麦克风等。

13.3.2 退出应用程序

很多有 iPhone 手机的用户都知道,如果想要退出当前应用程序,可以使用 Home 键,但是在 iOS 模拟器上是没有 Home 键的。如果想要将图 13-5 所示的应用程序退出(为用户完成某种特定功能所设计的程序被称为应用程序),该怎么办呢?这时就需要选择菜单栏中的 Hardware|Home 命令,退出应用程序后的效果如图 13-7 所示。

13.3.3 应用程序图标的设置

在图 13-7 显示的界面中可以看到 HelloiOS 的图标是网状白色图像,它是 iOS 模拟器上的应用程序默认的图标。这个图标是可以进行改变的。以下就来实现在 iOS 模拟器上将

图 13-7　退出应用程序

HelloiOS 应用程序的图标进行更改。

（1）右键单击项目文件夹中的任意位置，弹出快捷菜单，如图 13-8 所示。

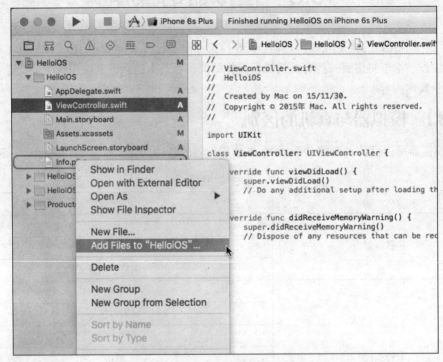

图 13-8　快捷菜单

（2）选择 Add Files to "HelloiOS"…命令，弹出"选择文件"对话框，如图 13-9 所示。

图 13-9　"选择文件"对话框

（3）选择需要添加的图像，即 icon.png，单击"Add"按钮，实现图像的添加。添加后的图像就会显示在项目文件夹中。

（4）单击打开项目文件夹中的 Info.plist 文件，在其中添加一项 Icon files，在其下拉菜单的 Value 中输入添加到项目文件夹中的图片即 icon.png，如图 13-10 所示。

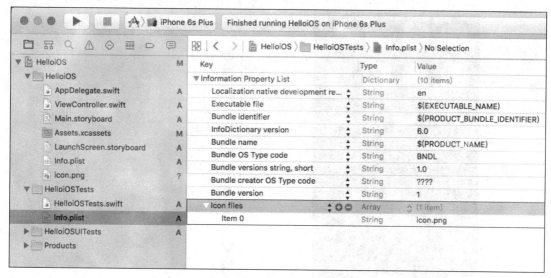

图 13-10　Info.plist 文件

此时运行程序，在返回 iOS 模拟器的主界面后，会看到如图 13-11 所示的效果。

图 13-11　运行效果

13.3.4　语言设置

在图 13-11 中可以看到界面中的所有应用程序，以及状态栏中的内容都是英文，但是由于不同国家的人，使用的语言是不一样的，所以要是 iOS 模拟器使用的都是英文，对于英文不好的开发者来说就不大适用了，此时，就需要将 iOS 模拟器的语言调整为开发者最常使用的语言。以下我们就将 iOS 模拟器调整为适合中国开发者进行开发的语言，即中文。

（1）切换到主界面，找到 Settings 应用程序，如图 13-12 所示。

（2）选择 Settings 应用程序图标，进入 Settings 界面中，如图 13-13 所示。

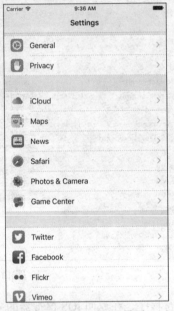

图 13-12　主界面　　　　　　　　图 13-13　Settings 界面

（3）选择 General 选项，进入 General 界面，如图 13-14 所示。

（4）选择 Language&Region 选项，进入 Language&Region 界面中，如图 13-15 所示。

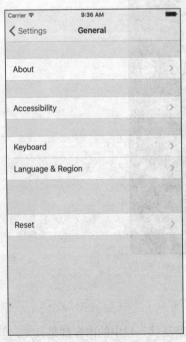

图 13-14　General 界面　　　　　图 13-15　Language&Region 界面

（5）选择"iPhone Language"选项，进入 iPhone Language 界面，如图 13-16 所示。
（6）选择"简体中文"选项，轻拍 Done 按钮，弹出动作表单，如图 13-17 所示。

图 13-16　iPhone Language 界面　　　　　　　图 13-17　动作表单

（7）选择"Change to Simplified Chinese"选项，进入正在设置语言的界面，如图 13-18 所示。当语言设置好后，程序会退回到 Language&Region 界面中，此时，会看到此界面中的内容就变为了中文，如图 13-19 所示。

图 13-18　正在设置语言的界面　　　　　　　图 13-19　Language&Region 界面

13.3.5 旋转

在模拟器与真机的区别一小节中，我们提到了模拟器可以模拟真机的一些功能，其中一个功能就是可以旋转屏幕（上、下、左、右）。要实现 iOS 模拟器的旋转只需要同时按住"Command+方向键"就可以了，以下是使用"Command+左键"实现 iOS 模拟器的向左旋转，如图 13-20 所示。

图 13-20　旋转

13.3.6 删除应用程序

如果在 iOS 模拟器中出现了很多的应用程序，就可以将不再使用的应用程序进行删除，这样便于管理应用程序。以下主要是实现 HelloiOS 程序的删除。

（1）长按要删除的 HelloiOS 应用程序，直到所有的应用程序都开始抖动，并在每一个应用程序的左上角出现一个"x"，它是一个删除标记，如图 13-21 所示。

（2）单击 HelloiOS 程序左上角出现的删除标记，会弹出一个删除"HelloiOS"对话框，选择其中的"删除"按钮，如图 13-22 所示。这时 HelloiOS 应用程序就在 iOS 模拟器上被删除了。

图 13-21　出现删除标记

图 13-22　弹出对话框

13.4 编辑界面

编辑界面（Interface builder）是用来设计用户界面的，图 13-5 之所以出现了空白内容是因为我们没有对编辑界面进行设计，单击打开 Main.storyboard 文件就打开了编辑界面。在 Xcode 5.0 以后版本中，编辑界面直接使用的是故事板。本节将讲解编辑界面的界面介绍、设计界面等内容。

13.4.1 界面介绍

单击 Main.storyboard 打开编辑界面后，可以看到编辑界面由 4 部分组成，如图 13-23 所示。

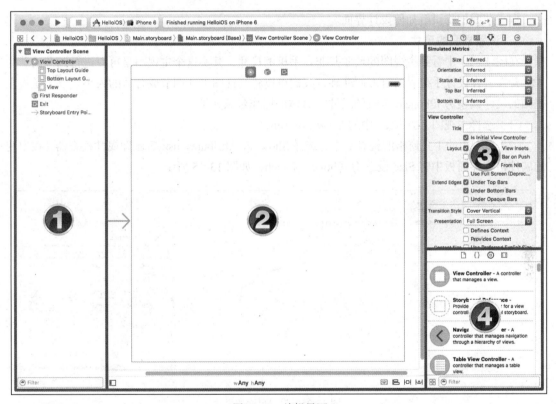

图 13-23　编辑界面

以下是对图中编号的介绍。
- 编号为 1 的部分为 dock。
- 编号为 2 的部分为画布：用于设计用户界面的地方，在画布中用箭头指向的区域就是设计界面，在画布中可以有多个设计界面，一般将设计界面称为场景或者说是主视图。
- 编号为 3 的部分为工具窗格的检查器：用于编辑当前选择的对象的属性。
- 编号为 4 的部分为工具窗格的库：如果选择的是 Objects，里面存放了很多的视图。

在画布的设计界面上方有一个小的 dock，它是一个文件管理器的缩减版。dock 展示了主视图中第一级的控件，每个主视图至少有一个 ViewController、一个 FirstReponder 和一个 Exit。但是也可以有其他的控件，dock 还用来简单地连接控件，如图 13-24 所示。

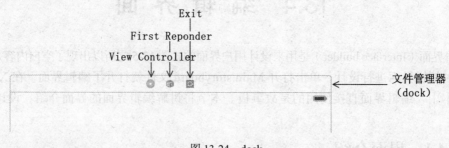

图 13-24　dock

13.4.2　设计界面

本小节我们将讲解如何设计界面。

1. 设置界面的尺寸

在图 13-23 中看到主视图的尺寸并非是手机的尺寸，其实这个主视图是可以进行调节的。为了让开发者在设计手机界面时方便准确，我们可以将其视图尺寸调节成合适的大小。以下是将主视图的尺寸调整为 iPhone 6 手机的尺寸，具体的操作步骤如下。

（1）选择主视图上方 dock 中的 View Controller。

（2）在右边的工具窗格的检查器中，选择 Show the Attributes inspector 即属性检查器，在出现的属性检查器面板中将 Size 设置为 iPhone 4.7-inch，如图 13-25 所示。

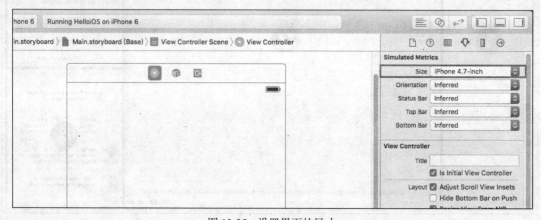

图 13-25　设置界面的尺寸

　　在属性检查器面板中除了可以设置主视图的尺寸外，可以设置方向、状态栏等。

对 Size 进行设置后，画布的效果如图 13-26 所示。

2. 添加视图对象

如果想要在 iOS 模拟器上显示一个文本框，实现内容的输入，就要为主视图添加对象。单击工具窗格库中的 Show the Object Library 即视图对象库窗口，在里面找到 Text Field 文本框对象，将其拖动到画布的主视图中，如图 13-27 所示。

第 13 章 使用 Swift 开发 iOS 应用

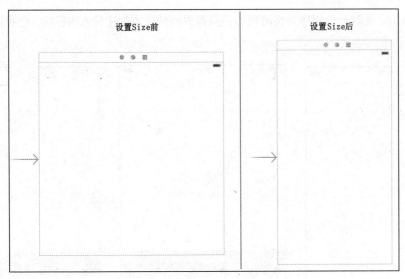

图 13-26 界面设置前后对比

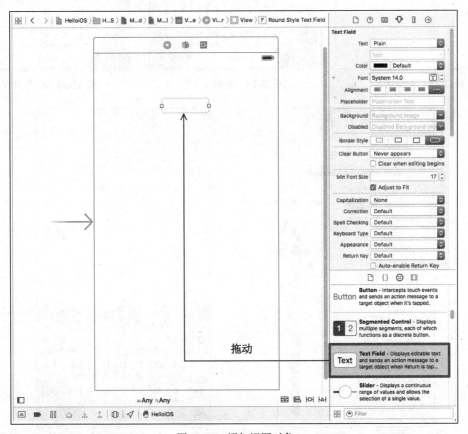

图 13-27 添加视图对象

此时运行程序，会看到如图 13-28 所示的效果。当开发者轻拍界面的文本框后，会弹出一个虚拟键盘，如图 13-29 所示。开发者可以使用虚拟键盘实现文本内容的输入，输入后的文本内容显示在文本框中，如图 13-30 所示。

开发者还可以使用工具窗格的检查器（图 13-23 中编号为 3 的部分）对文本框的属性进行设置，

如图 13-31 所示。此时运行程序，在出现的模拟器界面的文本框中输入内容后，会看到如图 13-32 所示的效果。

图 13-28　初始状态

图 13-29　轻拍文本框

图 13-30　输入内容

图 13-31　检查器

图 13-32　运行效果

13.4.3　视图对象库的介绍

在视图对象库中存放了 iOS 开发中所需的所有视图，如图 13-33 所示。在上一小节中添加的视图对象的来源就是视图对象库。

图 13-33 视图对象库

在视图对象库中存放的视图对象是可以根据功能的不同进行分类的，如表 13-3 所示。

表 13-3　　　　　　　　　　　视图对象库分类

名　称	功　能
Controls（控件）	用于接收用户输入的信息
Data View（数据视图）	用于显示信息
Gesture Recognizers（手势识别器）	用于识别轻击、轻扫、旋转和捏合
Objects&Controllers（控制器）	用于控制其他视图
Arranges View（部署视图）	用于对视图进行部署
Effect View（效果视图）	提供一个模糊效果
Windows&Bars（其他）	用于显示其他各种视图

13.4.4　编写代码

代码就是用来实现某一特定的功能，而用计算机语言编写的命令序列的集合。现在就来通过代码在文本框中实现显示"Hello,iOS"字符串的功能，具体的操作步骤如下。

（1）使用设置编辑器的 3 个视图方式的图标，如图 13-34 所示，将 Xcode 的界面调整为如图 13-35 所示的效果。

图 13-34　辑器的 3 个视图方式的图标

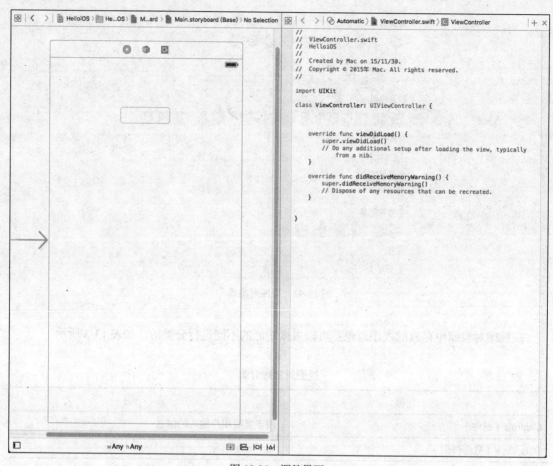

图 13-35　调整界面

（2）按住 Ctrl 键拖动主视图中的文本框对象，这时会出现一个蓝色的线条，将这个蓝色的线条拖动到 ViewController.swift 文件中，如图 13-36 所示。

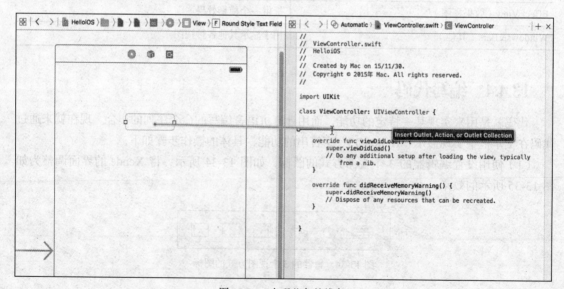

图 13-36　出现蓝色的线条

（3）松开鼠标后，会弹出一个对话框，如图13-37所示。

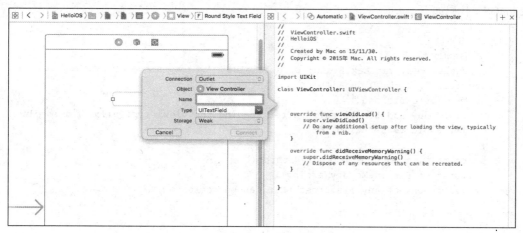

图13-37　弹出对话框

（4）在弹出的对话框中，找到Name这一项，在其中输入名称textField，如图13-38所示。

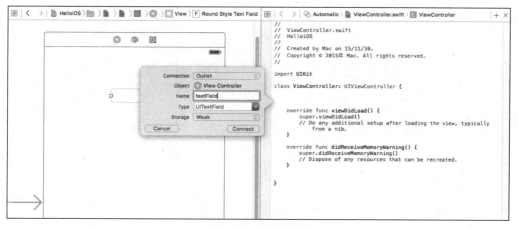

图13-38　填写对话框

（5）选择"Connect"按钮，关闭对话框，这时在ViewController.swift文件中自动生成一行代码，如图13-39所示。

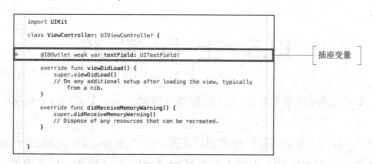

图13-39　插座变量

　　　　生成的代码叫作插座变量，插座变量其实就是为关联的对象起了一个别名。开发者可以对此插座变量进行操作，从而对关联的对象进行操作。

（6）打开 ViewController.swift 文件，编写代码，此代码实现的功能是在文本框中显示字符串 Hello,iOS。代码如下：

```swift
import UIKit
class ViewController: UIViewController {
    @IBOutlet weak var textField: UITextField!
    override func viewDidLoad() {
        super.viewDidLoad()
        // Do any additional setup after loading the view, typically from a nib.
        textField.text="Hello,iOS"
    }
    override func didReceiveMemoryWarning() {
        super.didReceiveMemoryWarning()
        // Dispose of any resources that can be recreated.
    }
}
```

此时运行程序，会看到如图 13-40 所示的效果。

图 13-40　运行效果

13.5　上机实践

编写代码，使用 Label 标签对象在 iOS 模拟器的界面显示一个 "I Love Swift" 的字符串。

分析：

本题比较简单，首先，需要创建一个项目，在弹出的 "Choose a template for your new project:" 对话框中选择选择 iOS|Application 中的 Single View Application 模板；在弹出的 "Choose options for your new project:" 对话框中，将 Language 设置为 Swift，将 Devices 设置为 iPhone。然后打开编辑界面，将视图对象库中的 Label 拖动到主视图，其次为主视图中的 Label 声明和关联插座变量，最后使用代码对 text 属性进行设置。

第 14 章
测试和发布 App

一般应用程序在发布前都需要进行测试，测试可以找出在程序中的错误与缺陷。它也是保证产品质量、安全性和完整性的重要手段，更是软件生命周期的重要阶段。测试可以划分为 4 个阶段：单元测试、集成测试、系统测试以及回归测试。其中，单元测试是最为关键、核心的测试。本章将讲解单元测试和发布应用程序的相关内容。

14.1 测试 App 概述

单元测试是对软件组成单元进行的测试，其目的是检验软件基本组成单位的正确性，其测试对象是软件设计的最小单位模块。它是测试驱动的核心。本节将讲解测试驱动的软件开发流程、iOS 单元测试框架。

14.1.1 测试驱动的软件开发流程

目前软件开发流程有两种：一种是传统的开发流程，另一种是测试驱动的软件开发流程。其中传统的开发流程如图 14-1 所示。它先是程序编码，然后对单元测试用例（测试用例就是一组条件）进行设计，编程单位测试程序、进行单元测试，最后出具单元测试报告。如果测试没有通过，需要开发者根据测试修改程序代码，然后再重新走单元测试流程。

而测试驱动的软件开发流程则是先设计单元测试用例程序、编写单元测试程序，然后编写程序代码和进行单元测试，最后出具单位测试报告，如图 14-2 所示。

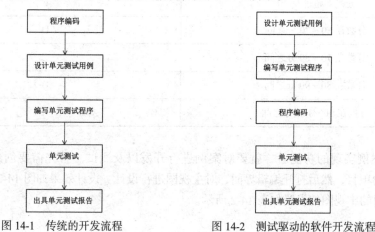

图 14-1　传统的开发流程　　　图 14-2　测试驱动的软件开发流程

如果测试没有通过，需要开发者根据测试修改程序代码，然后重新走单元测试的流程。如果通过测试，再设计其他的单元测试用例。在测试驱动软件开发流程中，各个阶段都是一个可逆的反复迭代过程。用例的设计可以先是功能说明书中的一个功能，然后针对该功能进行测试驱动的开发流程，再编写其他的功能。

通过对这两个开发流程的介绍，我们可以发现，测试驱动的软件开发要比传统的开发好，它能够及时地发现程序中的错误，从而减少犯错误率，减少对资源的浪费。

14.1.2　iOS 单元测试框架

在 Xcode 5 之前的版本中，单元测试框架使用的是 OCUnit。它是开源测试框架，与 Xcode 工具集成在一起使用非常方便。但是在 Xcode 5 之后的版本中，单元测试框架使用的是 XCTest。XCTest 是上一代测试框架 OCUnit 的更现代化实现。XCTest 提供了与 Xcode 更好的集成，并且奠定了未来改进 Xcode 测试能力的基础。XCTest 的许多功能都类似于之前的 OCUnit。

14.2　使用 XCTest 测试框架测试驱动的软件开发案例

本节将讲解如何使用 XCTest 测试框架测试驱动的软件开发，并通过案例介绍测试通过软件开发的流程。

14.2.1　测试案例前期准备

本节采用的案例是一个 iPhone 版的可以将分数和等级级别进行对应的工具。在本案例中，我们可以将成绩等级分为 5 个级别，如表 14-1 所示。

表 14-1　　　　　　　　　　分数对应的 5 个成绩等级级别

分　　数	成　绩　等　级
分数不超过 60 分	E
分数在 60～70 分之间	D
分数在 70～80 分之间	C
分数在 80～90 分之间	B
分数在 90～100 分之间	A

了解了案例实现的功能后，就要对案例进行开发以及测试。首先需要创建一个项目名为 MyUnitTets 的项目，然后打开编辑界面，对主视图进行设计。设计效果如图 14-3 所示。

对主视图中视图的设置如表 14-2 所示。

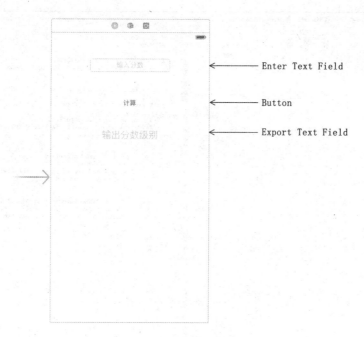

图 14-3　主视图的效果

表 14-2　　　　　　　　　　　　　属 性 设 置

视　　图	属　　性
View Controller	Size：iPhone 4.7-inch
Enter Text Field	Font：System 16.0 Alignment：居中 Placeholder：输入分数 声明关联插座变量 enterTextField
Button	Title：获取对应级别 Font：System 17.0 声明关联动作 getResult
Export Text Field	Font：System 22.0 Alignment：居中 Placeholder：输出分数级别 Border Style：无边框 取消对 Enabled 的选择 声明关联插座变量 exportTextField

在表 14-2 中提到的动作其实就是方法，只不过它可以用来控制视图，类似于插座变量。它的声明和关联步骤如下。

（1）使用设置编辑器的 3 个视图方式的图标，将 Xcode 的界面调整为图 14-4 所示的效果。

（2）按住 Ctrl 键拖动界面中的按钮对象，这时会出现一个蓝色的线条，将这个蓝色的线条拖动到 ViewController.swift 文件的空白处中，如图 14-5 所示。

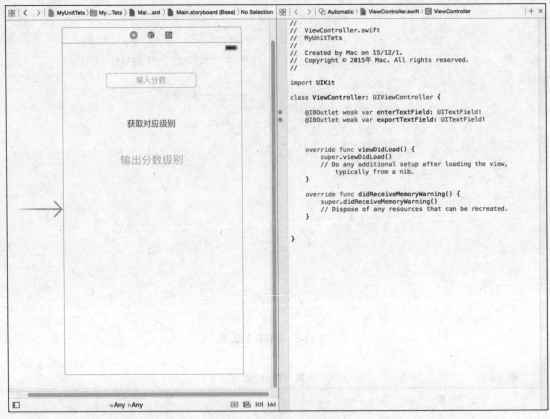

图 14-4　调整 Xcode 界面

图 14-5　出现一个蓝色的线条

（3）松开鼠标后，会弹出声明关联插座变量一起进行的对话框，如图 14-6 所示。

（4）将"Connection"选项设置为 Action，表示关联的是一个动作；将 Name 设置为 getResult，表示关联的动作名为 getResult，如图 14-7 所示。

（5）单击"Connect"按钮，会在 ViewController.swift 文件中看到图 14-8 所示的代码。

第 14 章 测试和发布 App

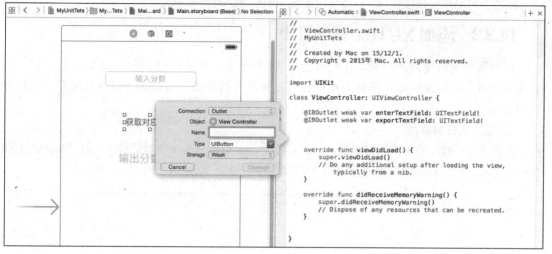

图 14-6 对话框

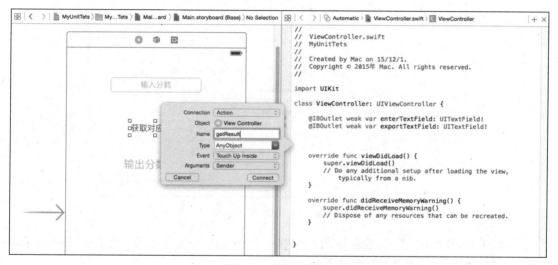

图 14-7 填写对话框

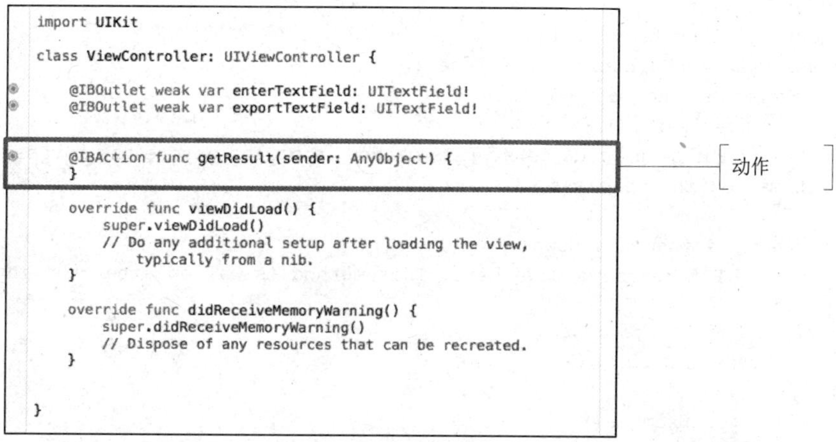

图 14-8 动作

此时，当用户轻拍按钮后，一个叫 getResult()的方法就会被触发。

14.2.2　添加 XCTest 到项目中

在对案例进行驱动测试前，首先需要将 XCTest 添加到项目中。添加 XCTest 到项目中的方式有两种：一种是在创建项目时添加，另一种是在创建项目后添加。以下就是对这两种方式的介绍。

1. 创建项目时添加

在创建项目时，在弹出的"Choose options for your new project:"对话框中选择"Include Unit Tests"选项，就可以在创建的项目时将 XCTest 添加进去，如图 14-9 所示。

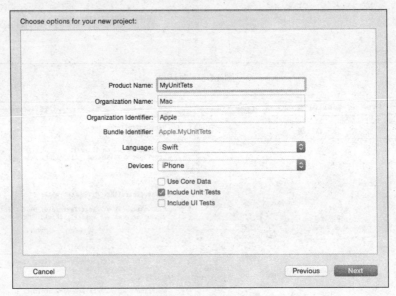

图 14-9　添加 XCTest

添加 XCTest 框架到项目后，会在导航面板中多一个 MyUnitTets 文件夹，其中包含 MyUnitTetsTests.swift 测试类文件，此文件中的代码如下。

```
01    import XCTest
02    @testable import MyUnitTets
03    class MyUnitTetsTests: XCTestCase {
04        override func setUp() {
05            super.setUp()
06            // Put setup code here. This method is called before the invocation of each
07    test method in the class.
08        }
09        override func tearDown() {
10            // Put teardown code here. This method is called after the invocation of each
11    test method in the class.
12            super.tearDown()
13        }
14        func testExample() {
15            // This is an example of a functional test case.
16            // Use XCTAssert and related functions to verify your tests
17    produce the correct results.
```

```
18    }
19    func testPerformanceExample() {
20        // This is an example of a performance test case.
21        self.measureBlock {
22            // Put the code you want to measure the time of here.
23        }
24    }
25 }
```

在这个文件中定义了一个测试类 MyUnitTetsTests，它里面包含了一个 setUp()方法和 tearDown()方法，分别用来在每个测试方法运行之前做初始化准备，和在测试方法运行之后做清理工作。此外，它还包含了以 test 开头命名的 2 个测试方法：testExample()和 testPerformanceExample()。我们需要注意：

- 任何以 test 开头命名的方法都是一个测试方法，在每次单元测试执行时自动执行，它没有返回值。
- 在测试方法中，可以使用 self.measureBlock() { }来计算代码的运行时间。
- 测试方法执行的顺序跟测试方法名有关，比如 test01()会优先于 test02()执行。

2. 创建项目后添加

如果在创建项目时，没有选择"Include Unit Tests"选项，或者是想要再添加一个 XCTest 到项目中，此时需要使用到以下的步骤。

（1）选择菜单栏中的"File"命令，弹出下拉列表，如图 14-10 所示。

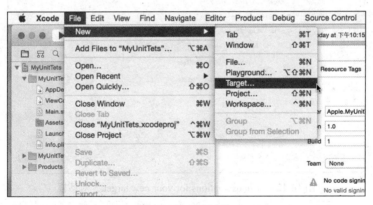

图 14-10　选择命令

（2）选择"New|Target…"命令，弹出"Choose a template for your new target:"对话框，如图 14-11 所示。

（3）选择 iOS 的 Test 中的 iOS Unit Testing Bundle 模板，弹出"Choose options for your new target:"对话框，如图 14-12 所示。

（4）在 Product Name 中输入名称，这样有一个默认名称，如果这个名称在项目中不存在就可以使用此名称，如果这个名称存在，就需要更改这个默认名称。这里我们将名称设置为了 UnitTetsTests。名称设置好以后，单击"Finish"按钮，此时 XCTest 就添加到了项目中。此时会在导航面板中出现一个 UnitTetsTests 文件夹，在其中包含 UnitTetsTests.swift 测试类文件，此文件中的代码类似于 MyUnitTetsTests.swift 文件中的代码。

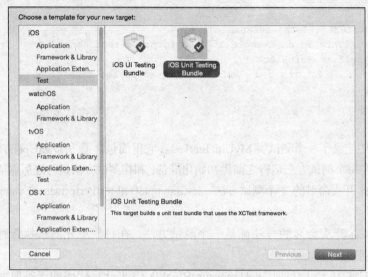

图 14-11 "Choose a template for your new target:" 对话框

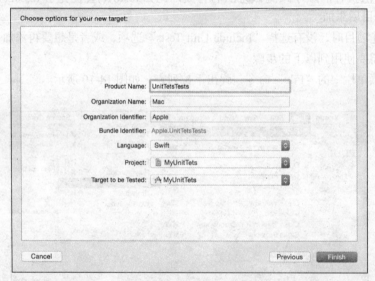

图 14-12 "Choose options for your new target:" 对话框

14.2.3 测试驱动的开发流程

根据图 14-2 所示的测试驱动软件开发流程,我们将介绍本节案例的开发过程。

1. 设计单元测试用例

测试用例就是一组条件,根据需求,我们需要 7 个测试用例,如表 14-3 所示。在输入条件中,我们采用常见值和边界值作为测试数据进行测试。

表 14-3　　　　　　　　　　　测　试　用　例

测 试 用 例	输入条件分数	输出对应等级别	说　　　明
1	59	E	分数不超过 60 分
2	69	D	分数在 60～70 分之间

续表

测试用例	输入条件分数	输出对应等级别	说 明
3	79	C	分数在 70～80 分之间
4	89	B	分数在 80～90 分之间
5	100	A	分数在 90～100 分之间

2. 编写单元测试程序

有了测试用例以后，我们就可以编写测试程序了。打开 ViewController.swift 文件，编写代码。

```
01  import UIKit
02  class ViewController: UIViewController {
03      @IBOutlet weak var enterTextField: UITextField!
04      @IBOutlet weak var exportTextField: UITextField!
05      @IBAction func getResult(sender: AnyObject) {
06          exportTextField.text=conversion(enterTextField.text!)
07      }
08      func conversion(score:String)->String{
09          return ""
10      }
11      override func viewDidLoad() {
12          super.viewDidLoad()
13          // Do any additional setup after loading the view, typically from a nib.
14      }
15      override func didReceiveMemoryWarning() {
16          super.didReceiveMemoryWarning()
17          // Dispose of any resources that can be recreated.
18      }
19  }
```

在此代码中 getResult()方法实现对 conversion()方法的调用。conversion()方法可以获取分数对应的等级级别。打开 MyUnitTetsTests.swift 文件，编写代码，此代码的功能是实现 5 个测试用例，代码如下。

```
01  import XCTest
02  @testable import MyUnitTets
03  class MyUnitTetsTests: XCTestCase {
04      var viewController:ViewController?
05      override func setUp() {
06          super.setUp()
07          // Put setup code here. This method is called before the invocation of each
08  test method in the class.
09          viewController=ViewController()
10      }
11      override func tearDown() {
12          // Put teardown code here. This method is called after the invocation of each
13  test method in the class.
14          super.tearDown()
15          viewController=nil
16      }
17      //用例1：分数不超过 60 分
18      func testConversionLevel1(){
19          let score:Float=59
```

```swift
20      let scoreStr="\(score)"
21      let taxStr:String=(self.viewController?.conversion(scoreStr))!
22      if(taxStr=="E"){
23          print("通过测试")
24      }else{
25          print("没有通过测试")
26      }
27  }
28  //用例2：分数在60~70分之间
29  func testConversionLevel2(){
30      let score:Float=69
31      let scoreStr="\(score)"
32      let taxStr:String=(self.viewController?.conversion(scoreStr))!
33      if(taxStr=="D"){
34          print("通过测试")
35      }else{
36          print("没有通过测试")
37      }
38  }
39  //用例3：分数在70~80分之间
40  func testConversionLevel3(){
41      let score:Float=79
42      let scoreStr="\(score)"
43      let taxStr:String=(self.viewController?.conversion(scoreStr))!
44      if(taxStr=="C"){
45          print("通过测试")
46      }else{
47          print("没有通过测试")
48      }
49  }
50  //用例4：分数在80~90分之间
51  func testConversionLevel4(){
52      let score:Float=89
53      let scoreStr="\(score)"
54      let taxStr:String=(self.viewController?.conversion(scoreStr))!
55      if(taxStr=="B"){
56          print("通过测试")
57      }else{
58          print("没有通过测试")
59      }
60  }
61  //用例5：分数在90~100分之间
62  func testConversionLevel5(){
63      let score:Float=100
64      let scoreStr="\(score)"
65      let taxStr:String=(self.viewController?.conversion(scoreStr))!
66      if(taxStr=="A"){
67          print("通过测试")
68      }else{
69          print("没有通过测试")
70      }
71  }
```

```
72      func testExample() {
73          // This is an example of a functional test case.
74          // Use XCTAssert and related functions to verify your tests produce
75      the correct results.
76      }
77      func testPerformanceExample() {
78          // This is an example of a performance test case.
79          self.measureBlock {
80              // Put the code you want to measure the time of here.
81          }
82      }
83  }
```

3. 程序编码

测试程序编写好以后，再编写对应的被测试程序。打开 ViewController.swift 文件，编写其中的 conversion()方法，代码如下。

```
01  func conversion(score:String)->String{
02      let getScoreStr=score as NSString
03      let getScore=getScoreStr.floatValue            //将字符串转换为浮点类型
04      if(getScore<60){
05          return "E"
06      }else if(getScore>=60&&getScore<70){
07          return "D"
08      }else if(getScore>=70&&getScore<80){
09          return "C"
10      }else if(getScore>=80&&getScore<90){
11          return "B"
12      }else{
13          return "A"
14      }
15  }
```

4. 单元测试

在用例的测试程序代码和被测试的程序代码都编写完成后，我们需要进行测试，此时需要选择菜单栏中的"Product|Test"命令，或者是"Command+U"快捷键。

5. 出具单元测试报告

测试报告一般有测试成功、失败、异常或者警告等几种信息。一个好的测试报告还会有测试一个方法所用的时间，测试失败时程序在哪里出现了问题等等。以下是本案例输出的测试报告。

```
00:19:46.769 MyUnitTets[2038:52540] _XCT_testBundleReadyWithProtocolVersion:minimumVersion:reply received
00:19:47.205 MyUnitTets[2038:52540] _IDE_startExecutingTestPlanWithProtocolVersion:16
Test Suite 'All tests' started at 2015-12-02 00:19:47.511
Test Suite 'MyUnitTetsTests.xctest' started at 2015-12-02 00:19:47.512
Test Suite 'MyUnitTetsTests' started at 2015-12-02 00:19:47.513
Test Case '-[MyUnitTetsTests.MyUnitTetsTests testConversionLevel1]' started.
通过测试
Test Case '-[MyUnitTetsTests.MyUnitTetsTests testConversionLevel1]' passed (0.302 seconds).
Test Case '-[MyUnitTetsTests.MyUnitTetsTests testConversionLevel2]' started.
通过测试
Test Case '-[MyUnitTetsTests.MyUnitTetsTests testConversionLevel2]' passed (0.000
```

```
seconds).
    Test Case '-[MyUnitTetsTests.MyUnitTetsTests testConversionLevel3]' started.
    通过测试
    Test Case '-[MyUnitTetsTests.MyUnitTetsTests testConversionLevel3]' passed (0.001
seconds).
    Test Case '-[MyUnitTetsTests.MyUnitTetsTests testConversionLevel4]' started.
    通过测试
    Test Case '-[MyUnitTetsTests.MyUnitTetsTests testConversionLevel4]' passed (0.000
seconds).
    Test Case '-[MyUnitTetsTests.MyUnitTetsTests testConversionLevel5]' started.
    通过测试
    Test Case '-[MyUnitTetsTests.MyUnitTetsTests testConversionLevel5]' passed (0.000
seconds).
    Test Case '-[MyUnitTetsTests.MyUnitTetsTests testExample]' started.
    Test Case '-[MyUnitTetsTests.MyUnitTetsTests testExample]' passed (0.000 seconds).
    Test Case '-[MyUnitTetsTests.MyUnitTetsTests testPerformanceExample]' started.
    /Users/mac/Desktop/MyUnitTets/MyUnitTetsTests/MyUnitTetsTests.swift:112: Test Case
'-[MyUnitTetsTests.MyUnitTetsTests testPerformanceExample]' measured [Time, seconds]
average: 0.000, relative standard deviation: 167.563%, values: [0.000006, 0.000001,
0.000000, 0.000000, 0.000000, 0.000000, 0.000000, 0.000000, 0.000000, 0.000000],
performanceMetricID:com.apple.XCTPerformanceMetric_WallClockTime, baselineName: "",
baselineAverage: , maxPercentRegression: 10.000%, maxPercentRelativeStandardDeviation:
10.000%, maxRegression: 0.100, maxStandardDeviation: 0.100
    Test Case '-[MyUnitTetsTests.MyUnitTetsTests testPerformanceExample]' passed (0.445
seconds).
    Test Suite 'MyUnitTetsTests' passed at 2015-12-02 00:19:48.266.
        Executed 7 tests, with 0 failures (0 unexpected) in 0.749 (0.753) seconds
    Test Suite 'MyUnitTetsTests.xctest' passed at 2015-12-02 00:19:48.267.
        Executed 7 tests, with 0 failures (0 unexpected) in 0.749 (0.754) seconds
    Test Suite 'All tests' passed at 2015-12-02 00:19:48.267.
        Executed 7 tests, with 0 failures (0 unexpected) in 0.749 (0.756) seconds
    Test session log:
        /var/folders/k7/d1_0318d6gs66cl8050z0q080000gn/T/com.apple.dt.XCTest-status/Se
ssion-2015-12-02_00:19:11-2nlN9K.log
```

14.3 发布前的准备工作

苹果公司推出了 App Store，它是一个在线的商店。开发者可以将自己的应用程序发布到这个在线商店中，让用户进行免费或者付费下载。本节首先讲解发布应用程序前做的一些准备工作，如申请付费的开发者账号、申请 App ID 等。

14.3.1 申请付费的开发者账号

免费的苹果账号在开发应用程序时会受到很多的限制，如发布应用程序等，所以需要注册一个非免费的苹果账号。以下是注册非免费的苹果账号的具体步骤。

（1）在浏览器 Safari 中输入网址（https://developer.apple.com/programs/），按下回车，如图 14-13 所示。

（2）进入 Apple Developer Program 网页，选择 "Enroll" 按钮，进入 iOS Developer Program-Apple Developer 网页，如图 14-14 所示。

第 14 章 测试和发布 App

图 14-13　开发者页面

图 14-14　iOS Developer Program-Apple Developer 网页

（3）选择"Start Your Enrollment"按钮，进入 Sign in with your Apple ID-Apple Developer 网页，

如图 14-15 所示。

图 14-15　Sign in with your Apple ID-Apple Developer 网页

（4）输入 Apple ID 以及密码后，单击"Sign In"按钮，进入 Apple Developer Program Enrollment 网页中，如图 14-16 所示。

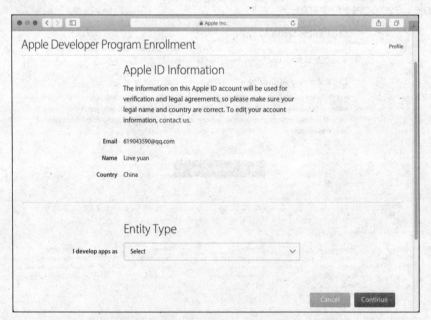

图 14-16　Apple Developer Program Enrollment 网页

（5）在 Entity Type 中选择类型，单击"Continue"按钮。以上这几步是申请付费开发者账号的重要步骤，剩下的步骤就需要根据开发者的需求填写了。这样就不再做介绍了。从申请一个付费的开发者账号开始到激活需要 3～5 天，这段时间需要开发者留心你的与苹果账号关联的邮箱，苹果公司会为此邮箱发一些邮件。

iOS Developer Program、Mac Developer Program 和 Safari Developer Program 将合并为 Apple Developer Program，只需要付单个费用就可以享受 3 个计划的特权。老开发者需要接收新的条约来升级开发者计划，以前多付的钱将以延长开发者计划期限的形式补偿。

14.3.2 申请 App ID

App ID 是一系列字符，用于唯一标识 iOS 设备中的应用程序。在发布应用程序之前，首先需要做的就是创建一个 App ID，每一个被发布的应用程序都必须有一个唯一标识的 App ID。申请 App ID 的具体步骤如下。

（1）在 Safari 的搜索栏中输入网址（https://developer.apple.com），按下"Enter"键，进入开发者网站。在此网站中选择"Member Center"选项，进入输入账号和密码的网页，输入账号和密码后，单击"Sign in"按钮，进入成员中心的网页，如图 14-17 所示。

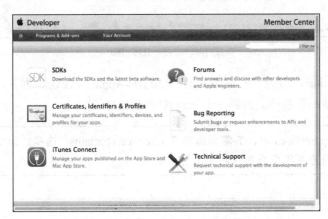

图 14-17　成员中心的网页

（2）在此网页中选择"Certificates,Identifiers&Profiles"选项，进入到 Certificates,Identifiers&Profiles-App Developer 网页，如图 14-18 所示。

图 14-18　Certificates,Identifiers &Profiles-App Developer 网页

（3）选择"Identifiers"选项，进入 iOS App IDs-Apple Developer 网页，实现一个 App ID 的创建。

（4）在此网页中，选择蓝色的 Register your App ID 字符串，进入 Register-iOS App IDs-Apple Developer 网页。在此网页中填入一些相关的内容。这些内容分为了 4 部分，分别为 App ID Description、App ID Prefix、App ID Suffix、App Services。其中，在 App ID Description 的 Name 中输入了 MyiOSApp，在 App ID Suffix 这部分内容的 Name 中输入了 www.MyiOSApp.com。在填写 App ID Suffix 这部分内容时需要特别注意，如图 14-19 所示。

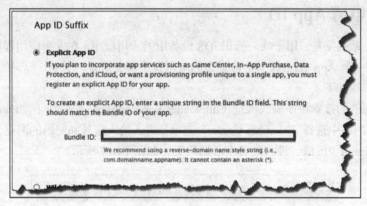

图 14-19　App ID Suffix

（5）单击"Continue"按钮，进入 Add-iOS App IDs-Apple Developer 网页。单击"Submit"按钮，之后再单击"Done"按钮。这样一个 App ID 就创建好了。

 在 App Services 中，不需要选择"Associate Domains"选项，如图 14-20 所示。不选择此项是因为在提交应用程序时不可以通过。

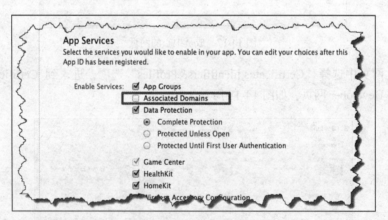

图 14-20　App Services

14.3.3　申请证书

为了防止非法设备或者是非法人员对应用程序进行发布，苹果公司提供了一些发布证书，只有拥有这些证书之后，才可以发布应用程序。本小节将讲解发布证书的申请步骤。

第 14 章 测试和发布 App

1. 生成证书签名申请

为了从 Apple 公司申请开发证书，需要生成一个证书签名申请。生成一个证书签名申请的具体步骤如下。

（1）选择菜单栏中的"前往|实用工具"命令，到"实用工具"文件夹中，如图 14-21 所示。

图 14-21 "实用工具"文件夹

（2）找到"钥匙串访问"应用程序，双击将其打开，选择菜单栏上的钥匙串访问，如图 14-22 所示。

（3）选择"证书助理|从证书发布机构请求证书…"，弹出证书助理，如图 14-23 所示。

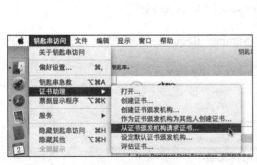

图 14-22 选择命令

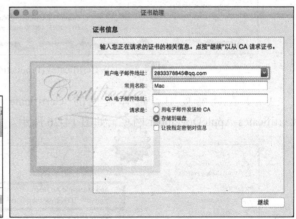

图 14-23 证书助理

（4）输入用户电子邮件地址、选择存储到磁盘复选框，单击"继续"按钮，弹出"存储位置"对话框，如图 14-24 所示。

在"存储位置"对话框中，"存储为"以及"位置"都有默认的选项。

337

图14-24 "存储位置"对话框

（5）设置"位置"为桌面，单击"存储"按钮，就在桌面生成了一个证书签名申请，并回到"证书助理"对话框，告诉开发者证书请求已经在磁盘上创建了，单击"完成"按钮即可。

2. 申请发布证书

以下是申请发布证书的具体步骤。

（1）如果开发者还处于创建 App ID 的网页中，可以选择此网页右侧的 Certificates 的"Production"选项，进入 iOS Certificates (Production)-Apple Developer 网页，如图 14-25 所示。

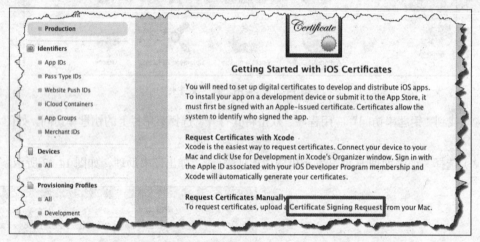

图 14-25　iOS Certificates (Production)-Apple Developer 网页

（2）在此网页中，选择蓝色的 Certificate Signing Request 字符串，进入 Add-iOS Certificates-AppleDeveloper 网页，如图 14-26 所示。

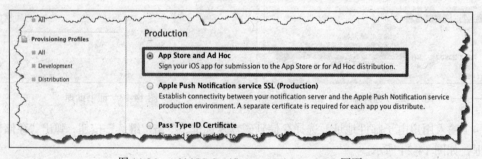

图 14-26　Add-iOS Certificates-AppleDeveloper 网页

（3）选择"App Store and Ad Hoc"单选按钮。单击"Continue"按钮，进入到"Request"选项卡的网页中，如图 14-27 所示。

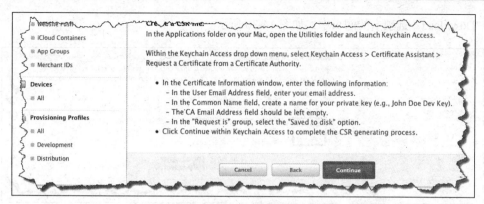

图 14-27 "Request"选项卡的网页中

（4）单击"Continue"按钮，进入到"Generate"选项卡的网页中，如图 14-28 所示。

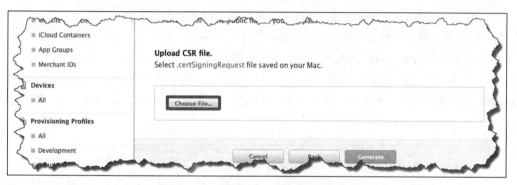

图 14-28 "Generate"选项卡的网页中

（5）选择"Choose File…"按钮后，弹出选择文件对话框，如图 14-29 所示。

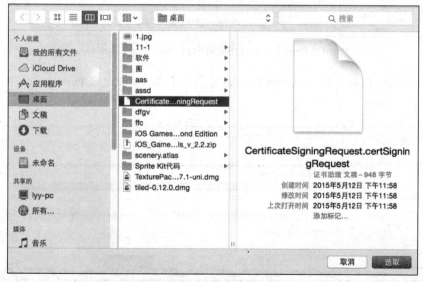

图 14-29 选择文件对话框

（6）选择在桌面的 CertificateSigningRequest.certSigningRequest 文件，此文件就是生成的证书签名申请（在第 1 章中讲解过此文件的申请）。单击"选取"按钮，再单击"Generate"按钮，进入到"Download"选项卡的网页中，如图 14-30 所示。

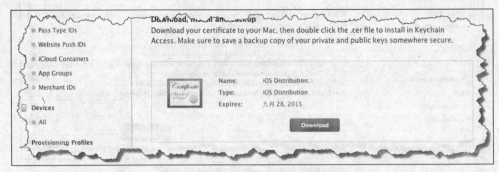

图 14-30　Download 选项卡的网页中

（7）单击"Download"按钮，对生成的证书进行下载。下载后的证书名为 ios_distribution.cer。

（8）双击下载的 ios_distribution.cer 证书，将此证书添加到钥匙串中。

3. 申请证书对应的配置文件（Provision File）

以下是申请发布证书对应的配置文件的具体步骤。

（1）如果开发者还处于下载证书的网页，可以选择此网页右侧的 Provisioning Profiles 的 "Distribution" 选项，进入 iOS Provisioning Profiles (Distribution)-Apple Developer 网页，如图 14-31 所示。

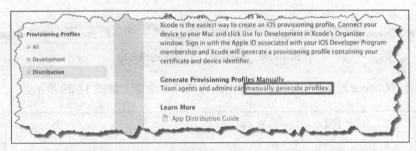

图 14-31　iOS Provisioning Profiles (Distribution)-Apple Developer 网页

（2）选择蓝色的 manually generate profiles 字符串，进入 Add-iOS Provisioning Profile-Apple Developer 网页，如图 14-32 所示。

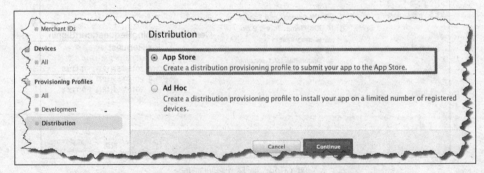

图 14-32　Add-iOS Provisioning Profile-Apple Developer 网页

（3）选择"App Store"，单击"Continue"按钮，进入到"Configure"选项卡的网页中，如图 14-33 所示。

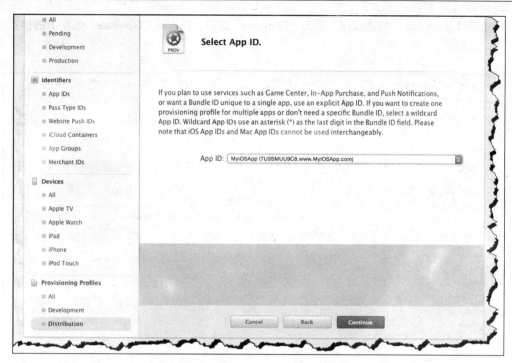

图 14-33 "Configure" 选项卡的网页

（4）选择"App ID"，单击"Continue"按钮，进入到"Configure"选项卡的选择证书的网页中，如图 14-34 所示。

图 14-34 "Configure" 选项卡的选择证书的网页

（5）选择某一个证书单选按钮，单击"Continue"按钮，进入到"Generate"选项卡的网页中，如图 14-35 所示。

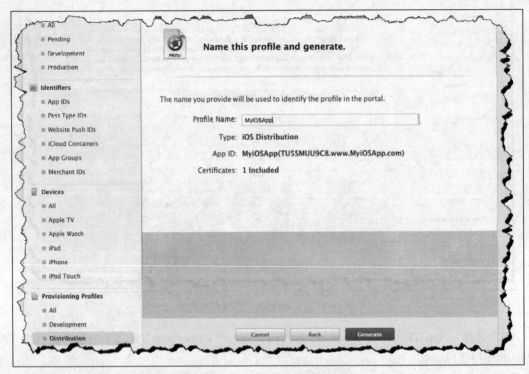

图 14-35 "Generate"选项卡的网页

（6）输入配置的文件名，单击"Generate"按钮，进入到"Download"选项卡的网页中，如图 14-36 所示。

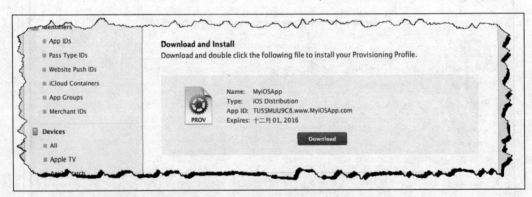

图 14-36 "Download"选项卡的网页

（7）选择"Download"按钮，对 Provisioning Profiles 进行下载。下载后的文件为 MyiOSApp.mobileprovision。

（8）双击下载的 MyiOSApp.mobileprovision 文件，将此文件添加到 Devices 的 Provisioning Profiles 中。

14.3.4 添加图标

在一个应用程序中，图标是很关键的，用户第一眼看到的就是它，所以为应用程序添加图标是不可缺少的一步。为应用程序添加图标其实我们在前面的章节中已经讲解过了。如果我们要发布在 14.2 节中的应用程序即 MyUnitTets，首先需要为其添加图标，添加图标的具体操作步骤如下。

（1）右键单击项目文件夹中的任意位置，弹出快捷菜单，选择 Add Files to "HelloiOS"…命令，弹出选择文件对话框，如图 14-37 所示。

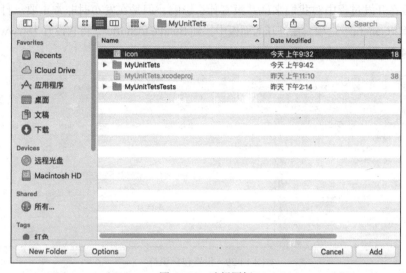

图 14-37　选择图标

（2）选择需要添加的图像即 icon.png，单击"Add"按钮，实现图像的添加。添加后的图像就会显示在项目文件夹中。

（3）单击打开项目文件夹中的 Info.plist 文件，在其中添加一项 Icon files，在其下拉菜单的 Value 中输入添加到项目文件夹中的图片即 icon.png，如图 14-38 所示。

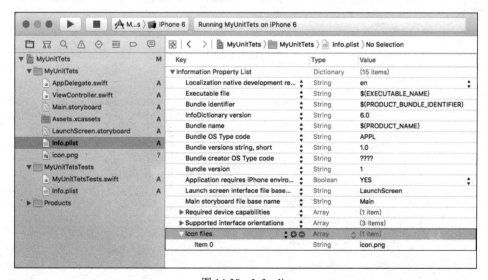

图 14-38　Info.plist

14.3.5 调整 Application Target 属性

在编程过程中，有些应用的属性并不会给我们的开发带来麻烦，也不会有什么影响。但是如果应用要进行发布，这些属性的设置就会影响到发布，所以需要开发者在发布应用程序之前，需要对这些属性进行正确的设置。在这些需要设置的属性中，注意包括 3 个：Bundle Identifier、Deployment Target 以及 Code Signing Identity。以下就是对这三个属性的设置。

1. 包标识符（Bundle Identifier）

包标识符在开发过程中对我们来说并没有什么影响，但是在发布时非常重要。打开项目的目标窗口，选择"General"选项，在打开的面板中找到 Bundle Identifier，将它设置为 www.MyiOSApp.com，如图 14-39 所示。

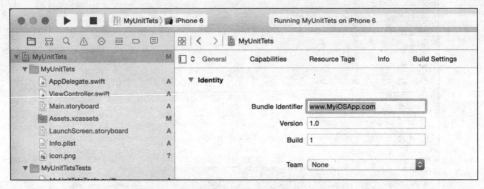

图 14-39　设置包标识符

在 General 面板中的 Bundle Identifier 设置了包标识符后，还需要选择 Info 选项，在打开的 Info 面板中将 Bundle Identifier 也设置为 www.MyiOSApp.com，如图 14-40 所示。

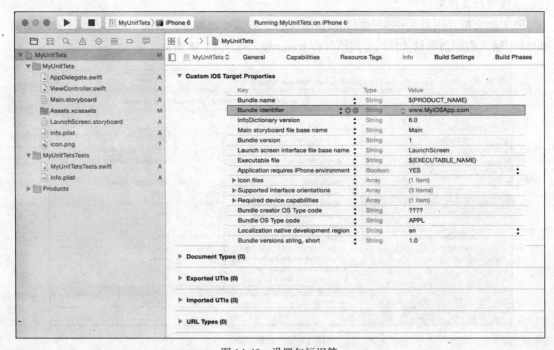

图 14-40　设置包标识符

2. 部署目标（Deployment Target）

选择部署目标是开发应用之前需要考虑的问题，这关系到应用所能够支持的操作系统。对于部署目标的选择，也需要在目标窗口的 General 面板中实现。

3. 代码签名标识符（Code Signing Identity）

在目标窗口中选择 "Build Settings" 选项，在打开的面板中找到 Code Signing 的 Code Signing Identity，选择其中的 Release，将代码签名改为 iOS Distribution:(申请的证书名称)，如图 14-41 所示。

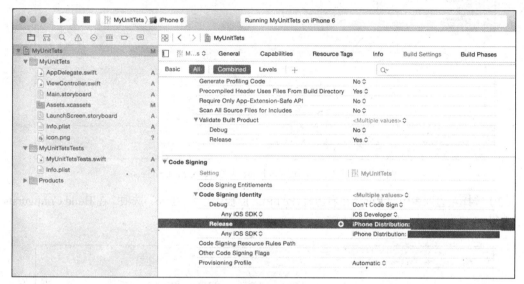

图 14-41　设置代码签名标识符

14.3.6　为发布进行编译

以下就是发布编译的具体操作步骤。

（1）选择工具栏上的 Product|Scheme|Edit Scheme…命令，打开"编辑 Scheme"对话框，如图 14-42 所示。

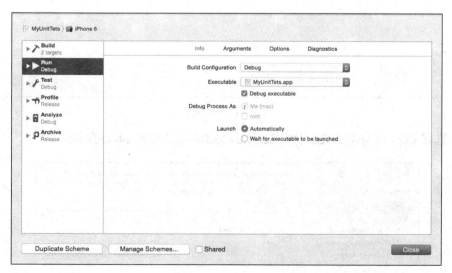

图 14-42　"编辑 Scheme"对话框

（2）选择"Duplicate Scheme"按钮，复制一份新的 Scheme 为 Copy of MyUnitTets，如图 14-43 所示。

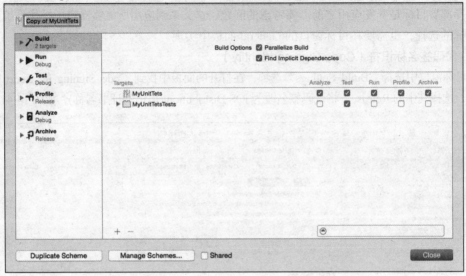

图 14-43　复制一份新的 Scheme 为 Copy of MyUnitTets。

（3）选择左边列表中的 Run，在右边打开的 Run 面板中选择"Info"选项，在 Build Configuration 下拉框中选择 Release，如图 14-44 所示。

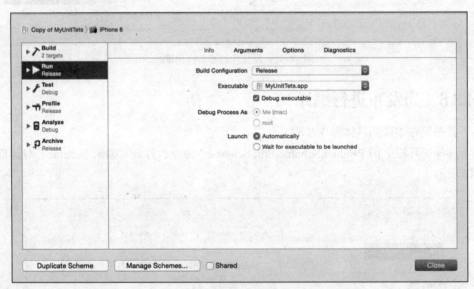

图 14-44　Run 面板

（4）选择 Copy of MyUnitTets 中的 Generic iOS Device，如图 14-45 所示。

图 14-45　设置运行设备

（5）选择"Product|Build For|Runing"命令，就可以编译了。在发布编辑成功后，打开日志导航面板，会看到刚刚执行的 Copy of MyUnitTets 已经成功了，如图 14-46 所示。

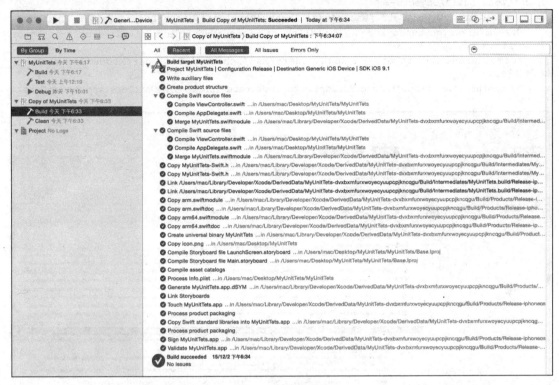

图 14-46　编辑成功

 如果编译有错误或者警告，必须要解决，忽略警告往往也会导致发布失败。

14.3.7　应用打包

在上传应用程序到 App Store 之前，我们需要将编译的二进制文件和资源文件打成压缩包，压缩的格式为 zip。以下是打包应用程序的具体步骤。

（1）找到编译的二进制文件和资源文件，这个是很重要的也是不太好找的。我们首先需要回到图 14-46 所示的编译日志中，在其中找到 Create universal binary MyUnitTets…这个内容，然后将它展开，如图 14-47 所示。

展开后的内容如下：

```
CreateUniversalBinary /Users/mac/Library/Developer/Xcode/DerivedData/MyUnitTets-
dvxbxmfurxwoyecyuupcpjkncqgu/Build/Products/Release-iphoneos/MyUnitTets.app/MyUnit
Tets normal armv7\ arm64
    cd /Users/mac/Desktop/MyUnitTets
    export
PATH="/Applications/Xcode.app/Contents/Developer/Platforms/iPhoneOS.platform/Devel
oper/usr/bin:/Applications/Xcode.app/Contents/De
veloper/usr/bin:/usr/local/bin:/usr/bin:/bin:/usr/sbin:/sbin"
    /Applications/Xcode.app/Contents/Developer/Toolchains/XcodeDefault.xctoolchain/
```

```
usr/bin/lipocreate
    /Users/mac/Library/Developer/Xcode/DerivedData/MyUnitTets-
    dvxbxmfurxwoyecyuupcpjkncqgu/Build/Intermediates/MyUnitTets.build/Release-iphoneos
/MyUnitTets.build/Objects-
    normal/armv7/MyUnitTets /Users/mac/Library/Developer/Xcode/DerivedData/MyUnitTets-
    dvxbxmfurxwoyecyuupcpjkncqgu/Build/Intermediates/MyUnitTets.build/Release-iphoneos
/MyUnitTets.build/Objects-
    normal/arm64/MyUnitTets -output /Users/mac/Library/Developer/Xcode/DerivedData/
MyUnitTets-
    dvxbxmfurxwoyecyuupcpjkncqgu/Build/Products/Release-iphoneos/MyUnitTets.app/MyUnitTets
```

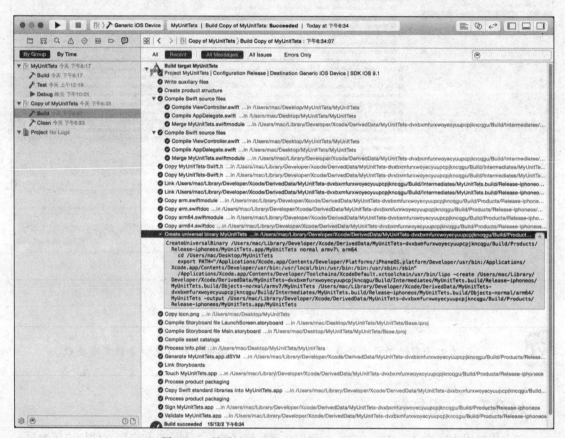

图 14-47　展开 Create universal binary MyUnitTets…

-output 之后就是应用编译之后的位置了，其中 /Users/mac/Library/Developer/Xcode/DerivedData/MyUnitTets-dvxbxmfurxwoyecyuupcpjkncqgu/Build/Products/Release-iphoneos/ 是编译之后生成的目录。

（2）选择菜单栏中的"前往|前往文件夹…"命令，弹出"前往文件夹："对话框，如图 14-48 所示。

图 14-48　前往指定文件夹

第 14 章 测试和发布 App

（3）在文本框中输入/Users/mac/Library/Developer/Xcode/DerivedData/MyUnitTets-dvxbxmfurxwoyecyuupcpjkncqgu/Build/Products/Release-iphoneos/，单击"前往"按钮，前往指定的文件夹，如图 14-49所示。

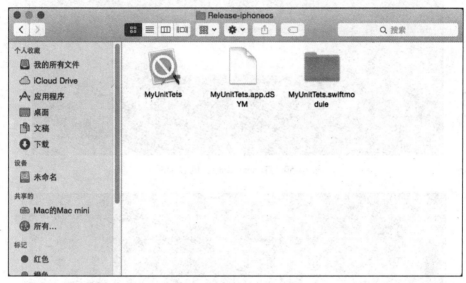

图 14-49　Release-iphoneos 文件夹

（4）右键单击 MyUnitTets.app 包文件，在弹出的快捷菜单中选择"压缩"MyUnitTets""选项。这样就会在当前目录下产生 MyUnitTets.zip 压缩文件，请将此文件保存好，我们会在后面使用到。

14.4　进行发布

上一节中的准备工作做好后，就是对应用程序进行发布了。本节将讲解进行发布时的一些操作。

14.4.1　创建应用及基本信息

要提交一个应用程序，首先需要在 iTunes Connect 的网页中对这个应用程序进行创建和填写一些基本信息。以下是它的具体操作步骤。

（1）在 Safari 的搜索栏中输入网址（http://itunesconnect.apple.com），按下回车键，进入到 iTunes Connect 的登录网页，如图 14-50 所示。

（2）输入苹果账号和密码后，单击跳转按钮进入 iTunes Connect 的网页，如图 14-51 所示。

　　如果开发者是第一次使用 iTunes Connect，会弹出一个许可协议网页。

（3）选择"我的 App"，进入"我的 App"网页，在这里面放置了一些上传的应用程序。如果开发者是第一次使用，就是空的，如图 14-52 所示。

349

图 14-50　iTunes Connect 的登录网页

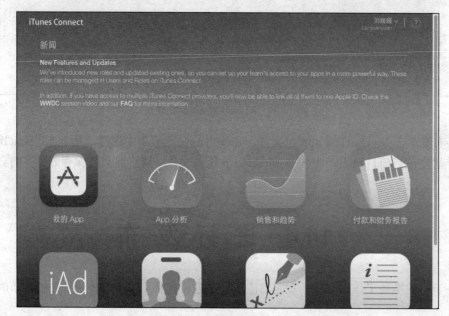

图 14-51　iTunes Connect 的网页

图 14-52　"我的 App"网页

（4）选择"+"按钮，弹出下拉菜单，如图 14-53 所示。

图 14-53　选择"+"按钮

 如果在开发者的"我的 App"中存在一些应用程序，那么在单击"+"按钮后，出现的下拉菜单如图 14-54 所示。选择其中的"新建 App"创建一个新的 iOS 应用程序。

图 14-54　选择"+"按钮

（5）在弹出的下拉菜单中选择"新建 App"选项，弹出"新建 App"对话框，在此对话框中输入相应的内容，如图 14-55 所示。

图 14-55　"新建 iOS App"对话框

 名称必须是 App Store 未使用的，开发者填入的时候，系统会检查。套装 ID 中输入应用程序标识符，它是在 iOS 开发中心的配置门户创建 App ID 时生成的。如果在配置门户网站中有，就可以在下拉列表中找到。SKU 是应用程序编号，具有唯一性。

（6）单击"创建"按钮，进入到此应用的信息网页，如图14-56所示。

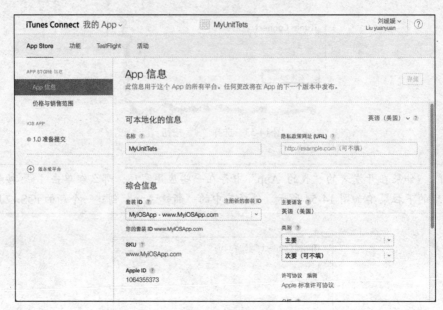

图14-56　信息网页

14.4.2　应用定价信息

很多的开发者并不希望自己上传的应用程序是免费的，此时就可以为应用程序定价。在应用程序的信息网页中，选择价格和销售范围选项，进入到价格和销售范围的网页中，如图14-57所示。在价格时间表中，可以对价格以及时间进行设定。

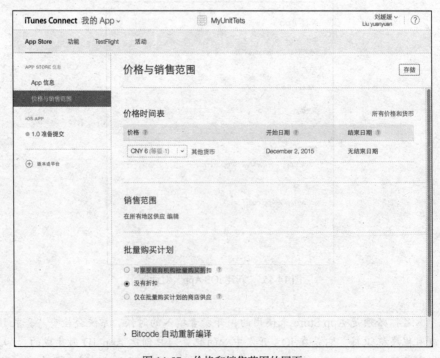

图14-57　价格和销售范围的网页

14.4.3 上传应用

上传应用程序到 App Store 上一般有两个方法：Application Loader 和 Archives，本节将对这两个方法一一进行讲解。

1. Application Loader

Application Loader 是上传应用程序的一个工具。以下是使用此工具上传 MyUnitTets 应用程序的具体步骤：

（1）右键单击 Xcode 选择"Open Developer Tool"选项，会看到 Application Loader，选择 Application Loader，会弹出"登录"对话框，如图 14-58 所示。

图 14-58　"登录"对话框

当开发者第一次使用 Application Loader 程序，会看到"Application Loader 软件许可协议"对话框，如图 14-59 所示。单击此对话框中的"同意"按钮，就会进入"登录"对话框。

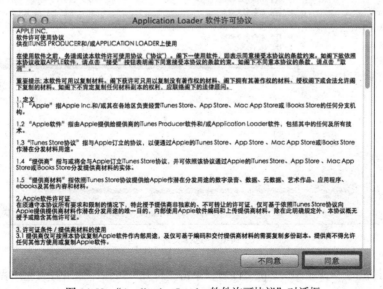

图 14-59　"Application Loader 软件许可协议"对话框

（2）输入苹果账号和密码后，单击"登录"按钮，会进入"模板选取器"对话框，如图14-60所示。

图 14-60　"模板选取器"对话框

（3）选择交付您的应用程序图标，弹出选择文件对话框，如图14-61所示。

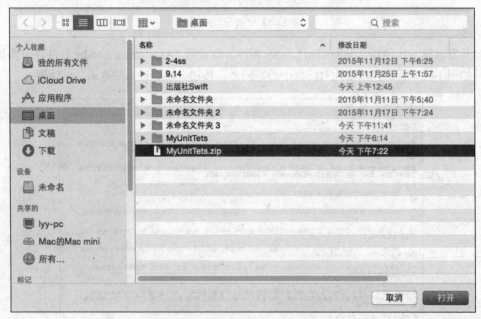

图 14-61　选择文件对话框

（4）选择打包的 MyUnitTets.zip 文件后，单击"打开"按钮，弹出有关应用程序信息的对话框，如图 14-62 所示。

图 14-62　有关应用程序信息的对话框

（5）单击"下一步"按钮，弹出"正在添加应用程序…"对话框，如图 14-63 所示。

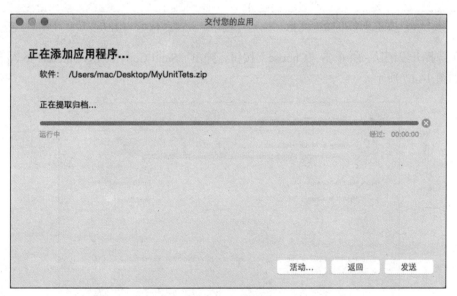

图 14-63　"正在添加应用程序…"对话框

（6）当添加完成后，会出现如添加完成的对话框。

2．Archives

Archives 是 Xcode 现在推行使用的上传方式，使用 Archives 上传应用程序可以将为发布进行编译以及应用打包跳过。以下是使用 Archives 上传应用程序的具体操作步骤。

（1）选择"Product|Archive"命令，打开"Archives"对话框，如图 14-64 所示。

（2）单击"Upload to App Store…"按钮后，弹出获取开发团队的对话框，如图 14-65 所示。一段时间后，此对话框将变为选择开发团队对话框，如图 14-66 所示。

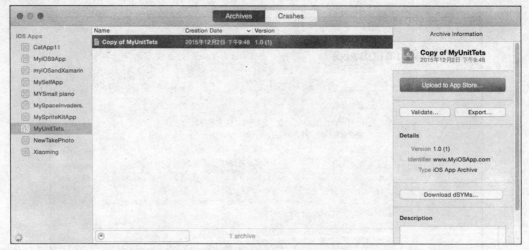

图 14-64 "Archives"对话框

图 14-65 获取开发团队的对话框

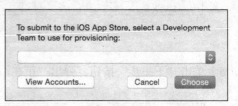

图 14-66 选择开发团队对话框

（3）选择开发团队，并单击"Choose"按钮，弹出"Send Copy of MyUnitTets to Apple:"对话框，如图 14-67 所示。

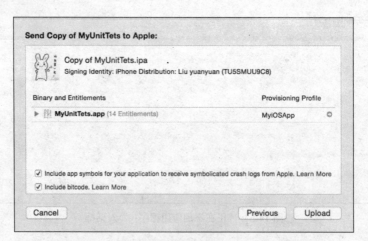

图 14-67 "Send Copy of MyUnitTets to Apple:"对话框

（4）单击"Upload"按钮后，弹出"Preparing archive for submission"对话框，一段时间后此对话框变为了"Submitting archive to the iOS App Store:"对话框，如图 14-68 所示。

（5）提交完成后，弹出"Archive upload completed with warnings:"对话框，如图 14-69 所示。

在图 14-69 中出现的警告不会影响程序的提交。

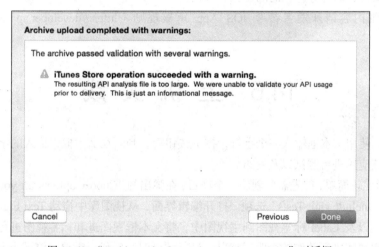

图 14-68 "Submitting archive to the iOS App Store:" 对话框

图 14-69 "Archive upload completed with warnings:" 对话框

14.5 常见审核不通过的原因

App Store 的审核是很严格的。苹果官方提供了一份详细的审核指南，包括 22 大项，100 多小项的拒绝上线条款，并且条款在不断增加，此外，还包括一些模棱两可的条例，稍微有"闪失"，应用就有可能被拒绝。以下就应用常见的被拒原因。

1. 功能问题

在开发应用前，开发者一定要对产品进行认真的测试。如果开发者的应用程序存在崩溃、错误、使用非公开 API、有意提供隐蔽或虚假功能，无疑是被审核小组拒绝的对象。

2. 界面问题

苹果审核指南规定开发者的应用必须遵守《iOS 用户界面指导原则》中解释的所有条款和条件，如果违反这些规则，就会拒绝上线。

3. 商业问题

在发布应用时，首先不可以侵犯苹果公司的商标和版权，也是就在应用中不能出现苹果的图标，不能使用苹果公司现在产品的类似名称为应用命名。

4. 不当内容

一些不合适、不合法的内容，苹果公司也不允许上架，如涉嫌诽谤、侮辱、狭隘内容或打击个人或团体的应用，展示人或动物被杀戮、致残、枪击、针刺或其他伤害的真实图片的应用、描述暴力或虐待儿童的应用，含有韦氏词典中定义的色情素材的应用等等。

Steve Jobs非常在意App Store的色情内容。他曾说：如果开发者想要色情内容，那么就用Android手机吧。

5. 其他

除以上这些内容被拒外，还有位置、推送通知、iAD相关的、媒体内容、购买与流通、抓取和聚合、设备损害、暴力等存在的问题也会被拒。

说明：详细内容请开发者参考 iOS App 审核规则（https://developer.apple.com/app-store/review/）。

14.6 上机实践

编写代码，使用文本框输入一个字符，按下按钮后，判断在文本框中输入的字符是元音还是辅音。并且对该应用进行测试以及发布。

分析：本题比较简单，首先需要创建一个项目，在弹出的"Choose options for your new project:"对话框只选择"Include Unit Tests"选项。打开编辑界面，从视图库中拖动Text Field文件框视图、Button按钮视图以及Label标签视图到主视图中，将文本框视图进和标签视图进行插座变量的声明关联，将按钮视图进行动作的声明和关联。进行测试时写的代码需要在测试类文件中完成。

第 15 章
综合案例：打砖块游戏

打砖块的游戏想必各位都不会陌生，毕竟很多人的童年时光都是由它陪伴的。它是一款休闲游戏，非常适合老人和小孩玩。世界上第一款打砖块游戏为 Breakout，它在 1976 年由英宝格公司发行。本章将讲解如何制作这样一款打砖块游戏。

15.1 功能介绍

在打砖块游戏中主要有 3 个元素：砖块、弹板（水平棒子）以及球。玩家操作屏幕上的弹板，让一颗不断弹来弹去的球在撞击作为过关目标消去的砖块的途中不会落到屏幕底下。球碰到砖块、弹板与底下以外的三边会反弹，落到底下会失去一颗球，把砖块全部消去就可以过关了。在我们制作的打砖块游戏中会使用到 3 个界面，即 3 个主视图，分别为主界面、游戏界面以及游戏介绍界面。以下就是对这 3 个界面和它们功能的介绍。

1. 主界面

主界面是一个基本的界面，用来帮助玩家进行操作，如图 15-1 所示。当玩家按下"进入游戏"按钮后，会进入到游戏的界面；当开发者按下"进入介绍"按钮后，会进入到游戏介绍的界面。

图 15-1 主界面

2. 游戏界面

游戏界面是游戏中的主要界面，此界面用来实现打砖块的游戏。其中，会出现砖块、弹板以及球，如图 15-2 所示。

3. 游戏介绍界面

游戏介绍界面听到这个名称就应该知道该界面是介绍游戏相关信息的地方，如图 15-3 所示。

图 15-2　游戏界面

图 15-3　游戏介绍界面

15.2　界面设计

对打砖块的功能做了简单的了解后，就来对此游戏进行实现。本节首先来对打砖块的游戏界面进行设计。

15.2.1　准备工作

本节将讲解在制作打砖块游戏之前需要完成的两项内容：一项是创建项目，另一项是添加图像。

1. 创建项目

在制作游戏之前，首先，需要创建一个 Single View Application 模板类型的项目，将其命名为 Arkanoid。

2. 添加图像

添加图像 coin.png、ball.png、ballBoard.png、brick.png 和 Background.png 到创建项目的项目文件夹中，如图 15-4 所示。

第 15 章 综合案例：打砖块游戏

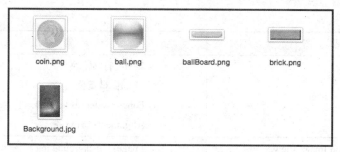

图 15-4　添加的图像

15.2.2　主界面设计

要设计游戏的主界面，首先，需要从视图对象库中拖动 View Controller 视图控制器（视图控制器的功能就是对 iOS 应用程序的视图进行管理。前面所讲的内容中都是单视图应用程序，也就是只有一个视图控制器的应用程序）到画布中。然后对此视图控制器的主视图进行设计，效果如图 15-5 所示。

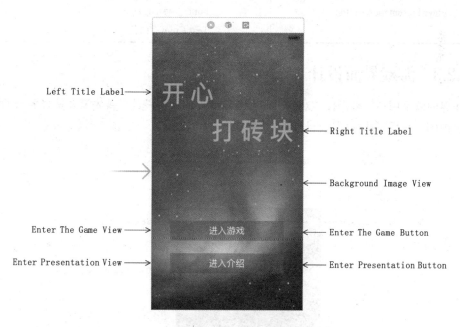

图 15-5　主界面的效果

对主视图中视图的设置如表 15-1 所示。

表 15-1　　　　　　　　　　　　　　属 性 设 置

视　　图	属　　性
View Controller	Size：iPhone 4-inch 选择 Is Initial View Controller 复选框
Left Title Label	Text：开 心 Color：橘黄色 Font：System Bold 50.0 Alignment：左对齐

361

续表

视 图	属 性
Right Title Label	Text：打 砖 块 Color：橘黄色 Font：System Bold 50.0 Alignment：右对齐
Background Image View	Image：Background.jpg
Enter The Game View	Alpha：0.5
Enter The Game Button	Title：进入游戏 Font：System 19.0 Text Color：白色
Enter Presentation View	Alpha：0.5
Enter Presentation Button	Title：进入介绍 Font：System 19.0 Text Color：白色

15.2.3 游戏界面设计

游戏界面就是用户用来操作游戏的界面。要对此界面进行设计，首先需要选择原有的视图控制器的主视图，然后对此视图进行设计，效果如图15-6所示。

图 15-6 游戏界面

对主视图中视图的设置如表15-2所示。

第 15 章 综合案例：打砖块游戏

表 15-2　　　　　　　　　　　　　属 性 设 置

视　图	属　性
View Controller	Size：iPhone 4-inch
Level Title Label	Text：游戏等级： Font：System 13.0
Level Label	Text：1 声明和关联插座变量 levelLabel
Score Title Label	Text：当前得分： Font：System 13.0
Score Label	Text：0 声明和关联插座变量 scoreLabel
Background Image View	Image：Background.jpg
Start Button	Title：开始游戏 Font：System Bold 19.0 Text Color：橘黄色 声明和关联插座变量 button 声明和关联动作 playGame
Back View	Alpha：0.5
Back Button	Title：返回主界面 Font：System 19.0 Text Color：白色

15.2.4　游戏介绍界面设计

要对游戏介绍界面进行设计，首先需要再一次地从视图对象库中拖动 View Controller 视图控制器到画布中，然后对此控制器的主视图进行设计，效果如图 15-7 所示。

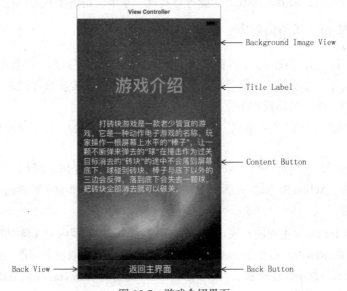

图 15-7　游戏介绍界面

363

对主视图中视图的设置如表15-3所示。

表15-3 属性设置

视图	属性
View Controller	Size：iPhone 4-inch
Background Image View	Image：Background.jpg
Title Label	Text：游戏介绍 Color：橘黄色 Font：System Bold 38.0 Alignment：居中
Content Button	Text：打砖块游戏是一款老少皆宜的游戏。它是一种动作电子游戏的名称。玩家操作一根屏幕上水平的"棒子"，让一颗不断弹来弹去的"球"在撞击作为过关目标消去的"砖块"的途中不会落到屏幕底下。球碰到砖块、棒子与底下以外的三边会反弹，落到底下会失去一颗球，把砖块全部消去就可以破关。 Alignment：左对齐 Lines：8
Back View	Alpha：0.5
Back Button	Title：返回主界面 Font：System 19.0 Text Color：白色

15.3 功能实现

对界面设计好以后，需要对游戏的功能进行实现。本节将讲解游戏的功能实现。

15.3.1 界面之间的切换

在上一节中，我们对游戏的3个界面进行了设计。在运行程序以后，只会对主界面进行显示，而其他的两个界面是不显示的。如果想要显示这两个界面，就需要实现界面之间的切换。以下是主界面和游戏界面切换的具体操作步骤。

（1）按住Ctrl键，拖动"进入游戏"按钮到游戏界面中，此时会出现一条蓝色的线，如图15-8所示。

（2）松开鼠标后，会出现一个"Action Segue"对话框，如图15-9所示。

在图中出现的"Action Segue"对话框中有5种类型，这5种类型实现界面跳转功能。以下是这5种类型的介绍。

- Show：在master（主视图）或detail（详细信息）区域展现内容（典型的如iPad的用户界面，左侧是master，右侧是detail），究竟是在哪个区要取决于屏幕上的内容，如果不分master/detail，就单纯地把新的内容Push（拖）到当前view controller stack的顶部。
- Show Detail：类似于Show类型，在detail区域展现内容。

第 15 章 综合案例：打砖块游戏

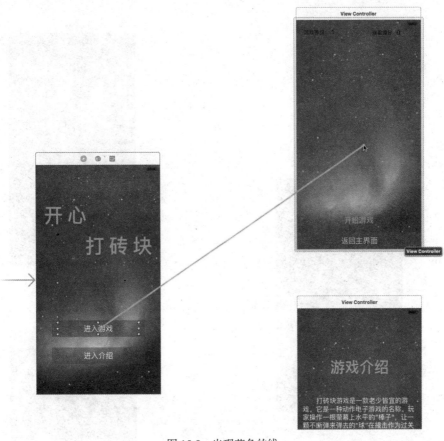

图 15-8 出现蓝色的线

图 15-9 "Action Segue" 对话框

- Present Modally：模态展示内容。
- Present As Popover：在当前的视图上出现一个小窗口来展示内容。
- Custom：自定义跳转方式。

在图 15-9 中除了有以上提到的 5 种跳转方式外，还有被废弃的两种：这两种方式会在以后的开发中逐渐消失。这两种方式的介绍如下：

- Push：一般是需要头一个界面是个 Navigation Controller 导航控制器。
- Modal：模态转换，一般用在视图的切换中。

（3）选择 "Action Segue" 对话框中的 Present Modally。这时就会新增一个箭头，如图 15-10 所示。

在图中这时会出现两个箭头。左边的箭头是一直存在的，它是开始箭头，右边的箭头就是 Segue 箭头，这时这个箭头表示视图的切换。此时运行程序，会看到如图 15-11 所示的效果。当开发者按下 "进入游戏" 按钮后，界面就会切换为游戏界面，如图 15-12 所示。

365

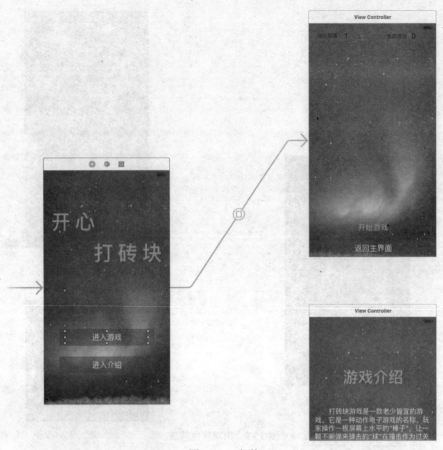

图 15-10 切换

图 15-11 初始状态

图 15-12 游戏界面

在界面切换过程中，为了让这一过程不枯燥，iOS 提供了过渡动画效果。这个过渡动画效果是可以进行设置的。选择产生的 Segue 箭头，使箭头呈蓝色，蓝色表示此箭头正在编辑。选择属性查看器，在其中找到 Presentation 属性。此属性就是对过渡动画效果进行设置的，如图 15-13 所示。

图 15-13　设置过渡动画

以上只是将主界面切换到游戏界面，在此游戏中需要将所有的界面进行相互切换，具体的切换关系如表 15-4 所示。

表 15-4　　　　　　　　　　　　　　　界 面 切 换

视　　图	切　换　到
"进入游戏"按钮	游戏界面
"进入介绍"按钮	游戏介绍界面
游戏界面中的"返回主界面"按钮	主界面
游戏介绍界面中的"返回主界面"按钮	主界面

它们的切换步骤都是一样的。最后画布中的效果如图 15-14 所示。

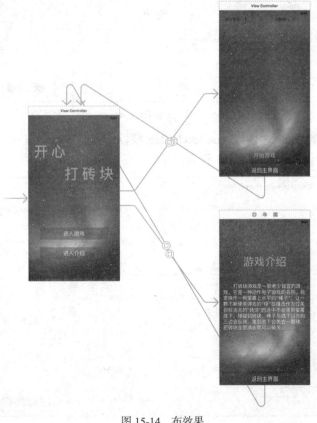

图 15-14　布效果

此时运行程序，会看到游戏的主界面。当开发者按下主界面中的"进入游戏"按钮，主界面就会切换为游戏界面，当开发者按下游戏界面中的"返回主界面"按钮，此时游戏界面就会切换为主界面；当开发者按下主界面中的进入"进入介绍"按钮，主界面就会切换为游戏介绍界面，当开发者轻拍游戏介绍界面中的"返回主界面"按钮，此时游戏介绍界面就会切换为主界面。

15.3.2 打砖块游戏功能

以下就是打砖块游戏功能的实现。

1. 操作弹板

在很多的打砖块游戏中，弹板的位置都是由玩家控制的。在我们的打砖块游戏中，玩家可以通过手指的触摸来操作弹板的位置，以下就是这一功能实现的具体操作步骤。

（1）选择菜单栏中的"File|New|File…"命令，或者是按下键盘上的 Command+N 键，弹出 "Choose a template for your new file:"对话框，如图 15-15 所示。

图 15-15 "Choose a template for your new file:"对话框

（2）选择 iOS 下的 Source 中的 Cocoa Touch Class 模板，单击"Next"按钮，弹出"Choose options for your new file:"对话框，如图 15-16 所示。

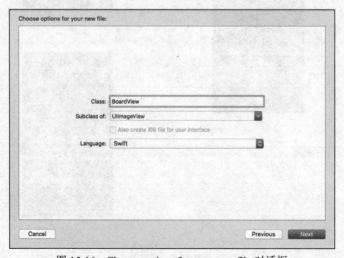

图 15-16 Choose options for your new file:对话框

（3）将 Class 设置为 BoardView，表示文件名和类名为 BoardView。将 Subclass of 设置为 UIImageView，表示创建的新类基于的类为 UIImageView。单击"Next"按钮，弹出保存文件对话框，如图 15-17 所示。

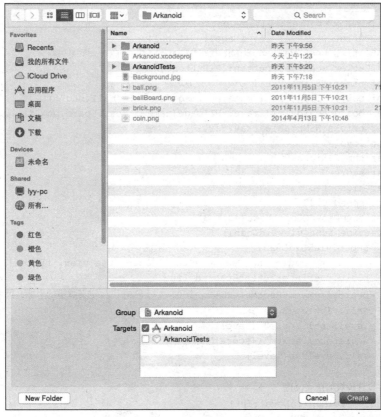

图 15-17 保存文件对话框

（4）打开 BoardView.swift 文件，编写代码，实现弹板的移动，代码如下。

```
01  import UIKit
02  class BoardView: UIImageView {
03      var startLocation:CGPoint?=nil
04      //手指刚放在屏幕上时调用
05      override func touchesBegan(touches: Set<UITouch>, withEvent event: UIEvent?) {
06          let mytouch=touches as NSSet
07          startLocation=mytouch.anyObject()?.locationInView(self)   //获取手指的位置
08          self.superview?.bringSubviewToFront(self)
09      }
10      //手指在屏幕上移动时调用
11      override func touchesMoved(touches: Set<UITouch>, withEvent event: UIEvent?) {
12          let mytouch=touches as NSSet
13          let pt:CGPoint=(mytouch.anyObject()?.locationInView(self))!  //获取手指的位置
14          var frame=self.frame
15          frame.origin.x = frame.origin.x + (pt.x - startLocation!.x )
16          self.frame=frame
17      }
18  }
```

2. 实现打砖块

打开 ViewController.swift 文件，编写代码，实现游戏中砖块的显示以及打击砖块的功能，代码如下。

```
01  import UIKit
02  class ViewController: UIViewController {
03      @IBOutlet weak var levelLabel: UILabel!
04      @IBOutlet weak var scoreLabel: UILabel!
05      @IBOutlet weak var button: UIButton!
06      var timer:NSTimer?=nil
07      var ball=UIImageView(image: UIImage(named: "ball.png"))
08      var board=BoardView(image: UIImage(named: "ballBoard.png"))
09      var bricks:NSMutableArray?=nil
10      var level=1
11      var numOfBricks=0
12      var score=0
13      var highest=0
14      var speed=0.03
15      var moveDis=CGPointMake(-3, -3)
16      override func viewDidLoad() {
17          super.viewDidLoad()
18          // Do any additional setup after loading the view, typically from a nib.
19          board.userInteractionEnabled=true
20          board.frame=CGRectMake(160, 360, 48, 10)   //定义弹板的坐标，尺寸
21          self.view.addSubview(board)
22          levelLabel.text="\(level)"
23          scoreLabel.text="\(score)"
24          self.levelMap(level)
25      }
26      //设置砖块的摆放位置
27      func levelMap(inLevel:Int){
28          var brick:UIImageView
29          switch(inLevel){
30          case 1:
31              bricks=NSMutableArray(capacity: 20)
32              numOfBricks=18                           //砖块数量
33              var i=0
34              //遍历
35              for(i;i<3;i++){
36                  var j=0
37                  for(j;j<6;j++){
38                      brick=UIImageView(image: UIImage(named: "brick.png"))
39                      //定义砖块图像视图开始时的坐标位置和尺寸大小
40                      brick.frame=CGRectMake(20+CGFloat(j)*44+CGFloat(j)*5,
41  40+10+15*CGFloat(i)+5*CGFloat(i), 44, 15)
42                      self.view.addSubview(brick)
43                      bricks?.addObject(brick)
44                  }
45              }
46          case 2:
47              bricks=NSMutableArray(capacity: 28)
48              numOfBricks=28
49              //遍历
```

```swift
50              for(var i=0;i<7;i++){
51                  for(var j=0;j<2;j++){
52                      brick=UIImageView(image: UIImage(named: "brick.png"))
53                      brick.frame=CGRectMake(20+CGFloat(j)*44+CGFloat(j)*5,
54   40+10+15*CGFloat(i)+5*CGFloat(i), 44, 15)
55                      self.view.addSubview(brick)
56                      bricks?.addObject(brick)
57                  }
58              }
59              //遍历
60              for(var i=0;i<7;i++){
61                  for(var j=0;j<2;j++){
62                      brick=UIImageView(image: UIImage(named: "brick.png"))
63                      brick.frame=CGRectMake(20+CGFloat(j)*44+CGFloat(j)*5+180,
64   40+10+15*CGFloat(i)+5*CGFloat(i), 44, 15)
65                      self.view.addSubview(brick)
66                      bricks?.addObject(brick)
67                  }
68              }
69          default:
70              break
71          }
72      }
73      func onTimer(){
74          let posx=ball.center.x
75          let posy=ball.center.y
76          ball.center=CGPointMake(posx + moveDis.x , posy + moveDis.y )
77          if(ball.center.x>305||ball.center.x<15){
78              moveDis.x = -moveDis.x
79          }
80          if(ball.center.y<40){
81              moveDis.y = -moveDis.y
82          }
83          let bricksCount=bricks!.count
84          for(var i=0;i<bricksCount;i++){
85              let brick:UIImageView=bricks!.objectAtIndex(i) as! UIImageView
86              if(CGRectIntersectsRect(ball.frame, brick.frame) != false &&
87   brick.superview != false){
88                  score+=100
89                  brick.removeFromSuperview()
90                  bricks?.removeObject(brick)
91                  //随机产生金币
92                  if(random()%5==0){
93                      let imageView=UIImageView(image: UIImage(named: "coin.png"))
94                      imageView.frame=CGRectMake(brick.frame.origin.x,
95   brick.frame.origin.y, 48, 48)
96                      self.view.addSubview(imageView)
97                      UIView.beginAnimations("", context: nil)
98                      UIView.setAnimationDuration(5.0)
99                      UIView.setAnimationCurve(UIViewAnimationCurve.EaseOut)
100                     imageView.frame=CGRectMake(brick.frame.origin.x, 430, 40, 40)
101                     UIView.setAnimationDelegate(self)
102                     UIView.commitAnimations()
103                 }
104                 numOfBricks--
```

```
105                  if((ball.center.y-16<brick.frame.origin.y+15 ||
106 ball.center.y+16>brick.frame.origin.y) && ball.center.x>brick.frame.origin.x &&
107 ball.center.x<brick.frame.origin.x+44){
108                      moveDis.y = -moveDis.y
109                  }else if(ball.center.y>brick.frame.origin.y &&
110 ball.center.y<brick.frame.origin.y+15 && (ball.center.x+16>brick.frame.origin.x
111 || ball.center.x-16<brick.frame.origin.x+44)){
112                      moveDis.x = -moveDis.x
113                  }else{
114                      moveDis.x = -moveDis.x
115                      moveDis.y = -moveDis.y
116                  }
117                  break
118              }
119          }
120          //判断砖块是否为0
121          if(numOfBricks==0){
122              //判断游戏是否为第2级别
123              if(level<2){
124                  //进入下一关游戏
125                  ball.removeFromSuperview()
126                  timer?.invalidate()
127                  timer=nil
128                  level++
129                  speed=speed-0.003
130                  levelLabel.text="\(level)"
131                  self.levelMap(level)
132                  //弹出警告视图
133                  let alertController = UIAlertController(title: "第2关", message:
134 "恭喜你进入第2关", preferredStyle: UIAlertControllerStyle.Alert)
135                  let action = UIAlertAction(title: "开始游戏", style: UIAlertActionStyle.
Default){
136                      (action: UIAlertAction!) -> Void in
137                      self.button.hidden=false
138                      self.ball=UIImageView(image: UIImage(named: "ball.png"))
139                  }
140                  alertController.addAction(action)
141                  dispatch_async(dispatch_get_main_queue(), {
142                      self.presentViewController(alertController, animated: true,
completion: 143      nil)
144                  })
145              }else{
146                  ball.removeFromSuperview()
147                  timer?.invalidate()
148                  timer=nil
149                  //弹出警告视图
150                  let alertController = UIAlertController(title: "K.O.",
151 message: "恭喜! 你赢了", preferredStyle: UIAlertControllerStyle.Alert)
152                  let action = UIAlertAction(title: "OK", style: UIAlertActionStyle.
Default,
153 handler: nil)
154                  alertController.addAction(action)
155                  dispatch_async(dispatch_get_main_queue(), {
156                      self.presentViewController(alertController, animated: true,
```

```
157 completion: nil)
158         })
159     }
160 }
161     //判断弹板和球是否发生了碰撞
162     if(CGRectIntersectsRect(ball.frame, board.frame)==true){
163         if(ball.center.x>board.frame.origin.x&&ball.center.x<board.frame.origin.x+48){
164             moveDis.y = -moveDis.y
165         }else {
166             moveDis.x = -moveDis.x
167             moveDis.y = -moveDis.y
168         }
169     }else{
170         if(ball.center.y>380){
171             ball.removeFromSuperview()
172             timer?.invalidate()
173             timer=nil
174             //弹出警告视图
175             let alertController = UIAlertController(title: "Game over", message:
176 "你输了,继续获取更好的成绩...", preferredStyle: UIAlertControllerStyle.Alert)
177             let action = UIAlertAction(title: "OK", style: UIAlertActionStyle.Default){
178                 (action: UIAlertAction!) -> Void in
179                 self.button.hidden=false
180                 self.ball=UIImageView(image: UIImage(named: "ball.png"))
181             }
182             alertController.addAction(action)
183             dispatch_async(dispatch_get_main_queue(), {
184                 self.presentViewController(alertController, animated: true,
185 completion: nil)
186             })
187         }
188     }
189     scoreLabel.text="\(score)"
190 }
191     //轻拍按钮,开始游戏
192     @IBAction func playGame(sender: AnyObject) {
193         button.hidden=true
194         if((timer == nil)){
195             timer=NSTimer.scheduledTimerWithTimeInterval(speed, target: self,
196 selector: "onTimer", userInfo: nil, repeats: true)           //创建定时器
197             ball.frame=CGRectMake(160, 328, 20, 20)             //设置球开始的位置
198             self.view.addSubview(ball)
199             board.frame=CGRectMake(160, 360, 48, 10)            //设置弹板开始的位置
200         }
201     }
202     override func didReceiveMemoryWarning() {
203         super.didReceiveMemoryWarning()
204         // Dispose of any resources that can be recreated.
205     }
206 }
```

此时运行程序,会打开游戏的主界面,当轻拍"进入游戏"按钮后,界面就会切换为游戏界

面，如图 15-18 所示。当开发者轻拍"开始游戏"按钮后，会出现一个不断弹来弹去的球，这个球会实现打砖块的功能，如图 15-19 所示。开发者只要触摸界面，并在界面上移动便会控制界面上的弹板，从而让球可以不断地弹来弹去，不至于掉落。

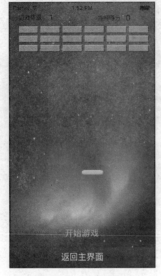 

图 15-18　游戏界面　　　　　　　　　图 15-19　打砖块

15.4　真 机 测 试

在 Xcode 7.0 中，苹果公司在开发许可权限上做了很多的改变，在测试 App 方面取消了一些限制。在 Xcode7 之前的版本，苹果公司只向注册过的开发者账号（99 美金收费账号）的开发者提供 Xcode 下载以及真机测试功能，但在 Xcode 7.0 中，开发者无需注册收费的开发者账号，只要开发者感兴趣就可以使用免费的 Apple ID 在设备上免费测试 App。

接下来我们讲解一下如何在打开的 Xcode 7.1 中进行真机测试，首先选择菜单栏上的 Product|Destination|真机（本书中的真机为"Mac"的 iPhone）命令，如图 15-20 所示。然后，再一次运行程序，程序就会显示在真机上，而非 iOS 模拟器中。

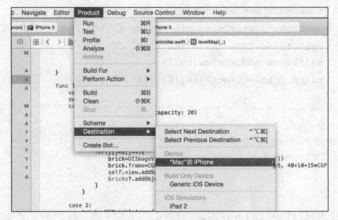

图 15-20　选择真机